Deepen Your Mind

┃ 推薦序一 ┃

當我們查閱人工智慧、5G、自動駕駛、電子商務、區塊鏈等產業的技術發展趨勢時，都會碰到一個挑戰：其對資料的需求持續增長，並且超過了我們現有的儲存、移動和處理資料的能力。DRAM（Dynamic Random Access Memory）雖然速度足夠快，且可以將穩定的資料流程提供給功能強大的處理器和 AI 演算法，但由於其價格昂貴，因此只能用於小容量設計。當資料量超過 DRAM 的容量時，處理器就要從後級儲存中獲取資料，從而導致存取延遲時間呈指數級增長。因此，我在整個職業生涯中一直致力於開發新興的儲存技術，以期解決 DRAM 速度與儲存容量和非揮發性之間的矛盾，從而推動該產業的持續發展。

借助英特爾傲騰持久記憶體，我們在記憶體 - 儲存子系統中創建了一個新層次，這使整個產業都會受益。持久記憶體基於革命性的英特爾 3D-XPoint 技術，將傳統記憶體的速度與容量和持久性結合在一起。自從該方案於 2019 年 4 月推出起，我們已經看到了一系列針對資料儲存問題的創新解決方案。舉例來說，在相同成本的硬體上支援更高密度的虛擬機器，或透過從持久記憶體中重建資料庫來減少重新載入時間。DRAM 已接近其擴充極限，而處理器技術還需繼續擴充性能及其對應的記憶體需求，因此拓展新層次的記憶體是一個必然趨勢。英特爾只是這場革命的第一個成員。

自 20 多年前 NAND 快閃記憶體問世以來，在記憶體 - 儲存架構中引入新層級是業界最艱鉅的挑戰。創新者們正在嘗試把物理及虛擬化的基礎架構、中介軟體和軟體融合在一起，以加速下一波技術發展趨勢。我很榮幸能為這項工作做出一些貢獻，也歡迎您加入這場持久記憶體技術革命。

阿爾珀·伊爾克巴哈（Alper Ilkbahar）

資料平台事業部副總裁
記憶體和儲存產品事業部總經理
英特爾公司

推薦序二

持久記憶體並不是一個全新的概念。學術界早在 20 世紀就已經開始了對持久記憶體顆粒和應用技術的研究。隨著行動網際網路的蓬勃發展，應用連線端對儲存系統的要求不斷提高，資料規模越來越大，資料存取頻率越來越高，曾被寄予厚望的 Flash 技術，愈發難以滿足需求。從早期的 Flash DIMM（一種將 Flash 顆粒貼在 DIMM 模組上的技術），到 NVDIMM 標準的確立，再到基於 DRAM+Flash 的 NVDIMM-N 產品的問世，業界關於持久記憶體的嘗試從未停止。但真正把持久記憶體從實驗室推向工業界的是 2016 年英特爾公司和美光（Micron）公司聯合發佈的 3D-XPoint 技術，以及之後英特爾公司基於 3D-XPoint 研發的英特爾傲騰系列產品和搭配的軟硬體架構。

Flash 是一項被熟知的技術，手機、電腦等各類電子產品都使用 Flash 作為資料儲存媒體。在資料中心內部，Flash 作為主要的高速儲存媒體，回應著峰值高達每秒上億次的請求。作為硬碟的替代品，Flash 非常好地解決了讀寫延遲時間和儲存密度低等問題。然而，Flash 的讀寫長尾延遲時間、分頁對齊存取、讀寫放大及抹寫壽命短等問題，限制了 Flash 的使用場景。此外，從平均存取延遲時間上分析，Flash 百微秒的量級與記憶體幾十毫微秒的量級具有約 103 量級的差距。簡單來說，存取一次 Flash 的耗時與存取 1000 次記憶體的耗時相同，儲存系統中的資料持久化操作仍是突出的性能瓶頸。傳統的 DRAM，由於其容量有限且資料易失，無法滿足資料量和程式設計模型的需求。持久記憶體，尤其是 3D-XPoint 技術的出現，在一定程度上解決了這些問題。

持久記憶體擁有比 Flash 更低的讀寫延遲時間、更穩定的 QoS、更長的壽命，其近似記憶體的讀寫存取模式可以提供更好的性能。利用 3D-XPoint 技術的高儲存密度，可以將單台機器的記憶體容量輕鬆擴充到幾 TB。借助持久記憶體的資料非易失特性，可以重新建構儲存系統的資料持久化架構，實現更好的服務品質和更高的資料恢復效率。然而令人遺憾的是，中文關於持久記憶體的研究較少，且缺乏系統性，對這項技術感興趣的人很難透過網路獲取相關資料。已經使用持久記憶體技術的團隊，對該技術的了解往往也只停留在表面。這極大地限制了技術人員對持久記憶體的技術探索和規模部署，導致一些適合部署持久記憶體的場景還在使用不適合的舊技術，甚至乾脆不能提供滿足需求的策略。

這本由英特爾公司第一線技術人員編寫的書籍，詳細地介紹了持久記憶體技術的軟硬體架構。相信有一定電腦系統結構基礎的讀者，在讀完這本書之後，對持久記憶體會有更清晰的認識，進而可以嘗試在自己的專案裡使用持久記憶體。我閱讀本書之後，有以下體會。首先，本書的知識結構非常系統。不像網路上關於持久記憶體的隻言片語，或一些應用場景中對持久記憶體介紹的淺嘗即止，本書系統和全面地介紹了持久記憶體的原理、架構及使用模式等。其次，內容有針對性且通俗易懂。本書作者來自英特爾公司第一線技術團隊，他們在推廣持久記憶體技術的過程中，整理了業務團隊和第一線研發人員最關注的問題，並在書中對這些問題進行了有針對性的解答和介紹，內容鞭辟入裡。最後，本書還整合了持久記憶體專案實踐的例子。這些專案實踐是過去一年中知名網際網路廠商規模部署持久記憶體的真實案例，時效性強，極具參考性，是不可多得的技術資料。

平常我們技術人員為了解最新技術，在很多時候只能閱讀翻譯的外文書籍，或查閱國外的資料，因此獲取的資料不是已經過時，難以舉一反三，就是翻譯不符合我們的語義，難以全面瞭解，或是舉例離我們的生活太遠，不能很好領悟。本書完全由中文母語者編寫，針對中文技術人員，書中的案例更多地取自華人世界場景，在確保嚴謹的同時，為讀者帶來了很好的閱讀體驗。

在行動網際網路時代，越來越多的廠商探索出了有自身特色的應用。希望這本書可以幫助讀者在自己的場景中，借助持久記憶體，創造出更大的價值。

感謝李志明、潘麗娜、朱大義、張志傑和整個英特爾團隊，在百度匯入持久記憶體技術的過程中給予的幫助。謝謝！

張家軍

系統部進階經理

百度

| 前言 |

動態隨機存取記憶體是電腦系統的核心部件，用來暫時保存計算所需的資料和中間結果。動態隨機存取記憶體的存取延遲時間遠遠小於硬碟甚至固態硬碟，微處理器需要先把存取的資料從硬碟讀取到記憶體中，然後在記憶體中直接對資料進行處理，最後再將資料寫回硬碟中。如果大部分資料都不在記憶體中，那麼程式的性能將受限於硬碟的讀取速度；同時，為了防止意外斷電造成的資料遺失或資料完整性被破壞，資料需要以阻塞的方式頻繁寫入硬碟，減少程式併發性並降低性能。持久記憶體的出現可以從根本上解決上述問題，常用的資料可以常駐在持久記憶體中，微處理器可以直接存取及處理，不需要頻繁地向磁碟寫入。持久記憶體最先在儲存等場景獲得廣泛關注，2019 年英特爾發佈的傲騰持久記憶體把該技術的應用進一步拓展到雲端運算的各個細分領域。

☒ 為什麼寫作本書

持久記憶體技術是記憶體領域革命性的技術，從根本上改變了記憶體和儲存裝置的界限。持久記憶體技術對產業界和學術界產生了深遠影響，涉及電腦微架構、系統硬體、韌體、作業系統、開發函數庫和應用軟體等許多領域。我們在推動持久記憶體在網際網路產業應用時發現，即使資深電腦產業從業者也需要花費幾個月閱讀大量的文獻並進行大量的實踐，才能充分掌握持久記憶體技術的核心概念並將其應用到自身的領域中。儘管國外的學術會議陸續有相關的研究發表，且發佈了持久記憶體程式設計庫的英文線上書籍，但仍然缺乏對持久記憶體系統性的介紹和應用實踐的複習，而且中文的資源基本處於空白狀態。與此相對的是，華人世界的雲端運算使用者和廠商對該技術的興趣非常高，一些早期應用原型甚至處於世界的前列。基於此，我們萌發了系統性地複習持久記憶體技術和應用實踐的想法，以推動持久記憶體應用技術在華人世界更快、更廣泛的傳播，促進更多的創新。

☑ 關於本書作者

本書作者均就職於英特爾公司，從事持久記憶體的開發、驗證和應用等前端工作，具備豐富的理論知識和第一線實戰經驗，並與相關產業合作夥伴具有密切的合作。

第 1 章由胡寅瑋負責，桂丙武參與編寫；第 2 章由李翔負責，周瑜鋒、李軍、李志明參與編寫；第 3 章由杜凡負責，任磊、楊偉參與編寫；第 4 章由吳國安編寫；第 5 章由束文輝編寫；第 6 章由斯佩峰負責，吳國安、周雨馨參與編寫；第 7 章由徐鍼負責，張建、杜煒、雙琳娜、劉獻陽等參與編寫；第 8 章由李志明編寫。全書由李志明統稿。

☑ 本書主要內容

本書共包括 8 章，可以分為三部分：

- 架構基礎。第 1 章介紹持久記憶體產生的背景及技術的分類；第 2 章介紹持久記憶體的硬體、韌體架構和性能。

- 軟體、程式設計和最佳化。第 3 章介紹作業系統和虛擬化下的驅動實現；第 4 章介紹程式設計模型和開發函數庫；第 5 章介紹性能最佳化方法和工具。

- 應用實踐。第 6 章介紹資料庫應用；第 7 章介紹巨量資料應用；第 8 章介紹其他領域的應用。第 6 章、第 7 章中的案例多數由本書作者開發，第 8 章中的案例來自公開文獻或經合作夥伴授權發佈。

⊠ 致謝

感謝英特爾資料平台事業部副總裁阿爾珀·伊爾克巴哈（Alper Ilkbahar）先生，他在非易失儲存領域耕耘多年，對持久記憶體在英特爾及產業界的推動發揮了巨大的作用。自 2017 年起，阿爾珀·伊爾克巴哈就對持久記憶體的技術發展和客戶合作給予了充分支援，促進了一大批人才的培養。感謝英特爾公司院士 Naga Gurumoorthy，資深首席工程師 Lily Looi、Andy Rudoff、Arafa、Mohamed Arafa、Ian Steiner、Min Liu，首席工程師 Kaushik Balasubramanian、Jane Xu 等人在持久記憶體技術發展中做出的巨大貢獻。以上人才和知識儲備是本書得以寫成的基礎。感謝英特爾資深總監周翔對持久記憶體發展的推動，他的激勵直接促成了本書的寫作。

感謝百度公司的系統部進階經理張家軍在百忙中為本書作序，他的團隊對持久記憶體在資訊流和搜索等領域的應用造成了產業示範作用。

感謝本書所有作者在繁忙工作之餘完成了本書的寫作。感謝阿里巴巴的付秋雷（花名漠冰）、嚴春寶（花名葉目），百度的胡劍陽，快手的張新傑、任愷、王靖、徐雷鳴和劉富聰，以及英特爾公司的王寶臨、朱大義、張志傑、王晨光、王超提供的寶貴案例。感謝何飛龍、唐浩棟、劉景奇、潘麗娜、張駿、彭翔宇、龔海峰、梁曉國、應蓓蓓、Simin Xiong、Ren Wu、John Wither 等人為本書提供寶貴意見。感謝余志東、翟綱對本書的大力支持。

感謝電子工業出版社博文視點的宋亞東編輯在本書架構、寫作過程中給予我們的持續幫助，他專業負責的態度讓我們獲益匪淺。

由於作者水準有限，書中不足之處在所難免，敬請專家和讀者給予批評指正。

李志明

目錄

01 持久記憶體的需求

02 持久記憶體的架構

03 作業系統實現

04 持久記憶體的程式設計和開發函數庫

05 持久記憶體性能最佳化

06 持久記憶體在資料庫中的應用

07 持久記憶體在巨量資料中的應用

08 持久記憶體在其他領域中的應用

持久記憶體的需求

本章從巨量資料的技術發展趨勢和市場需求出發,介紹了巨量資料技術對於新型記憶體的特性要求。其中,非揮發性是一項重要特性,此外,容量、性能、成本也是關鍵特性。本章提出了一些開放性的架構問題,以及前人進行的探索。本章還介紹了傳統的非揮發性儲存媒體和新型非揮發性儲存媒體,以及持久記憶體模組的標準分類,並且對它們的特性進行了多維度的比較,如讀寫延遲時間、容量、密度、功耗、壽命、資料持續時間、停電保持原理、資料恢復手段和系統設計要求等。本書的後續章節將以英特爾持久記憶體產品所選用的方案為主,其他方案為輔,對持久記憶體的性能最佳化調整和應用場景多作説明。

1.1 持久記憶體的產生

1.1.1 巨量資料發展對記憶體的需求

1. 資料量的持續增長

網際網路催動了電子商務、自動駕駛、物聯網的迅速發展，大量的個人資料及商業資料隨之產生。傳統的網際網路入口從門戶網站轉為搜尋引擎及行動應用程式後，使用者的搜索行為和提問行為產生了巨量資料。行動裝置一般都有數十個感測器，這些感測器收集了大量的使用者點擊行為資料及位置、溫度等感知資料。電子地圖（如 Google 地圖）每天產生大量的資料流程。這些資料不僅代表一個屬性或一個度量值，還代表一種行為、一種習慣，經頻率分析後會產生巨大的商業價值。進入社群網站的時代後，網際網路行為由使用者參與創造，大量的網際網路使用者創造出巨量的社交行為資料，這些資料揭示了人們的行為特點和生活習慣。電子商務的崛起產生了大量網上交易資料，包括支付資料、查詢行為、物流運輸、購買喜好、點擊順序、評價行為等，這些都是資訊流和資金流資料。隨著 5G 技術逐步進入商用，資料量將進一步爆發。有分析估計，到 2020 年年底，每個網際網路使用者將產生約 1.5GB 資料，每輛自動駕駛汽車將產生約 4TB 資料，每家智慧工廠將產生約 1PB 資料，而每家雲端視訊提供商將產生約 750PB 資料。

全球資料量增長趨勢如圖 1-1 所示，IDC 預測，全球總數據量將從 2019 年的 40ZB（1ZB=1×10^{12}GB）增長到 2025 年的 175ZB。175ZB 是多大的資料量呢？假如把這些資料都燒錄到 DVD 上，再將 DVD 堆起來，其高度約是地球到月球距離的 23 倍，這個距離大約能繞地球赤道 222 圈。

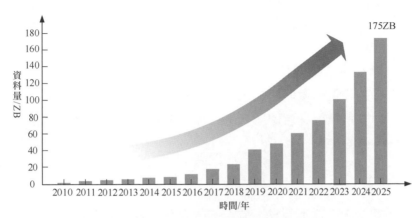

圖 1-1　全球資料量增長趨勢

以下是一些更詳盡的 IDC 關於 2025 年全球資料的預測和推演：

- 由於終端設備和感測器使用量的日益增長，2025 年全球總數據量將從 2019 年的 40ZB 增長至 175ZB；
- 2025 年全球將有超過 1500 億台的裝置聯網；
- 2025 年將有 75% 的世界人口，即 60 多億名消費者每天進行資料互動；
- 2025 年每一個上網的人，無論身處何地，其和聯網裝置平均每天互動次數為 4900 次，約 17.6s 互動一次；
- 物聯網裝置在 2025 年將產生 90ZB 資料；
- 2025 年將有 30% 的資料是即時的，相比之下，2017 年只有 15% 的資料是即時的；
- 2025 年的 175ZB 資料中有 60% 的資料是由企業組織創建和管理的，而 2015 年該比例是 30%。

2. 巨量資料技術的發展

與傳統的資料相比，巨量資料的產生方式、儲存載體、存取方式、表現形式和來源特點等都有所不同。巨量資料更接近於某個群眾的行為資料，它是全面的、有價值的資料。企業利用巨量資料改善使用者體驗，發現新的商業模式，提供個性化的訂製服務，從而煥發新的競爭力；消費者日益離不開這個數位化的世界，其依賴線上的行動應用程式和朋友、家人保持聯繫，獲取商品及各式各樣的服務，甚至在睡覺時還有裝置為他們擷取和分析身體健康資料。如今的經濟社會發展越來越依賴於巨量資料技術的發展。

巨量資料技術大致分為以下幾類。

- 預測分析技術：用於幫助公司發現、評價、最佳化和部署預測模型，透過分析資料來提高商業表現並降低風險。
- NoSQL 資料庫：為了應對巨量資料時代多樣化的資料格式而產生，除了 key-value，還包含文件及圖片的資料庫。
- 搜索與知識發現：從結構資料或非結構資料中洞察業界發展趨勢並採擷潛在的商業機會。
- 流分析：能夠高效率地過濾、聚合、豐富和分析來自多個即時資料來源的高頻寬資料。
- 記憶體資料架構：將大量的資料常駐在記憶體或快閃記憶體（Flash）裡，提供低延遲時間的資料存取和處理，這種資料架構通常用於熱資料和溫資料。
- 分散式儲存：指目前比較流行的分散式網路儲存，資料被劃分成多片，並且複製多個副件，然後將其分別存放在不同的系統中，以獲取更高的可靠性和併發性能。

其他的巨量資料技術還有資料虛擬化，對多個不同格式資料來源的資料進行聚合、整合、清洗等操作的資料服務技術。資料從生成到分析處理，時間視窗非常小，為了快速生成決策或者提供資料服務，巨量資料技術都採用相對比較高端的機器或叢集來處理資料。

3. 資料分層

無論哪一種巨量資料技術，其資料量通常是 TB 級甚至 PB 級的，因此在資料處理過程中需要的原始輸入資料及產生的臨時資料對記憶體的需求異常龐大。資料處理節點，通常稱為計算密集型節點，需要滿配微處理器和 DRAM。當前的主流雙路微處理器的系統多達 24 個記憶體插槽，一般可配置 24 個儲存量為 32GB 甚至 64GB 的記憶體，總儲存量可達 1.5TB。當然，這樣的配置成本非常高。透過在性能、容量和成本間不斷權衡，巨量資料技術形成了如圖 1-2 所示的層次化儲存結構。其中，DRAM 存取速度最快，但是成本最高，所以只能用來暫存需要頻繁存取的資料，這種資料稱為熱資料。硬碟容量大，成本最低，但是存取速度最慢，所以適合用來保存不需要經常存取的資料，這種資料稱為冷資料，如個人收藏的電影、家庭照片等。介於熱資料與冷資料之間的，是那些偶爾需要存取的資料，稱為溫資料，各種固態硬碟（SSD）可以用來保存溫資料。還有一類資料主要是用於存檔的，除非特別情況一般極少存取，稱為凍資料，通常被存放在更廉價的大容量硬碟機（Hard Disk Drive，HDD）上。

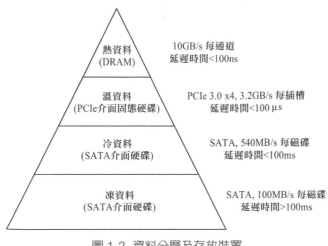

圖 1-2　資料分層及存放裝置

1.1.2 記憶體和儲存間的性能鴻溝

1. 記憶體 - 儲存架構概述

記憶體及存放裝置可以分為兩大類：揮發性和非揮發性。揮發性裝置
需要維持供電，斷電後資料會遺失，如 SRAM（Static Random Access
Memory，靜態隨機記憶體）和 DRAM（Dynamic Random Access
Memory，動態隨機記憶體）。非揮發性裝置，如 EEPROM（Electrically
Erasable Programmable Read Only Memory）和 Flash，資料在斷電後可
以繼續存在。傳統的記憶體 - 儲存架構如圖 1-3 所示的。

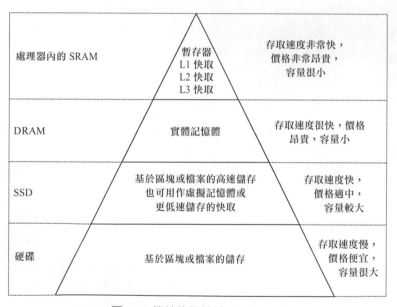

圖 1-3 傳統的記憶體 - 儲存架構

存取速度最快、性能最好的記憶體技術用於金字塔的頂部，如 L1 快
取、L2 快取、L3 快取。L1 快取通常採用 SRAM，設計在微處理器晶
片內，使用與微處理器相同的 CMOS 技術。L2 快取和 L3 快取也採用
SRAM，既可以整合在微處理器上，也可以是獨立的晶片。但是 SRAM

的集成度相對較低，一般快取成本比較高，容量比較小，因此 L1 快取的儲存量只有幾十 KB，L3 快取的儲存量也不過幾十 MB。

快取之下的實體記憶體採用 DRAM，其儲存量比快取大得多，單條就可達到幾十 GB。目前的電腦系統常採用多通道技術，可以同時支援幾十根記憶體，使用者可在性能（插多少根記憶體）和成本（每根記憶體多大容量）之間選擇一個平衡點。記憶體中頻繁使用的資料都會被臨時存放到快取中，從而獲得更快的讀寫速度。

實體記憶體之下是能持久保存資料的裝置，包括 SSD 和硬碟。存放裝置的容量非常大，最終使用者的所有資料都會儲存在其中。長期以來，由高密度旋轉磁性碟片記錄資料的硬碟一直是非揮發性儲存的主角。隨著 Flash 容量的提升和成本的下降，由 Flash 顆粒製作的 SSD 獲得了廣泛應用。SSD 常常作為硬碟的讀寫快取。硬碟因為容量非常大，且單位容量的儲存成本特別低，在儲存存取頻率很低的巨量資料方面仍發揮著主要作用。

2. 性能鴻溝

記憶體 - 儲存架構從電腦誕生之日起就在持續演進，雖然經過多年的發展，但週邊儲存的速度依然跟不上微處理器的運算速度。在巨量資料需求日益增長的今天，週邊儲存速度與微處理器運算速度的差異尤為突出。

當前的記憶體 - 儲存架構下：熱資料通常存放在主記憶體中，溫資料通常存放在 SSD 中，冷資料通常存放在硬碟中。微處理器的延遲時間是皮秒級（$1ps=10^{-12}s$）至毫微秒級（$1ns=10^{-9}s$）的，記憶體的延遲時間是幾十毫微秒，SSD 的延遲時間是 $100\mu s$（$1\mu s=10^{-6}s$）至幾十毫秒（$1ms=10^{-3}s$），硬碟的延遲時間是一百毫秒至幾百毫秒，記憶體的延遲時間與 SSD 的延遲時間相差千倍，如圖 1-4 所示。遊戲玩家都有這樣的體驗，首次打開一個大型遊戲，需要等待幾十秒甚至幾分鐘才能載入完成，這是系統在硬碟中向記憶體讀取遊戲程式和遊戲資料造成的。如果這些資料已經儲存在記憶體中了，那麼再次讀取資料就會非常快。但是，在處理巨量資料的時候，由於記憶體容量的限制，只有中間結果可以儲存在記憶體中，因此需要頻繁地從硬碟中匯入、匯出大量的資料。從運算效率或使用者體驗方面來看，這個延遲時間在巨量資料時代是難以接受的。

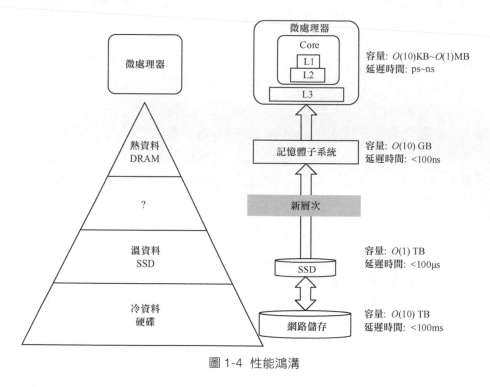

圖 1-4　性能鴻溝

因此，在記憶體子系統與 SSD 之間就出現了一個性能缺口，需要由新的儲存層次來填補，稱之為持久記憶體（Persistent Memory，PMEM），有時也稱為非揮發性記憶體（Non-volatile Memory，NVM）或儲存等級的記憶體（Storage Class Memory，SCM）。持久記憶體可以採用不同的媒體，如磁隨機儲存、相變儲存等。用持久記憶體來解決記

憶體與儲存之間的性能鴻溝，甚至在某些場景下取代部分記憶體，可以
降低系統的整體成本、功耗及設計難度。

1.1.3 持久記憶體的使用場景

與傳統的記憶體和存放裝置相比，持久記憶體具有兩點優勢：其一，它
的容量接近 SSD 的容量，以英特爾傲騰持久記憶體為例，最大的容量
將達到 TB 級；其二，它的速度非常快，是目前最接近 DRAM 的非揮
發性記憶體，而成本又比 DRAM 低得多。在不同的應用場景下，透過
合理的配置，可以充分利用持久記憶體的這兩個優勢。當前，持久記憶
體主流的應用場景主要有巨量記憶體擴展、持久化快取、高速儲存和
PMoF（Persistent Memory over Fabric，透過高速網路的持久記憶體存
取）等。

1. 巨量記憶體擴展

任何需要大記憶體的場景都會得益於持久記憶體的大容量和低成本的優
點。記憶體中資料庫在巨量資料時代迅速擴大，是持久記憶體作為記
憶體應用的典型受益者之一。由於持久記憶體的性能接近 DRAM，但
成本比 DRAM 低很多，經過合理的配置，持久記憶體可以取代大部分
DRAM 作為主記憶體。

持久記憶體為 Redis 資料庫帶來了新價值，其單根容量大（128GB/
256GB/512GB）、性價比高，可以透過支援更多的 Redis 執行實例，充
分發揮單機處理器的能力，縱向擴展單機業務能力。相比於使用多台伺
服器橫向擴展業務能力，縱向擴展減少了多台伺服器中間的管理負擔，
降低了運行維護成本。總的來説，透過持久記憶體來擴充記憶體，可以
大大降低業務的總成本。關於持久記憶體在 Redis 中的應用，本書第 6
章有非常詳盡的敘述。

在 SAP HANA 應用中,可以透過擴展節點來增加系統的資料容量。英特爾的研究表明,一個配置了持久記憶體的擴展節點(24×128GB DRAM+24×256GB DCPMM) 與 全 記 憶 體 的 配 置(48×128GB DRAM)相比,能夠多支援 25% 的資料容量且成本降低了 10%。如果將以前老舊的系統更新為 4 路微處理器的可擴展節點,使用持久記憶體的系統組態的成本將降低 39%,同時容量將擴大一倍。

隨著資料庫需求的持續增高,多租戶的資料庫即服務虛擬化(Multi-tenant Database-as-a-service Virtualization)希望用盡可能高的虛擬機器密度來降低成本,持久記憶體低成本和高容量的特性正好滿足這一需求。英特爾的實驗資料顯示,一個 192GB 的 DRAM 加上 1TB 持久記憶體的系統,比 768GB 全 DRAM 系統的成本降低了 30%,但是能夠多支援 36% 的虛擬機器。

除了資料庫應用,其他需要巨量記憶體的場景還包括 CDN(Content Delivery Networks,內容分發網路)視訊流服務、記憶體中的人工智慧或機器學習。這些場景都可以透過配置一定量的持久記憶體來降低成本並且提高主記憶體容量,具體內容請參考本書第 8 章。

2. 持久化快取

各種應用都需要持久化的資料量,尤其需要線上持久化的資料量。而持久化的方式,都是經過謹慎設計的,不然過大的資料量持久化必然會影響系統整體的性能。以 Hadoop 中的 HDFS 為例,用於描述資料的中繼資料是非常關鍵的,它記錄了檔案屬主、大小、許可權、時間戳記、連結和資料區塊位置等資訊。中繼資料被放在主節點上,為了保證各項性能,中繼資料要常駐記憶體,同時為了保證資料的完整性,又必須定期將中繼資料以映像檔檔案和編輯日誌的形式保存到硬碟上。在這種情況下，如果主節點出現異常當機，或者意外斷電，系統就需要數十分鐘甚至幾小時的時間來重新恢復中繼資料，而這種中斷會給服務提供者帶來巨大的損失。為了降低這種損失，服務提供者不得不考慮採用高可用架構的雙備份主節點。持久記憶體的出現可以改變這種複雜的設計結構。中繼資料可以直接保存在持久記憶體中，斷電後資料依然完整，重新啟動後可以直接讀取使用，因此不需要額外考慮資料持久化問題，大大提高了系統的可用性。

在 Redis 應用中，如果使用 Redis 作為儲存，利用持久記憶體可以儲存更多資料。對於快取業務，在快取中儲存的資料越多，快取的命中率就越高，整體的性能就越好。但是大容量的快取也帶來了一個挑戰，若發生斷電或者 Redis 當機，那麼預熱整個快取資料需要很長的時間，業務的性能很容易受到影響。持久記憶體提供了持久化的能力，在某些特別場景下，使用持久記憶體不需要經過預熱的過程，可以快速恢復快取中的資料。

持久記憶體的讀寫速度並不均衡，讀取的性能遠好於寫入的性能，而 Redis 的主要業務為快取業務，在資料預熱到快取中後主要用於讀取，只有當從 Redis 中讀不到資料時，才會從資料庫中讀出資料並寫入 Redis，所以持久記憶體對於讀多寫少的 Redis 是比較合適的。具體請參考本書第 6 章關於 Redis 的介紹。

3. 高速儲存

在作為高速儲存應用時，持久記憶體主要發揮其讀寫速度快且資料斷電可保持的特點。傳統的存放裝置將資料持久化地寫到硬碟中，導致各項性能不可避免地會受限於硬碟的存取延遲時間。SSD 的出現大大縮短了存取延遲時間，而持久記憶體的出現進一步縮短了存取延遲時間，從而

最佳化了整個系統設計方案。比如，歐洲核子中心（CERN）的大型強
子對撞機（Large Hadron Collider，LHC）透過評估採用持久記憶體和
SSD 相結合的方式實現了高速獲取資料。資料先直接保存在持久記憶體
中，經過過濾和處理的資料再保存到 SSD 中，這樣不僅同時滿足了高
頻寬和讀寫壽命的要求，還提供了大容量的支援。關於 LHC，請參考
本書 8.4 節。

4. PMoF

隨著計算和儲存分離趨勢的發展，可以建構一個統一的大容量記憶體池
共用給不同的應用程式使用。PMoF 就是這種更高效率地利用遠端持久
記憶體（Remote Persistent Memory，RPM）的技術，在實際 PMoF 設
計實現時，還需要考慮以下幾方面：

- 持久記憶體速度尤其是讀取速度非常快，遠端存取需要低延遲時間的
  網路；
- 持久記憶體頻寬很大，需要高效的存取協定；
- 遠端存取不能帶來很大的額外負擔，否則就會喪失持久記憶體帶來的
  速度和延遲時間優勢。

基於 RDMA（Remote Direct Memory Access，遠端直接存取記憶體）技
術的高性能網路有高頻寬、低延遲時間、穩定的流量控制等優點，因此
採用 PMoF 技術可以更好地發揮持久記憶體在遠端存取場景下的性能優
勢。本書第 7 章有詳細介紹。

▶ 1.2 非揮發性儲存媒體

非揮發性儲存媒體是指在斷電後仍能儲存資訊的儲存媒體。隨著現代產業對持久記憶體需求的不斷提高，很多廠商和研究機構一直在探索性能、成本、迴圈壽命及製程可靠性等方面都更加優異的非揮發性儲存媒體。根據其技術實現原理，非揮發性儲存媒體可以分為如圖 1-5 所示幾類，包括已經商業化的傳統非揮發性儲存媒體和各類處於研發階段或進入市場不久的新型非揮發性儲存媒體。

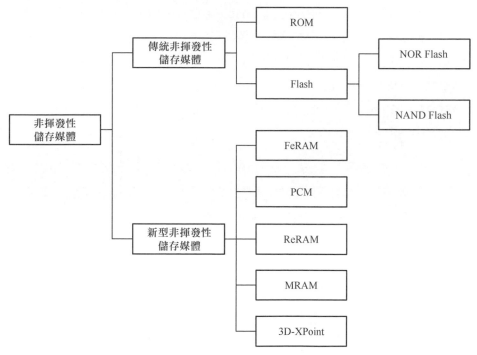

圖 1-5 非揮發性儲存媒體分類

1.2.1 傳統非揮發性儲存媒體

傳統非揮發性記憶體按照記憶體中的資料能否線上隨時修改為標準，可以分為兩大類，即唯讀記憶體（ROM）和 Flash。

ROM 的特點是資料一旦儲存就無法再更改或刪除，且內容不會因斷電消失，所以通常用來儲存一些不需要經常變更的資訊或資料，如電腦啟動時用的基本輸入輸出系統（Basic Input Output System，BIOS）。為了實現程式設計和擦拭操作，ROM 發展出了多種類型，包括可程式化唯讀記憶體（Programmable ROM，PROM）、可擦拭可程式化唯讀記憶體（Erasable Programmable ROM，EPROM）等，其中，EPROM 解決了傳統 ROM 只能編寫一次的弊端。根據擦拭方式的不同，EPROM 又可以分為紫外線可擦拭可程式化唯讀記憶體（Ultraviolet EPROM，UVEPROM）和電子可擦拭可程式化唯讀記憶體（Electrically EPROM，EEPROM），但是這些不同種類的 ROM 都具有抹寫不便、集成度低等缺點。

Flash 實現了儲存資料的線上修改和擦拭，其儲存單元結構與 EEPROM 相似，但是 EEPROM 只能對整個晶片進行抹寫操作，而 Flash 能對位元組進行抹寫，另外，Flash 的抹寫電壓比 EEPROM 的低很多。Flash 的儲存單元結構是由一個帶有浮動閘極的 MOS 管組成的，浮動閘極上下均被電介質材料隔離，形成電容以儲存電荷，透過控制注入浮動閘極的電荷數量，可以調節 MOS 管的閾值電壓。當浮動閘極中存有電荷時，閾值電壓增大，超過讀取電壓，對應邏輯 "0"；當浮動閘極中無電荷時，閾值電壓減小，低於讀取電壓，對應邏輯 "1"。經過 30 多年的發展，Flash 已經成為比較成熟的商用非揮發性存放裝置之一。

目前，Flash 可以分為兩種：第一種是由英特爾於 1988 年首次推出的 NOR Flash，其採用熱電子注入的方式寫入資料，基於隧穿效應擦拭資料；第二種是由日立公司於 1989 年研製出的 NAND Flash，其抹寫操作也是基於隧穿效應進行的。NOR Flash 有獨立的位址線和資料線，很容易隨機存取其內部的每一個位元組。NOR Flash 允許在晶片內執行，應用程式可以直接在 Flash 上執行，不必再把程式讀到系統 RAM 中，所以非常適合用於各種消費電子產品中。NAND Flash 可以實現很小的儲存單元尺寸，從而實現較高的儲存密度，並且寫入和擦拭速度也相對較快。NAND Flash 成本較低，非常適用於儲存卡之類的大型存放區裝置。

儘管 Flash 獲得了巨大成功，但是其本身仍存在很多缺陷和挑戰。首先，其抹寫速度相比於 DRAM 要慢得多，因此只能作為輔助的記憶體或外部存放裝置。其次，Flash 的抹寫電壓（5V）比較高，在未來作為存放裝置與其他微電子器件的相容性較差。最後，單元尺寸的不斷減小將導致相鄰單元發生電子隧穿的概率越來越高，儲存資訊的可靠性大大降低，目前 Flash 的儲存密度已接近其物理極限。

1.2.2 新型非揮發性儲存媒體

為了開發出比傳統非揮發性儲存媒體更高速、更低功耗、更高密度、更可靠的非揮發性儲存媒體，近年來研究者們把目光聚集到一些具有特殊性能的材料上，並依據這些材料提出了一些儲存媒體模型。其中較引人注目的包括以下幾種：鐵電隨機記憶體（Ferroelectric RAM，FeRAM）、磁性隨機記憶體（Magnetic RAM，MRAM）、阻變記憶體（Resistive RAM，ReRAM）、相變記憶體（Phase Changing Memory，PCM），以及進入市場不久的 3D-XPoint。下面對這五種儲存媒體的儲存原理、優缺點及發展狀況進行簡介。

1. 鐵電隨機記憶體

FeRAM 透過鐵電材料的不同極化方向來儲存資料。在鐵電材料上施加一個小於其擊穿場強的外加電場時，晶體中的原子會在電場的作用下發生位移，使得晶體中的正負電荷中心不重合，並且處於一種穩定狀態（極化向上）；當施加反向電場時，晶體中的原子向反方向發生位移，達到另一種穩定狀態（極化向下）。極化向上或者極化向下的雙穩態可以用來儲存二進位資訊 "1" 和 "0"。當撤銷外加電場後，晶體中的原子在沒有獲得足夠多的能量之前會保持原來的位置，不需要電壓來維持，所以 FeRAM 是一種非揮發性儲存。

FeRAM 具有高讀寫速度、低功耗和抹寫迴圈性能好等優點。但是，FeRAM 破壞性的資料讀取方式導致每次資料的讀取都需要重新寫入，其讀寫過程還伴隨著大量抹寫操作，這對 FeRAM 的抹寫迴圈性能提出了更高要求。另外，FeRAM 中的鐵電材料在單元尺寸縮小至一定程度時就會失去鐵電效應，這限制了其朝高密度方向的發展。另外，當環境溫度超過鐵電材料的居禮溫度時，鐵電材料會由鐵電相轉變為順電相，失去儲存功能，因此 FeRAM 的資料保持能力較差。

2. 磁性隨機記憶體

MRAM 透過磁化方向的改變來儲存資料，並透過磁阻效應來實現資料讀取。MRAM 採用磁穿墜結（Magnetic Tunnel Junction，MTJ）作為記憶單元，MTJ 結構包括固定磁層、隧穿層和自由磁層。其中，固定磁層的磁矩方向固定不變，而自由磁層的磁矩方向可以在外磁場的作用下發生翻轉，當自由磁層的磁矩方向與固定磁層的磁矩方向同向時，透過隧穿層的電子受到的散射作用弱，在垂直方向上表現出低電阻，相當於邏輯 "1"；當自由磁層的磁矩方向與固定磁層的磁矩方向反向時，透過隧穿層的電子受到的散射作用強，在垂直方向上表現出高電阻，相當於邏輯 "0"。磁層的磁矩在斷電後不會故障，所以 MRAM 是一種非揮發性記憶體。第一代 MRAM 利用導線通電產生的磁場，來實現磁場翻轉磁矩。因為只有一小部分的磁場被真正用於翻轉磁矩，所以效率不高，功耗很大。第二代 MRAM 透過自旋電流實現資訊寫入，放大了隧道效應，使得磁阻的變化更加明顯。因此，第二代 MRAM 也叫作自旋轉移力矩磁性隨機記憶體（Spin-Transfer Torque MRAM，STT-MRAM）。

MRAM 的讀寫速度接近 DRAM，具有可反覆抹寫次數高等優點。儘管如此，MRAM 也面臨磁致電阻過於微弱的挑戰，兩個狀態之間的電阻只有 30% ～ 40% 的差異，當讀取電壓降低時尤其明顯。另外，由於磁性材料的原因，MRAM 在進行寫入和擦拭操作時，不同儲存單元之間存在磁場干擾的問題。器件小型化後這一問題更加突出，這也限制了其朝高密度方向的發展。

3. 阻變記憶體

ReRAM 利用材料的電阻在電壓作用下發生變化的現象來儲存資料。近年來，研究人員在二元氧化物、複雜鈣鈦礦氧化物、固態電解質材料、非晶碳材料、有機高分子材料等各種材料和器件中都發現了磁滯回線特徵現象，即器件可以在高阻態和低阻態間發生可逆轉變。雖然目前世界上大部分研究人員並沒有嚴格地證明他們研究的材料或器件符合憶阻數學理論或模型，但是研究人員將這些材料或器件都稱為憶阻器（Memrister）。憶阻器在外加電壓的作用下，電阻值會在至少兩個穩定的阻態間發生切換，當撤去外加電壓後，阻態能夠保持，使之成為又一種非揮發性記憶體。這類應用在資訊儲存領域的憶阻器又被稱為阻變記憶體。

儘管 ReRAM 的物理實現可以來自各種不同的阻變材料或者基於多種物理機制，且針對不同材料觀察到的電阻轉變特性有所不同，但是基本上可以分為兩大類：單極性（Unipolar）電阻轉變和雙極性（Bipolar）電阻轉變。單極性電阻轉變的材料，其電阻的轉變取決於所加電壓的強度而非電壓的極性，在正向電壓和負向電壓下，都可以實現高低阻態的轉變。雙極性電阻轉變的材料，其電阻只能在特定極性的電壓下才能發生從高阻態向低阻態的轉變，並且必須施加反向電壓才能從低阻態轉變回高阻態。無論上述哪種類型，其在高阻態時都相當於邏輯 "0"，在低阻態時相當於邏輯 "1"。

ReRAM 具有抹寫速度快、儲存密度高、具備多值儲存和三維儲存潛力等優點。但是由於改變記憶體狀態涉及原子鍵結的斷裂及重組，相當於每執行一次寫入操作，材料就受到一次摧殘，因此 ReRAM 耐久性較差。

4. 相變記憶體

PCM 利用以硫屬化合物為基礎的相變材料在電流的焦耳熱作用下，透過晶態和非晶態之間的轉變來儲存資料。對相變材料施加一個相對較寬的脈衝電流，使材料的溫度處於晶化溫度和熔點之間，材料結晶，處於晶態的材料具有較高的自由電子密度，表現出半金屬特性，其電阻值較低，相當於邏輯 "1"；對相變材料施加一個極短的大電流脈衝，使材料的溫度處於熔點以上並馬上淬火冷卻，進而使材料的部分區域進入非晶態，處於非晶態的材料具有較低的自由電子密度，表現出半導體特性，其電阻值較高，相當於邏輯 "0"。PCM 中資訊的讀取是透過施加一個足夠小的脈衝電壓來進行的，材料的狀態不會因為讀取過程中可能斷電而改變，所以 PCM 是一種非揮發性記憶體。

PCM 具有重複抹寫次數高、儲存密度高、多值儲存潛力大等優點。然而，高品質相變材料的製備及使材料發生相變所需的大電流是限制 PCM 商用化的主要因素，電流大意味著高功耗，這也是推廣 PCM 大規模應用需要解決的主要問題。

5. 3D-XPoint

3D-XPoint 是英特爾和美光（Micron）於 2015 年發佈的新型非揮發性

記憶體，兩家公司對於其使用的物理材質和實現原理並未公佈進一步的資訊，目前已知的 3D-XPoint 的結構的基本單元由選擇器（Selector）和記憶體單元（Memory Cell）共同組成，兩者存在於字元線和位元線之間。字元線和位元線之間存在特定的電壓差，能夠改變儲存單元中特殊材料的電阻，從而實現寫入操作。字元線和位元線可以檢測某個儲存單元的電阻值，並根據其電阻值來回饋資料儲存情況，從而實現讀取操作。

1.2.3 非揮發性儲存媒體主要特性比較

前面分別介紹了幾種傳統和新型非揮發性儲存媒體的原理和優缺點，下面對其主要特性進行複習和比較，如表 1-1 所示。

表 1-1　非揮發性儲存媒體主要特性比較

	DRAM	NOR Flash	NAND Flash	FeRAM	MRAM	ReRAM	PCM	3D-XPoint
單元尺寸 /F^2	6~12	7~11	4~10	20~22	20~60	4~10	5~16	4~6
讀延遲時間 /ns	<10	10^3	10^3~10^6	45~60	20~70	10~10^2	20~60	50~10^2
抹寫延遲時間 /ns	10~50	10^3~5×10^7	10^3~10^8	10~10^2	20~90	10~10^2	50~10^2	10^2~10^3
抹寫電壓 /V	2.5	8~10	15~20	0.9~3.3	1.5~1.8	<1	3	未公佈
每位能量 /J	5×10^{-15}	$>10^{-14}$	$>10^{-14}$	3×10^{-14}	1.5×10^{-10}	10^{-12}	6×10^{-12}	未公佈
讀寫迴圈次數 / 次	$>10^{16}$	~10^5	10^5	10^{14}	$>10^{15}$	$>10^{12}$	10^9	10^{12}
持續時間	64ms	>10year	>10year	>10year	>10year	>10year	>10year	>10year
多值儲存潛力	無	有	有	無	無	有	有	有
三維儲存潛力	無	無	無	無	無	有	有	有

▶ 1.3 持久記憶體模組

隨著儲存技術的發展和人們對儲存性能的不懈追求，高性能儲存的探索開始向記憶體通道遷移。非揮發性雙列直插式記憶體模組（Non-Volatile Dual In-Line Memory Module，NVDIMM）便在這種趨勢下應運而生。NVDIMM 使用了 DIMM 的封裝，可以與標準 DIMM 插槽相容，並且透過標準的 DDR 匯流排進行通訊，NVDIMM 是持久記憶體的一種具體實現。在 2019 年 1 月的 SINA 大會上，持久記憶體與 NVDIMM 工作群組對持久記憶體的典型屬性做了以下規定：非揮發性，可以按位元組定址（Byte Addressable）操作，小於 1μs 的延遲時間，以及整合密度高於或等於 DRAM。

1.3.1 持久記憶體的 JEDEC 標準分類

根據電子器件工程聯合委員會（Joint Electronic Device Engineering Council，JEDEC）標準化組織的定義，有三種 NVDIMM 的實現，分別是：NVDIMM-N、NVDIMM-F 和 NVDIMM-P。

1. NVDIMM-N

NVDIMM-N 是目前市場上主流且已經實現商用的持久記憶體，有 8GB、16GB 和 32GB 等容量可選。它將同樣容量的 DRAM 和 NAND Flash 放在同一個記憶體模組中，另外還有一個超級電容。電腦的微處理器可以直接存取 DRAM，支援按位元組定址和區塊定址。當沒有停電時，它的工作方式和傳統的 DRAM 相同，因此讀寫延遲時間和 DRAM 相同，為幾十毫微秒級。當停電時，超級電容將作為後備電源，為把資料從 DRAM 複製到 NAND Flash 中提供足夠的電能，當電力恢復時，再把資料重新載入到 DRAM 中。NVDIMM-N 的工作方式決定了它的 Flash 部分是不可定址的。由於 NVDIMM-N 同時使用兩種儲存媒體，成本急劇增加。但是，NVDIMM-N 為業界提供了持久記憶體的概念和實例。

2. NVDIMM-F

NVDIMM-F 是使用了 DDR3 或者 DDR4 匯流排的 NAND Flash。Flash 只支援區塊定址，它先透過模組上的多個控制器和橋接器，把來自 DDR 匯流排界面的資訊轉換成符合 SATA 協定的資訊，再進一步將其轉換成對 Flash 操作的指令。NVDIMM-F 的總頻寬取決於其模組上 SATA 控制器的數目，其中每個 SATA-II 協定介面的控制器的頻寬最大可達到 500MB/s。NVDIMM-F 的延遲時間為幾十微秒，是 SATA 控制器和 DRAM-SATA 橋接器的延遲時間總和。雖然多重協定間轉換，以及在 BIOS 和作業系統上的改動為 NVDIMM-F 的性能帶來了一些負面影響，但是它的容量可以輕鬆達到 TB 以上。

3. NVDIMM-P

NVDIMM-P 同時使用了 DRAM 和 NAND Flash，但是其中 NAND Flash 的容量遠大於 DRAM 的容量，DRAM 作為快取用於降低系統的讀寫延遲時間及最佳化對 NAND Flash 的讀寫操作。NVDIMM-P 支援 DDR5 介面，與 DDR4 相比提供了雙倍頻寬，並且提高了通道頻率。NVDIMM-P 支援按位元組定址和區塊定址，它的容量可以達到 TB，同時能把延遲時間保持在 10^2 毫微秒級，透過合理地配置 DRAM 與 NAND Flash，其成本比 DRAM 低。可見，NVDIMM-P 在規避了 NVDIMM-N 和 NVDIMM-F 的缺點的同時，提供了近似於 DRAM 性能的持久記憶體方案。

1.3.2 英特爾傲騰持久記憶體

英特爾在 2018 年 5 月發佈了基於 3D-XPoint 技術的英特爾傲騰持久記憶體。它是一種使用了新型非揮發性儲存媒體的 NVDIMM，目前提供的容量有 128GB、256GB 和 512GB，大於傳統的記憶體模組容量。它與 DRAM 採用相同的通道介面，可以與 DRAM 搭配使用。其搭載的至強可擴展微處理器每顆最多支援 6 條持久記憶體，所以一個典型的支持雙路英特爾至強系列處理器的伺服器最多可以支援 12 條持久記憶體，持久記憶體容量最高可以達到 6TB。它使用 DDR-T 協定進行通訊，允許非同步命令和資料時序。它使用大小為 64B 的快取行作為存取顆粒，類似於 DDR4 記憶體。

英特爾傲騰持久記憶體可以配置多種操作模式，包括記憶體模式（Memory Mode）、應用程式直接存取模式（App Direct Mode）（也被稱為 AD 模式），以及在兩者之間分配比例滑動的混合模式。

1. 記憶體模式

在記憶體模式中，持久記憶體被當作超大容量的揮發性記憶體來使用，而 DRAM 則被微處理器用作寫回型快取（Write-back Cache），這個由 DRAM 組成的快取由主機的記憶體控制器管理。在記憶體模式下，持久記憶體與 DRAM 一樣，資料是停電易失的，因為每個電源週期都會清除揮發性金鑰。DRAM 被稱為近記憶體（Near Memory），而持久記憶體被稱為遠記憶體（Far Memory）。從性能角度來看，如果讀寫操作命中近記憶體，將獲得 DRAM 等級的讀寫延遲時間，即 10ns 等級的延遲時間。反之，讀寫操作流向由持久記憶體組成的遠記憶體，從而產生額外的延遲時間，達到亞微秒等級的延遲時間。

值得注意的是，記憶體模式並非都適用於所有應用場景，需要根據具體的應用場景和工作負載的特性來判斷。如果應用或負載需要超大記憶體，並且其中的熱資料總量能基本容納在 DRAM 中時，記憶體模式就非常適合。如果 DRAM 不足以容納熱資料，並且應用或者負載需要很高的記憶體頻寬來存取較大的位址空間時，記憶體模式就不適合。有些記憶體中資料庫更適合使用下面介紹的 AD 模式。

2. AD 模式

在 AD 模式中，持久記憶體直接暴露給使用者態的應用程式來使用。在這種模式下，持久記憶體是按位元組定址的，為保持快取一致性，所儲存的資料是持久非易失的，並且具有接近於記憶體的讀寫存取速度，同時提供了可執行 DMA 和 RDMA 的功能。AD 模式需要特定的持久記憶體感知軟體和應用程式的支援，如圖 1-6 所示。

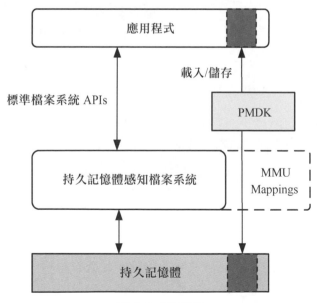

圖 1-6 AD 模式

應用程式透過持久記憶體感知檔案系統（PMEM-Aware File System）將使用者態的記憶體空間直接映射到持久記憶體裝置上，從而應用程式可以直接進行載入（Load）和儲存（Store）操作。這種形式也被稱作 DAX，意為直接存取。為了使開發者更加方便有效地基於持久記憶體進行應用程式開發，英特爾提供了用於在持久記憶體上進行程式設計的使用者態軟體函數庫 PMDK（Persistent Memory Development Kit），這部分內容將在本書的第 4 章進一步介紹。比較適合 AD 模式的應用場景包括：性能瓶頸在於磁碟 I/O 的應用、某些需要較高記憶體頻寬來存取較大位址空間的記憶體中資料庫的應用、需要支援更巨量資料集和更多用戶端或者執行緒數的應用等。

此外，還可以將持久記憶體配置為應用程式直接使用的儲存（Storage Over App Direct Mode），使用者只需要透過驅動，就可以對持久記憶體進行像對硬碟一樣的區塊操作。與傳統企業級 SSD 相比，此模式可以提供更好的性能、更低的延遲時間和更好的耐用性。

參考文獻

[1] 繆向水 . 憶阻器導論 . 北京：科學出版社，2018.

[2] Yang J J，Strukov D B，Stewart D R. Memristive Devices for computing. Nature Nanotechnology，2013，8: 13-24.

[3] 宋志棠 . 相變記憶體 . 北京：科學出版社，2010.

[4] Scott J F. 鐵電記憶體 . 朱勁松，呂笑梅，朱旻，等譯 . 北京：清華大學出版社，2004.

[5] 潘峰，陳超 . 阻變記憶體材料與器件 . 北京：科學出版社，2014.

[6] Rick Coulson. 3D XPoint Technology Drives System Architecture. Storage Industry Summit，San Jose，2016.

[7] Jim Handy. Understanding the Intel/Micron 3D XPoint Memoey，Objective Analysis. Storage Developer Conference，Santa Clara，2015.

[8] David Reinsel，John Gantz，John Rydning. Data Age 2025，2018.

[9] Kristie Mann. Five Use Cases of Intel Optane DC Persistent Memory at Work in the Data Center，2019. https://itpeernetwork.intel.com/intel-optane-use-cases/#_edn2.

[10] Gil Press. Top 10 Hot Big Data Technologies，2016. https://www.forbes.com/sites/gilpress/2016/03/14/top-10-hot-big-data-technologies/#2c58fa4965d7.

持久記憶體的架構

持久記憶體透過使用非揮發性儲存媒體實現了資料的持久化功能，這種非揮發性儲存媒體同時具有傳統 NAND Flash 的密度特性及近似 DRAM 的性能特性，這為更好地最佳化資料分層、提高各項性能提供了可能。本章將詳細介紹持久記憶體的硬體和韌體架構，以及實現安全性和可靠性等所需的要求。

2.1 記憶體資料持久化

2.1.1 資料持久化

持久記憶體系統包含以下關鍵元件:微處理器、連接微處理器記憶體匯流排上的持久記憶體模組(Persistent Memory Module,PMM)及持久記憶體上的非揮發性儲存媒體,如圖 2-1 所示。

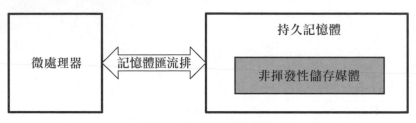

圖 2-1 持久記憶體系統

使用持久記憶體來實現資料的持久化,需要特別注意以下三方面的內容。

1. 材料特性

利用非揮發性儲存媒體在停電後保存資料。資料在停電後的保存通常透過非揮發性儲存媒體來實現。新型的非揮發性儲存媒體在第 1 章已進行了介紹,它們能夠顯著地提升持久記憶體的容量、密度與讀寫性能。

2. 持久記憶體特性

持久記憶體把資料保存到非揮發性儲存媒體中,強調的是持久記憶體本身的特性,即當資料寫入記憶體匯流排後,在持久記憶體內部即可保存。而對於資料保存的方法,微處理器核心及軟體並不直接干涉,通常由平台實現者保證(硬體和韌體)。

如今的電腦系統都假設一旦資料完成從記憶體控制器（Memory Controller，MC）向外部記憶體匯流排的傳輸操作，持久化過程即告完成，停止對持久記憶體的外部供電。然而，此時持久記憶體內部還需要電量將資料寫入非揮發性儲存媒體。因此持久記憶體需要儲能器件提供電量，以保證在停電後可以把緩衝區的資料寫到磁性媒體中。與 SSD 類似，持久記憶體的儲能也是依靠電容來實現的。由於 NVDIMM-N 要完成資料從 DRAM 到 NAND Flash 媒體的寫入操作，所以需要外接一個和記憶體模組體積相當的超級電容；持久記憶體只需要寫入最近時間寫入快取區的資料，因此採用常規電解電容甚至貼片陶瓷電容就足夠了。

由於系統停電後持久記憶體模組的供電時間要長於它所在的電腦系統的供電時間，所以記憶體上還需要有供電隔離電路，以免記憶體上的電容反向向電腦系統進行供電。

3. 資料完整性

微處理器在特定執行點保證資料的持久化。資料在微處理器核心和持久記憶體之間要經過一段很長的寫入路徑，為了保證資料的一致性和完整性，軟體開發人員需要從程式層面明確控制資料到達寫入路徑的哪一環，以及何時可以認為持久化寫入已經完成。

2.1.2 持久化域

持久化域是保證資料持久化的子系統邊界。當資料寫入持久化域後，即使停電，資料也不會遺失。持久化域和資料存取路徑如圖 2-2 所示。

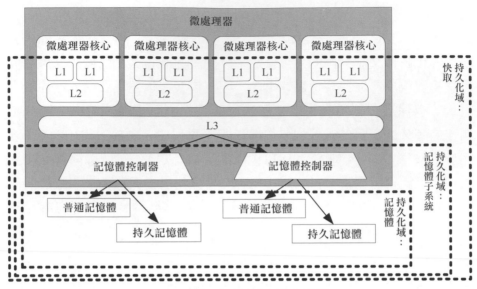

圖 2-2 持久化域和資料存取路徑

若要深入理解持久化域的概念，首先要瞭解電腦系統的記憶體架構和資料存取路徑。電腦的快取和記憶體系統包括以下層級：

- 一級快取記憶體（L1）、二級快取記憶體（L2），屬於每個微處理器核心；
- 三級快取記憶體（L3），為所有核心共用；
- 記憶體控制器及其內部的寫入佇列；
- 持久記憶體。

當微處理器核心發起一行記憶體寫入命令時，資料是沿著層級逐漸下移的。首先，快取控制器會檢查該資料在快取 L1、L2、L3 內有沒有副本，如果沒有就從記憶體進行讀取，然後把新的資料寫入快取。從程式執行的角度來看，MOV 指令的執行已經結束了，然而新的資料還停留在快取裡。當快取空間不足時，其會向記憶體控制器發起請求，將該資料寫入記憶體。記憶體控制器會先把資料寫入內部的待寫入佇列（Write Pending Queue，WPQ），在一定條件下再把 WPQ 中的資料透過外部匯流排寫入記憶體。

軟體開發者透過執行微處理器指令可以控制資料落在存取路徑的哪個層次，然而哪個層次的資料在系統停電後能夠保存是由硬體平台能力決定的。

持久化域就是硬體平台能力的抽象。當系統斷電時，持久化域內的資料可以保證得到持久化保存，而持久化域外的資料則無法保證。

電腦的快取和記憶體系統可能支援三類持久化域。

第一類持久化域是記憶體本身，資料持久性由持久記憶體本身及所需平台設計確保，對微處理器的依賴最低。軟體透過呼叫 CLFLUSH、CLFLUSHOPT、CLWB 和 PCOMMIT 指令，可以清空快取和 WPQ，確保資料抵達持久記憶體。

第二類持久化域是記憶體子系統，透過非同步記憶體更新（Asynchronous DRAM Refresh，ADR）技術保證 WPQ 內的資料得到保存。軟體只需要呼叫 CLFLUSH、CLFLUSHOPT、CLWB 指令，就可以清空快取，確保資料抵達持久記憶體。由於 ADR 技術已經成為英特爾平台的必備功能，第二類持久化域目前獲得了普遍使用。

第三類持久化域會擴展到快取，透過增強非同步記憶體更新（Enhanced Asynchronous DRAM Refresh，eADR）技術保證快取內的資料得到保存。軟體無須呼叫任何指令，就能保證寫入記憶體的資料得到保存。eADR 技術只有在具備待定微處理器功能和平台軟硬體設計的系統時才可以得到支援。

表 2-1 列出了資料寫入的指令和技術。

表 2-1 資料寫入的指令和技術

指令或技術	功能	現狀
CLFLUSH、CLFLUSHOPT、CLWB	x86 指令,將資料清空快取,將資料寫入 WPQ	已獲得微處理器支援
ADR	微處理器和平台功能,在電源出現故障時將清空 WPQ,將資料透過外部記憶體匯流排寫入記憶體	已獲得微處理器及平台支援
PCOMMIT	x86 指令,隨選清空 WPQ,將資料寫入記憶體	該指令在英特爾平台已棄用,功能由 ADR 取代
eADR	微處理器和平台功能,在電源出現故障時將清空快取,將資料寫入記憶體	將在未來微處理器及平台上支援

ADR 的作用是通知記憶體控制器把 WPQ 裡的內容寫入記憶體,並把記憶體置於自更新模式。在自更新模式下,記憶體會忽略匯流排上的資料,並且只要供電保持,記憶體上的資料就能透過定時更新得以保存。

eADR 除了清空 WPQ,還會把在快取中的資料也寫入記憶體。

2.1.3 非同步記憶體更新技術

ADR 技術是實現記憶體子系統持久化域的關鍵技術。

在微處理器核心進行寫入操作時,任何一個時刻,在各級緩衝區或佇列裡都可能存在資料。為了保證持久記憶體內部資料的完整性,需要把持久化域內的資料寫入持久記憶體,這需要透過 ADR 技術來實現。當系統發生意外斷電時,ADR 技術能保證 WPQ 內的資料被寫入記憶體。

ADR 技術的流程包含以下步驟：

① 停電預警。當系統停電時，系統電源發出停電預警訊號。如果電源支援 PMBus 協定，SMBALERT 訊號將提供該預警。

② ADR 觸發。供電時序控制電路根據預警向晶片組發出 ADR 觸發訊號，同時系統的供電照舊。

③ ADR 通知。晶片組收到 ADR 觸發訊號後，啟動 ADR 機制，啟動 ADR 機制的訊息透過內部匯流排送至微處理器。

④ 資料保存。微處理器內的記憶體控制器完成 WPQ 的清空和寫入持久記憶體操作。

⑤ ADR 完成。晶片組會根據所需要的資料寫入時間設定一個計時，計時完成，表示 ADR 已經完成，啟動晶片組內部的重置時序，並向供電時序控制電路發出 ADR 完成訊號。

⑥ 停電控制。供電時序控制電路收到 ADR 完成訊號後將啟動系統下電時序，各供電單元的輸出將被依次切斷。

ADR 技術的電路原理和基本流程如圖 2-3 所示。

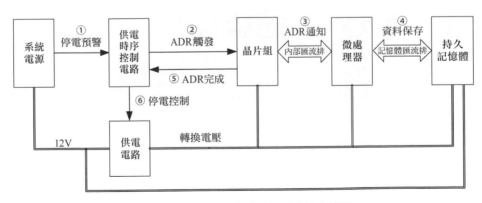

圖 2-3 ADR 技術的電路原理和基本流程

請注意，ADR 技術解決的是系統意外斷電的場景。對於正常的關機、重置等操作，系統會由內部的硬體握手協定完成上述的步驟④，並不需要 ADR 的介入。

如果希望所保護的資料不侷限於 WPQ，而是擴展到快取，則需要用到 eADR 技術。eADR 技術的原理和流程與 ADR 技術相似，它們之間的區別如表 2-2 所示。

表 2-2　ADR 技術和 eADR 技術的區別

項　　目	ADR 技術	eADR 技術
步驟②：觸發	晶片組輸入的是 ADR 專用訊號	晶片組輸入的是 eADR 專用訊號
步驟③：通知	ADR 通知採用硬體邏輯	eADR 通知採用系統中斷（SMI），需要軟體回應
步驟④：資料保存	採用硬體邏輯完成 WPQ 清空，所需時間短（微秒級）	先用軟體回應清空快取，再呼叫硬體邏輯完成 WPQ 清空，所需時間較長（近秒級）

2.2　持久記憶體硬體架構

2.2.1　持久記憶體的硬體模組

持久記憶體主要包含以下幾個硬體模組：控制器、非揮發性儲存媒體、動態記憶體和支援控制元件。不同類型的持久記憶體的內部結構有所不同，下面分別予以介紹。

1. 英特爾傲騰持久記憶體

先介紹英特爾傲騰持久記憶體，其關鍵元件如圖 2-4 所示。

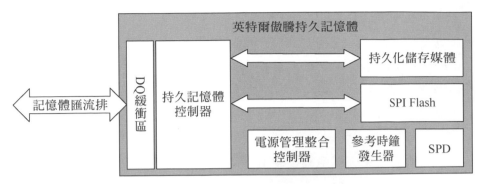

圖 2-4 英特爾傲騰持久記憶體的關鍵元件

持久記憶體與 DRAM 使用相同的硬體介面，但是使用不同的通訊協定：DRAM 使用 DDR 協定，持久記憶體使用類似於 DDR 協定。

（1）持久記憶體控制器：持久記憶體的大部分操作都需要透過持久記憶體控制器來實現，它管理著主機平台介面及 DQ 緩衝區的專用匯流排界面。持久記憶體控制器還提供完整的媒體管理，包括磨損均衡、損壞區塊管理、錯誤檢測與修正、中繼資料管理和位址轉換。持久記憶體控制器的特定暫存器可以透過主機端的 SMBus 鏈路定址，與主機共用串列狀態檢測（Serial Presence Detect，SPD）資料。持久記憶體控制器透過專用的 SMBus 與電源管理整合控制器（Power Management Integrated Controller，PMIC）連接，以控制電源管理裝置。最後，持久記憶體控制器還能透過專用的 Flash 通訊埠與串列外接裝置介面（Serial Peripheral Interface，SPI）Flash 連接，用於儲存一個或多個記憶體控制器的韌體。

（2）非揮發性儲存媒體：非揮發性儲存媒體使用了英特爾專有的傲騰技術，每根持久記憶體包含多片媒體晶片，第一代產品的容量有 128GB、256GB、512GB 三個選項可選。

（3）其他元件功能。

■ DQ 緩衝區：英特爾傲騰持久記憶體使用了業界標準的 DDR4 LRDIMM DQ 緩衝裝置，其方式與 DDR4 LRDIMM 相似。這些 DQ 緩衝裝置將緩衝並重新驅動所有主機介面的 DQ 和 DQS 訊號，以降低持久記憶體向 DRAM 主機通道提供的有效 DQ 或 DQS 的電氣短線長度，並與 RDIMM、LRDIMM 和新興的 NVDIMM 實現交互操作。DQ 緩衝區由持久記憶體控制器透過專有的控制匯流排來管理。

■ 參考時鐘發生器：持久記憶體包含時鐘發生器，其在主機電源出現故障時仍然能夠正常執行。持久記憶體控制器始終使用本地參考時鐘。

■ SPD：持久記憶體上的 SPD 資料可由主機系統透過標準主機 SMBus 鏈路定址，並允許主機平台獲取記憶體類型、關鍵操作屬性和通道訓練指南等特定資訊。持久記憶體上使用的 SPD 與標準 DRAM 上使用的 SPD 相同。SPD 透過 SMBus 鏈路連接到持久記憶體控制器上。

■ 電源管理整合控制器：持久記憶體支援多個獨立的電壓域，以提供所有裝置所需的電源，並創建某些電壓軌的隔離變形以便為開機、斷電、電源故障和電源管理提供特定的時序要求。

2. NVDIMM-N

除了英特爾傲騰持久記憶體，實現量產的另一大類持久記憶體就是 NVDIMM-N，下面以 AgigA 的產品為參考介紹 NVDIMM-N 的硬體組成。

NVDIMM-N 同時包含 DRAM 晶片和 Flash 晶片兩種媒體。正常執行時微處理器存取 DRAM 晶片，當系統停電時則將資料由 DRAM 晶片複製到 Flash 晶片上，下一次通電時 NVDIMM-N 控制器再把 Flash 晶片中的資料恢復到 DRAM 晶片上。NVDIMM-N 結構如圖 2-5 所示。

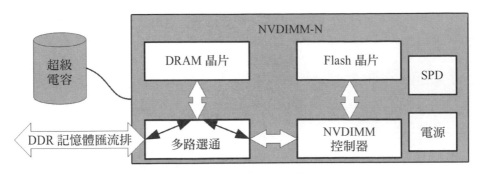

圖 2-5 NVDIMM-N 結構

NVDIMM-N 的主要組成如下：

（1）NVDIMM 控制器。NVDIMM 控制器是 NVDIMM-N 的核心控制部件。當出現停電預警時，它會控制多路選通開關以獲得 DRAM 晶片存取權，並且把其中的資料複製到 Flash 晶片上。

停電預警由系統其他控制邏輯檢測並在發生停電事件後發出，其形式可以是獨立保存訊號（SAVE）或 SMBus 的命令。理論上 NVDIMM 控制器能夠檢測自身電壓並觸發內容複製，但是由於沒有和系統微處理器的「握手」，所以無法保證資料被成功寫入持久化域。

NVDIMM 控制器還需要控制記憶體模組上的供電。正常執行時 NVDIMM-N 由板載 12V 供電，進行資料複製時則切斷和板載 12V 的通路，由超級電容進行供電。

（2）多路選通。多路選通（MUX）開關能選擇 DRAM 晶片的存取來源，其開關控制訊號來自 NVDIMM 控制器。

（3）記憶體。記憶體使用的晶片和普通 DRAM 類似，但與一般伺服器記憶體採用的 ×4 位元寬或 ×8 位元寬的記憶體晶片顆粒不同，它採用了 ×16 位元寬的晶片，以減少晶片數量和佔用面積。

（4）Flash 晶片。Flash 晶片用於在停電時保存資料，由 NVDIMM 控制器直接管理。

（5）超級電容。由於資料從 DRAM 晶片向 Flash 晶片的寫入時間長達幾十秒，普通的板載電容無法保持這麼長的供電時間，所以 NVDIMM-N 採用外接的超級電容來供電。

2.2.2 持久記憶體的外部介面

目前市場上的持久記憶體都參照 JEDEC 標準下 DDR 的機械介面和電氣介面與主機側連接。已經發佈的 NVDIMM-N 規範列出了一些新的介面要求，而 NVDIMM-P 規範還在討論中，持久記憶體作為目前相關的商業化產品，可能是 NVDIMM-P 規範的重要參考。

持久記憶體和主機端有以下介面。

1. 記憶體匯流排

NVDIMM-N 參用了標準的 DDR 協定，而英特爾傲騰持久記憶體採用的協定類似於 DDR 協定。

主機記憶體控制器與持久記憶體的通訊協定使用與 DDR 相同的物理介面，但使用不同的協定，因此部分訊號做了重定義。如果系統同時連接 DRAM 與持久記憶體，那麼這兩種協定可以在同一條匯流排上共存，主機側的記憶體控制器會根據存取類型對訊號進行調配。主機記憶體控制器支援兩組協定並分別與 DRAM 或持久記憶體進行通訊，若在其外部，則重複使用同一組接腳訊號，如圖 2-6 所示。

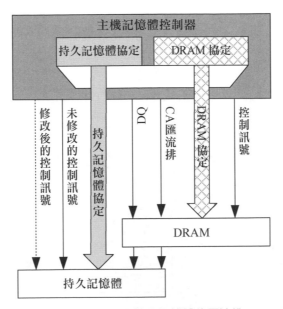

圖 2-6 DRAM 和持久記憶體的匯流排

協定的讀取和寫入指令在匯流排上使用完整的快取記憶體行位址發送，並由持久記憶體控制器將這些通用指令轉換為特定的技術指令。

寫入資料與寫入指令同時發送，並由持久記憶體控制器進行緩衝。

執行讀取指令時需要進行拆分，在執行讀取指令後，持久記憶體控制器會在資料可用時請求使用資料匯流排進行傳輸。資料匯流排方向和時序由匯流排控制，從主機發送到持久記憶體控制器的每個發送請求的命令資料封包都允許非同步命令或資料計時，因此持久記憶體控制器可以自由地將命令重新排序到記憶體，並重新記錄讀取返回資料。

2. SMBus

DRAM 規範的 SMBus 有兩個功能：一是讀寫串列狀態檢測資訊，內含詳細的 DIMM 特徵資料，包括關鍵時序、配置、容量、部件號、序號和其他相關資訊;二是溫度檢測。普通 DRAM 的這兩個功能由一個整合晶片同時提供,持久記憶體的 SMBus 也需要支援上述功能,但相對於普通 DRAM,其實現手段可能有所差異。

持久記憶體控制器連接在 SMBus 上,因此主機系統可以存取持久記憶體控制器上的多數通用暫存器,並執行許多關鍵後台功能,如將更新的韌體載入到持久記憶體控制器中。圖 2-7 為持久記憶體 SMBus 的連接圖。

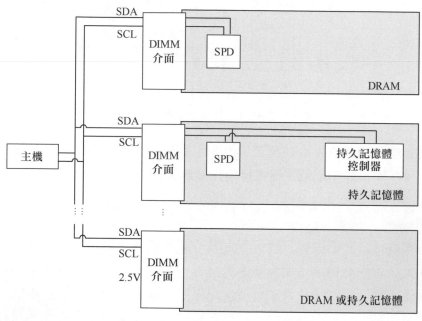

圖 2-7 持久記憶體 SMBus 的連接圖

3. 12V 額外供電

普通的 DRAM 只支持 VDD(1.2V)、VTT(0.6V)、VPP(2.5V)三種輸入電壓,其中 VDD 能給 DRAM 顆粒提供較大的電流。持久記憶體內部需要提供多種電壓供控制器、儲存媒體,如果所有供電由 1.2V 電壓

作為輸入，則需要包含升壓電路，從而使效率低下，所以 NVDIMM-N
規範定義了兩個專用的 12V 輸入電壓來供電。持久記憶體採用同樣的
定義。

像持久記憶體這樣比較複雜的系統，通常會採用整合電源晶片 PMIC。
PMIC 可以提供多路輸出電壓，同時管理電源時序以及持久記憶體和主
機側電壓之間的隔離。

4. 保存訊號

保存訊號（SAVE）是 NVDIMM-N 特有的，用於提示 NVDIMM 控制器
開始向 Flash 裡寫入資料。主機端應該在完成 ADR 流程後再發出保存
訊號。

持久記憶體強制要求系統支援 ADR，而且無須進行大規模的資料複
製，只需要檢測系統停電時內部緩衝區的資料並將其寫入持久化媒體即
可。

2.3 持久記憶體及主機端的軔體架構

2.3.1 介面規範

1. 高級配置與電源管理介面規範

高級配置與電源管理介面規範（Advanced Configuration and Power
Interface，ACPI）是英特爾、微軟和東芝共同制定的一種電源管理標
準，它可以幫助作業系統合理控制和分配電腦硬體裝置的電量。有了
ACPI，作業系統可以根據裝置實際使用情況，按照需要關閉不同硬體
裝置。

持久記憶體的 UEFI（Unified Extensible Firmware Interface，統一可延伸韌體介面）驅動在開機自檢過程中，根據持久記憶體初始化結果，創建符合 ACPI 規範的表格和程式，作業系統透過高級配置電源管理介面的表格和程式對持久記憶體進行配置和管理。

與持久記憶體相關的 APCI 介面如下所示。

（1）持久記憶體韌體介面表。
持久記憶體韌體介面表（NVDIMM Firmware Interface Table，NFIT）
（見圖 2-8）描述了持久記憶體韌體介面，主要包括以下結構：

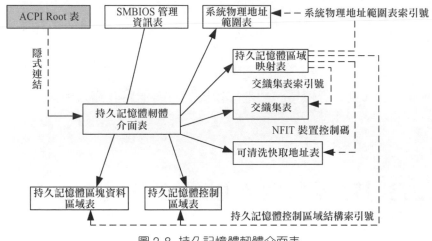

圖 2-8 持久記憶體韌體介面表

- 系統物理位址範圍表；
- 持久記憶體區域映射表；
- 交織集表；
- SMBIOS 管理資訊表；
- 持久記憶體控制區域表；
- 持久區區塊資料區域表；
- 可清洗快取位址表。

系統物理位址範圍表為作業系統提供了每段物理位址空間中的記憶體屬性，包括記憶體類型（如 DRAM、持久記憶體等）、快取類型（如可快取、不可快取），以及和不同微處理器記憶體控制器的鄰近關係（proximity domain 參考異質資源親和表）。

交織集表提供了持久記憶體的位址編碼資訊。

持久記憶體控制區域表為作業系統提供了持久記憶體裝置的生產廠商、裝置 ID、版本資訊、製造地點、製造日期、唯一的序號等。

持久記憶體區域映射表包含了持久記憶體裝置在 SMBIOS 管理資訊表中的記憶體裝置類型表的索引號、系統物理位址範圍表的索引號、持久記憶體控制區域表的索引號、交織集表的索引號，作業系統可以透過這些索引號獲取相應持久記憶體裝置的所有硬體資訊。

（2）異質記憶體屬性工作表。

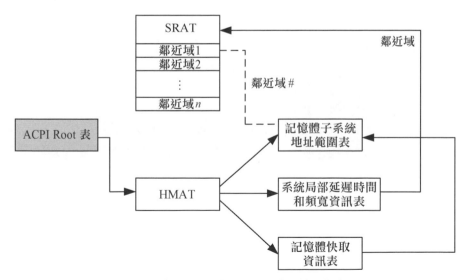

圖 2-9 持久記憶體異質記憶體屬性工作表

異質記憶體屬性工作表（Heterogeneous Memory Attribute Table，HMAT）
（見圖 2-9）提供了不同位址空間的記憶體屬性，如記憶體側的快取屬
性、記憶體頻寬及延遲時間。作業系統可以透過異質記憶體屬性工作表
獲取相應位址空間的記憶體性能屬性，從而決定如何使用持久記憶體。

異質記憶體屬性工作表主要包含以下結構：

- 記憶體子系統位址範圍表；
- 系統局部延遲時間和頻寬資訊表；
- 記憶體快取資訊表。

作業系統如果沒有異質記憶體屬性工作表，也可以透過系統資源親和表
和系統位置距離資訊表來獲取系統中不同持久記憶體區間的性能特性。

（3）系統資源親和表。
系統資源親和表（System Resource Affinity Table，SRAT）包含以下兩
個部分：

- 微處理器親和表，用於描述每一個微處理器執行緒屬於哪個鄰近域；
- 記憶體親和表，用於描述每一個記憶體空間屬於哪個鄰近域。

（4）系統位置距離資訊表。
系統位置距離資訊表（System Locality Distance Information Table，
SLIT）量化了每個鄰近域和其他鄰近域之間的距離（存取延遲時間）。

2. 裝置特定方法規範

不同版本的裝置特定方法（Device Specific Method，DSM）規範支援的
持久記憶體裝置命令不盡相同，作業系統可以透過 DSM 規範的第一筆
命令查詢系統支援的持久記憶體命令。

第一版持久記憶體的 DSM 命令清單如表 2-3 所示。

表 2-3 第一版持久記憶體的 DSM 命令清單

命　令	說　明
Query implemented commands per ACPI Specification	根據輸入的版本編號查詢支援的命令
Get SMART and Health Info	獲取 SMART 和健康資訊
Get SMART Threshold	獲取 SMART 錯誤的閾值
Get Block NVDIMM Flags	獲取持久區塊裝置的標示位
Deprecated - Get Namespace Label Data Size	獲取命名空間標籤資料大小
Deprecated - Get Namespace Label Data	獲取命名空間標籤資料
Deprecated - Set Namespace Label Data	設定命名空間標籤資料
Get Command Effect Log Info	獲取命令效果日誌資訊
Get Command Effect Log	獲取命令效果日誌
Pass-Through Command	透傳廠商特殊命令
Enable Latch System Shutdown Status	打開下一次啟動的 SMART 鎖存

第二版持久記憶體的 DSM 規範在第一版的基礎上加入了一些命令，如表 2-4 所示。

表 2-4 第二版持久記憶體的 DSM 命令清單

命　令	說　明
Get Supported Modes	獲取支援的模式
Get FW Info	獲取韌體資訊
Start FW Update	開始更新韌體
Send FW Update Data	傳送更新韌體資料
Finish FW Update	完成韌體更新
Query Finish FW Update Status	查詢韌體更新狀態
Set SMART Threshold	獲取 SMART 錯誤閾值

命　令	說　明
Inject Error	注入錯誤
Get Security State	獲取安全狀態
Set Passphrase	設定密碼保護
Disable Passphrase	關閉密碼保護
Unlock Unit	解鎖配置保護
Freeze Lock	鎖定配置保護設定
Secure Erase NVDIMM	安全擦拭持久記憶體
Overwrite NVDIMM	用寫入全 0 的方法擦拭持久記憶體
Query Overwrite NVDIMM Status	查詢 Overwrite 持久記憶體狀態

3. 統一可延伸韌體介面規範

統一可延伸韌體介面規範（Unified Extensible Firmware Interface，
UEFI）規範用來定義作業系統與系統韌體之間的軟體介面，負責帶電
自檢、聯繫作業系統、提供聯繫作業系統與硬體的介面。持久記憶體的
硬體初始化程式、底層配置工具都是符合 UEFI 規範的驅動。

4. 系統管理 BIOS 規範

系統管理 BIOS（System Management BIOS，SMBIOS）規範是主機板
或系統製造商以標準格式顯示產品管理資訊需遵循的統一規範。持久記
憶體的 UEFI 驅動在 POST（開機自檢）過程中獲取持久記憶體的基本
資訊，創建符合 SMBIOS 規範的硬體管理資訊作業系統。

2.3.2 持久記憶體韌體

持久記憶體韌體的功能主要包括以下幾點。

（1）持久記憶體韌體初始化。

持久記憶體韌體初始化主要包含兩個階段。第一階段啟動 ROM 負
責驗證及載入持久記憶體韌體。第二階段功能韌體負責初始化媒體
介面及初始化媒體讀寫策略（包括媒體磨損均衡、緊急停電處理策
略、散熱處理策略等）：

* 建立位址映射；

* 分割媒體區域；

* 初始化錯誤處理常式；

* 初始化 RAS 處理常式。

（2）媒體編碼和讀寫。

（3）位址翻譯。

（4）媒體管理和磨損均衡。

（5）狀態彙報和管理。

2.3.3 主機端韌體

1. 主機端韌體 UEFI 模組框架圖

主機端韌體 UEFI 模組框架圖如圖 2-10 所示。

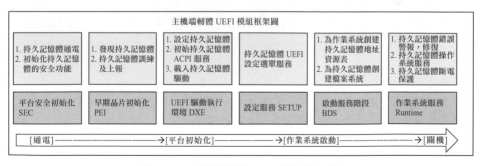

圖 2-10 主機端韌體 UEFI 模組框架圖

2. 記憶體時序訓練

持久記憶體的記憶體時序訓練的基本步驟與 DRAM 類似,本節主要介紹和 DRAM 不一致的地方。

UEFI 的記憶體初始化程式,首先會從 UEFI 配置中獲取持久記憶體初始化的一系列配置,然後透過 SMBus 獲取每根持久記憶體的 SPD 資料(SPD 資料的獲取方法及格式完全符合 JEDEC 標準化組織的定義),接下來 UEFI 記憶體初始化程式根據 SPD 資料中的記憶體類型判斷是否為持久記憶體,然後根據從 SPD 資料中獲取的參數進行持久記憶體的時序訓練。

3. 新類別記憶體的發現和上報

在記憶體時序訓練結束後,UEFI 會根據持久記憶體模式將發現的新記憶體呈現在微處理器的位址空間中。如果持久記憶體配置成記憶體模式,那麼微處理器位址空間中只會有持久記憶體,而 DRAM 將成為持久記憶體的快取,不存在於微處理器的位址空間中。如果是 AD 模式,那麼微處理器位址空間中將出現揮發性記憶體及持久記憶體,一般排列順序是:揮發性記憶體、持久記憶體。

UEFI 將根據記憶體訓練後發現的記憶體資訊生成一個表格傳遞給後續的 UEFI 驅動,後續的 UEFI 驅動根據記憶體資訊表繼續創建 SMBIOS 表,生成 APCI 表格等以供作業系統使用。BIOS 支援兩種作業系統的啟動,一種是 UEFI OS,另一種是 Legacy OS。對於兩種不同的作業系統,UEFI 驅動或者 CSM 模組都會根據之前提到的記憶體資訊表創建記憶體資訊以供作業系統使用,Legacy OS 使用的是 E820 表格,UEFI OS 使用的是記憶體映射表。在 UEFI 記憶體映射表中,持久記憶體的位址區間將被標記成 EfiPersistentMemory 類型。

UEFI 記憶體映射表的記憶體類型枚舉：

```
typedef enum {
  EfiReservedMemoryType,
  EfiLoaderCode,
  EfiLoaderData,
  EfiBootServicesCode,
  EfiBootServicesData,
  EfiRuntimeServicesCode,
  EfiRuntimeServicesData,
  EfiConventionalMemory,
  EfiUnusableMemory,
  EfiACPIReclaimMemory,
  EfiACPIMemoryNVS,
  EfiMemoryMappedIO,
  EfiMemoryMappedIOPortSpace,
  EfiPalCode,
  EfiPersistentMemory,
  EfiMaxMemoryType
  } EFI_MEMORY_TYPE;
```

4. 配置

針對 AD 模式，UEFI 會把持久記憶體和 DRAM 在微處理器記憶體空間統一編址，設定持久記憶體區域的命名空間，這樣 UEFI 或作業系統就可以透過命名空間找到以交織集為邊界的持久記憶體區域。

針對記憶體模式，UEFI 只會把持久記憶體會編址到微處理器記憶體空間，而不會編址揮發性記憶體。

無論記憶體模式還是 AD 模式，BIOS 都需要配置持久記憶體的交織集。交織集是指在位址編碼的時候，在記憶體空間交替疊加不同記憶體通道的物理媒體，這樣系統就可以同時存取不同通道的持久記憶體，充分利用持久記憶體的頻寬。UEFI 持久記憶體驅動會驗證當前的硬體是否相容使用者的配置，然後對持久記憶體進行配置操作。

2.4 持久記憶體的安全考慮

持久記憶體的安全功能跨越多個層級，包括保護持久記憶體媒體中存取的資料，以及保護持久記憶體的配置資料和控制機制。持久記憶體的安全模型採用了 SSD 和 NVMe 技術使用的 ATA（Advanced Technology Attachment，高級技術附件）安全模型，寫入持久記憶體媒體中的資料由每根持久記憶體控制器使用 XTS-AES-256 協定加密。

記憶體模式中的金鑰在每次斷電重新啟動後都會重新生成，因此先前的資料不再可用，稱為揮發性，DRAM 具有相同的特性。在 AD 模式下執行時期，可以透過設定使用者密碼來解鎖持久記憶體區域，並啟用對命名空間內資料的存取來保證安全性。持久記憶體支援主密碼，主密碼用來啟動安全擦拭功能，但是主密碼僅可以用於本地媒體擦拭，如果主密碼遺失，那麼將無法解鎖持久記憶體並且無法再次使用。如果使用者密碼遺失，則可以使用主密碼來啟用安全擦拭功能，以重置持久記憶體。持久記憶體支援從作業系統或 UEFI 下存取的安全擦拭功能，該功能可以強制重新生成金鑰，使持久化區域中的資料無法存取。

2.4.1 威脅模型

持久記憶體的威脅模型遵循標準的靜態資料安全威脅模型，該模型已廣泛用於企業資料中心的儲存類媒體，如 HDD 與 SSD 等。威脅模型假定攻擊者獲得了包含持久記憶體的伺服器的物理擁有權，該伺服器包含敏感的或有價值的資料（或以前使用的獨立持久記憶體），並試圖非法恢復持久記憶體上的資料。在此威脅模型下，假定攻擊者可以物理存取正在使用的伺服器平台（記憶體模式區域或未鎖定的 AD 模式區域），並且能夠獲取持久記憶體上的資料存取權限。持久記憶體僅在以下兩種情況下才提供保護：①記憶體模式下斷電重新啟動後金鑰被清零；② AD

模式下被鎖定。持久記憶體在記憶體模式和 AD 模式下提供安全保護的技術不適用於多次攻擊場景，攻擊者能夠連續多次進行物理存取，從而修改硬體或安裝韌體，然後在未來再次攻擊裝置。

持久記憶體的攻擊場景包括：

- 從辦公室或資料中心盜取包含持久記憶體的伺服器；
- 持久記憶體被有平台存取權限的攻擊者移除；
- 從持久記憶體上物理複製資料；
- 將攻擊資料貼上到持久記憶體中；
- 窺探記憶體匯流排上的資料；
- 修改持久記憶體韌體。

雲端運算的出現對多租戶虛擬化環境中的租戶隔離和靜態資料提出了更高的要求，執行時期使用者隔離受虛擬化基礎架構虛擬機器監視器的控制，企業級的存放裝置應支持將儲存媒體劃分為「個體租戶」的邏輯分區（每個分區有獨立的金鑰管理），這種方法的好處是租戶的資料可以獨立鎖定和擦拭。多租戶威脅模型假設租戶資料可能因為隔離機制的漏洞受到其他租戶的影響，因此能夠安全地擦拭租戶資料是最小化暴露資料的有效方式。

2.4.2 安全目標

持久記憶體的安全分為三類：靜態資料安全、存取控制和媒體管理保護。

1. 靜態資料安全

（1）機密性保護。

持久記憶體可以為儲存在裝置上的所有使用者資料提供機密性保護，從而防止持久記憶體落入不法分子手中，包括防止冷開機攻擊，表示要對媒體中的揮發性和持久化區域進行加密。持久記憶體用專為保護區塊儲存裝置機密性而設計的加密演算法來支援 256 位元安全性，此加密演算法在一定程度上可以阻止基於儲存位置的分析，使得攻擊者無法確定驅動器上的不同位置是否具有相同的明文。AES-XTS-256 是用於保護持久記憶體媒體的演算法，它同樣適用於區塊模式資料的加密。

（2）持久記憶體資料的靜態保護。

靜態保護持久記憶體資料需要用到加密持久記憶體的加密金鑰，以加密鎖定的方式永久儲存使用者資料，它要求安全管理員可以隨時以加密方式擦拭持久化域。安全擦拭是一種安全管理員快速使裝置上的資料無法恢復的方法。

鎖定：持久性記憶體區域可在特定系統電源事件（關機、重新啟動）期間「加密」鎖定，持久記憶體安全架構要求該區域處於鎖定狀態，以提供靜態資料保護。解鎖持久記憶體應使用使用者密碼進行外部身份驗證。

安全擦拭：利用持久記憶體的安全擦拭功能，能使裝置上的資料無法恢復，以實現裝置的安全退役或者裝置的安全重置。安全擦拭的作用域是全域的持久記憶體，而非特定的持久記憶體或者區塊模式區域，只有安全管理員可以呼叫安全擦拭命令。在安全擦拭之後，持久化資料可能仍然存在於微處理器的快取記憶體中，為避免資料被損壞或被竊取，必須使用特定指令使微處理器的快取記憶體無效。

（3）揮發性記憶體資料的保護。

為了模擬揮發性記憶體的行為，持久記憶體媒體上揮發性區域被加密，然後在某些系統狀態轉換時以加密方式擦拭。在記憶體模式下，DRAM 快取是未加密的，此時揮發性記憶體加密區域在重置事件、睡眠、斷電重新啟動、電源故障（ADR 命令和電壓檢測）事件中將無法恢復。

2. 存取控制

持久記憶體為兩種模式定義了不同的存取控制目標：AD 模式存取控制和記憶體模式存取控制。

（1）AD 模式存取控制。

持久記憶體提供了一種機制，以頁面級粒度（由持久記憶體檔案系統管理）強制應用程式存取持久記憶體區域。持久記憶體檔案系統（Persistent Memory File System，PMFS）每個區域的顆粒提供具有 R/W/D/E 許可權類型的 POSIX 存取控制結構。作為開放區域的一部分，PMFS 為請求的應用程式設定記憶體管理單元（Memory Management Unit，MMU）映射，持久記憶體存取控制用於 Linux 和 Windows 的主機虛擬檔案系統（Virtual File System，VFS），以實現本機核心檔案存取控制的功能。

（2）記憶體模式存取控制。

記憶體模式的存取控制與 AD 模式的工作方式類似，作業系統管理記憶體分配，並設定相應的頁表許可權，同時使用微處理器的記憶體管理單元強制執行頁面級保護。

3. 媒體管理保護

持久記憶體媒體管理演算法透過反覆均勻地寫入位置來防止持久記憶體過早的磨損。持久記憶體支援為媒體管理提供保護，以防過早地磨損媒體和其他媒體管理相關的 PDOS 攻擊。

2.4.3 基於硬體的記憶體加密

持久記憶體使用 AEP-XTS-256 加密演算法進行靜態資料保護。

在記憶體模式下，每次斷電重新啟動後，DRAM 快取會遺失資料，持久記憶體加密金鑰也會遺失，並在每次啟動時重新生成。

在 AD 模式下，使用模組上的金鑰加密持久化媒體，持久記憶體在停電時會將資料鎖定，需要利用使用者金鑰解鎖。

以下是持久記憶體為了確保資料和密碼安全所採用的手段。

- 加密金鑰儲存在模組上的中繼資料區域中，且只能被持久記憶體控制器存取，打開金鑰需要輸入密碼；
- 安全加密擦拭和重寫可以實現持久記憶體安全的再利用或丟棄；
- 韌體身份驗證和完整性：支援使用韌體的簽名版本，並提供修訂控制選項。

▶ 2.5 持久記憶體的可靠性、可用性和可維護性

2.5.1 可靠性、可用性和可維護性定義

可靠性、可用性、可維護性（Reliability、Availability、Serviceability，RAS）的定義和提升手段範例如表 2-5 所示。

表 2-5 RAS 的定義和提升手段範例

類　　型	定　　義
可靠性	可靠性指系統在一定時間內產生正確輸出的概率，透過規避、檢測和修復硬體故障的功能來增強。可靠性通常以平均故障間隔時間為度量。 範例：單晶片資料糾正，如果一個記憶體的晶片故障了，系統可以用空閒的晶片將其替換掉。

類　型	定　義
可用性	系統在一定時間內的可用性，指裝置實際可用時間與總時間之比。 可用性通常用系統預計可用時間百分比來描述，如 99.99%。 範例：比如 MCA 恢復技術，當系統發生不可糾正錯誤的時候，伺服器不會立即重新啟動系統，而是把錯誤標記成毒藥並且傳遞錯誤。作業系統／虛擬機器管理器可以終止出現記憶體錯誤的虛擬機器，其他的虛擬機器不會受到影響。
可維護性	可維護性指系統可以修復的簡單程度和速度，通常以平均維修時間為度量。可維護性包括在出現問題時提供診斷系統的方法。這方面需要軟體提供清晰的錯誤資訊和通知方法，避免系統當機。 範例：系統能準確地彙報出錯的記憶體位置，加快系統修復的速度。

2.5.2 硬體基礎

1. 快取行與改錯碼

改錯碼（Error Correcting Code，ECC）用來保護持久記憶體的資料正確性，涉及兩個快取行，這也意味著讀取操作會讀出兩個快取行的資料。而對於寫入操作，持久記憶體控制器會儘量同時處理兩個快取行來最佳化性能。但是對於寫入一個快取行，持久記憶體會透過讀取一修改一寫入來完成操作（ECC 重新計算）。

2. 媒體的組織

持久記憶體的媒體被組織成 ECC 區塊，每個 ECC 區塊包括 4 個微處理器快取行（每個 64 位元組）、4 個毒藥標示位（對應 4 個快取行，儲存在中繼資料中）、其他中繼資料（每個快取行的狀態）和 ECC。

3. 空閒區塊管理

持久記憶體會預留出一定的空閒區塊作為備份，空閒區塊由持久記憶體的韌體來實現。如果持久記憶體檢測到損壞區塊，那麼它會放棄損壞區

塊，選擇新的空閒區塊。不能修復的資料會從損壞區塊寫到空閒區塊
中，正確的 ECC 值和毒藥標示位也會被寫入空閒區塊。毒藥標示位表
明新的快取行已經沒有正確的資料了，軟體如果讀取新的快取行，那麼
返回的資料將包括毒藥標示。

4. 資料毒藥

資料毒藥是一種錯誤抑制的方式，它提供了一個有可能恢復媒體裡不可
糾正資料的機制。當發生不可糾正錯誤（Uncorrectable Error，UCE）
時，持久記憶體控制器會用毒藥標記錯誤資料，並將資料和毒藥傳給微
處理器。

DRAM 的毒藥機制可以在系統啟動時選擇啟用或者禁止，持久記憶體
的毒藥是必需的。對微處理器來說，如果毒藥啟用了，流程和標準的
DRAM 毒藥一樣；如果毒藥沒有啟用，那麼系統將產生嚴重的硬體錯
誤異常。

毒藥的影響是它延遲時間不可糾正資料的「判斷」。在傳統的系統硬體
錯誤架構中，當毒藥機制被禁止時，不可糾正的資料是致命的錯誤，它
會使系統立刻崩潰。但當毒藥機制被啟動時，不可糾正的資料則不是立
刻致命的，取而代之的是資料被標記成毒藥。因此當不可糾正的資料被
讀取時，進行讀取資料操作的使用者可以決定如何處理被標記成毒藥的
資料。舉例來說，電腦顯卡完全可以忽略被標記成毒藥的資料，繼續工
作，因為一個圖元導致螢幕有一個覺察不到的閃光點是完全可以容忍
的。如果是微處理器的某個處理程序或執行緒來讀取資料，硬體會判斷
這個錯誤是不是可以恢復，如果硬體認為這個錯誤是可以恢復的，那麼
它會用特殊的記號來標記這個錯誤，這樣作業系統或者虛擬機器管理處
理程序可以決定是否恢復錯誤或者怎麼恢復錯誤。

毒藥標示位被保存在持久記憶體媒體的中繼資料裡。在記憶體模式下，系統重新啟動會清除毒藥標記；在 AD 模式下，系統重新啟動不會清除毒藥標示位。值得注意的是：如果資料錯誤的類型是致命的，那麼微處理器的上下文內容將被破壞且不能被信任，所以微處理器應該立刻重新啟動系統以恢復到正常狀態。

5. 清除資料毒藥

資料區塊上的毒藥可以透過 MB 命令來清除。

2.5.3 錯誤檢測和恢復

錯誤檢測和恢復是持久記憶體控制器用來防止持久記憶體媒體的隨機位元錯誤，目的是維護所傳輸資料的完整性。如果錯誤是可以糾正的，持久記憶體控制器就會糾正資料，這樣就可以防止可糾正的錯誤（Correctable Error，CE）因錯誤位元的累積變成不可糾正的錯誤。下面是三種錯誤的處理方式。

（1）讀取操作（可糾正錯誤）。
當讀取資料的時候，透過 ECC 對資料進行校正碼糾正。如果資料有誤並且被糾正成功，資料就會被傳給主機或微處理器。可糾正錯誤是透過持久記憶體來完成的，作業系統或主機韌體不會參與，並且錯誤不會被發給主機。

（2）讀取操作（不可糾正錯誤）。
當讀取資料的時候，透過 ECC 對資料進行校正碼糾正。如果從硬體上來說資料不能被糾正，持久記憶體控制器就會用毒藥標記錯誤，並且傳給主機記憶體控制器，之後系統或者 BIOS 可以透過軟體進行恢復（重試、丟棄或者忽略）。

（3）寫入操作（毒藥區域）。

在寫入新資料的時候，資料會被正常寫到持久記憶體媒體的毒藥區域，同時毒藥會被清除。

2.5.4 單晶片資料糾正和雙晶片資料糾正

1. 單晶片資料糾正

單晶片資料糾正（Single Device Data Correction，SDDC）用來糾正單一持久記憶體媒體晶片上的位元錯誤，延長系統的執行時間，防止資料被破壞。SDDC 由持久記憶體控制器管理，不需要微處理器、BIOS 或者作業系統的支援。

（1）可糾正錯誤。

- 持久記憶體會糾正資料，並且把糾正好的資料發給主機；
- 可糾正的資料不會被傳給微處理器。

（2）不可糾正錯誤。

- 持久記憶體控制器會把資料包括毒藥標記發給主機；
- 持久記憶體控制器會在媒體裡創建一個記錄，如果記錄被啟用，那麼中斷就會傳給主機；
- 持久記憶體控制器會把出錯的資料移到新的資料區塊，並且在媒體裡設定毒藥標示位。

錯誤發生以後，雖然持久記憶體可以繼續工作，但是錯誤檢測能力會降低，所以性能會下降。

2. 雙裝置資料糾正

雙裝置資料糾正（Double Device Data Correction，DDDC）用來處理兩個持久記憶體媒體晶片上的位元錯誤，延長系統的執行時間，防止資料

被破壞。DDDC 由持久記憶體控制器管理，不需要微處理器、BIOS 或
作業系統的支援。

當第一個裝置故障時，持久記憶體控制器會利用改錯碼重建故障裝置上
的資料到另外一個空閒裝置上，資料重建完成後，持久記憶體控制器的
錯誤檢測和糾正的能力將恢復正常。在第二個裝置故障後，雖然持久記
憶體仍然可以透過校正編碼進行資料讀寫，但是資料糾正功能降低了，
所以性能會下降。

2.5.5 巡檢

持久記憶體控制器內建了一個更新引擎用來巡檢（Patrol Scrub），持
久記憶體的巡檢也被稱為順序更新，和 DRAM 的巡檢是各自獨立執行
的。該引擎會利用空閒的機會主動地搜索持久記憶體，可透過對持久記
憶體的位址進行讀取操作，也可利用 ECC 修復可以糾正的錯誤。使用
者可以對更新引擎的頻率值進行程式設計，更新引擎會根據這個頻率對
持久記憶體進行巡檢存取，這樣就可以有效地防止可糾正錯誤由於錯誤
位元的累積變成不可糾正錯誤。只要有足夠的時間，所有的持久記憶體
的位址都會被存取到。

持久記憶體的巡檢通常叫作「更新」。

- 適用模式：記憶體模式和 AD 模式。
- 對於可糾正的錯誤，持久記憶體控制器會糾正資料並寫回資料。
- 對於不可糾正的錯誤，持久記憶體控制器會用毒藥在媒體的中繼資料
  裡標記錯誤，不可糾正錯誤會被記錄到持久記憶體的媒體，然後持久
  記憶體控制器會把資料移到新的位置。如果系統設定了中斷，那麼中
  斷會被發給主機。
- 如果資料已經被標記成毒藥，那麼巡檢時錯誤不會被記錄和上傳給系
  統。

2.5.6 位址區間檢查

位址區間檢查（Address Range Scrub，ARS）是 ACPI 規範裡定義的 DSM。BIOS 和持久記憶體驅動可以透過 ARS 獲取不可糾正錯誤的持久記憶體位址，以在持久記憶體被分配給應用程式使用之前獲取狀況良好的位址範圍。和巡檢相比，ARS 檢查記憶體位址的頻率更高，但是更高的檢查頻率可能會影響持久記憶體硬體的服務品質，所以我們可以選擇上一次 ARS 的結果，有時候也叫作快速 ARS。

作業系統可以對有問題的持久記憶體不作映射，也可以標記成不可用空間，這樣可以預防應用程式因為存取有問題的持久記憶體位址而崩潰。

為什麼需要 ARS？其原因如下。

- 巡檢不會檢查已經被標記成毒藥的位址，但 ARS 可以有效地獲取所有有問題的位址；
- 如果作業系統不清楚有問題的位址，應用程式一旦被分配到有不可糾正錯誤的持久化記憶體位址空間，讀取操作就會觸發硬體錯誤異常，輕則應用程式崩潰，重則作業系統崩潰；
- 如果作業系統不清楚有問題的位址，在系統重新啟動以後，作業系統很可能因為不可糾正錯誤而不停重新啟動。

ARS 只有在 AD 模式下才會生效。ARS 可以在系統啟動的時候自動啟動，也可以在系統執行的時候手動啟動。

2.5.7 病毒模式

系統發生不可修復錯誤時，會採取多種措施減少錯誤的進一步擴散。

大部分系統依賴毒藥機制確保錯誤資料的抑制，壞資料封包被標記成毒藥並抑制其繼續傳輸。作業系統可以選擇終止可能使用錯誤資料的應用程式或虛擬機器，來減少其擴散的機會。

對於毒藥機制不能抑制的致命錯誤，為了延緩當機增加可用性，系統可以選擇更高級別的平台級錯誤抑制機制──病毒（viral）。啟用病毒機制後，當發生致命錯誤時，病毒標示會擴散到 UPI 和 PCIe 介面。系統會在 UPI 資料封包表頭裡設定病毒標示，並且把病毒狀態擴散到其他的CPU。PCIe 介面也進入病毒狀態，此時所有 PCIe 裝置的對內對外傳輸都會被丟棄。這樣可以防止錯誤資料寫入非揮發性的存放裝置或遠端的網路裝置。

持久記憶體也支援病毒機制，當持久記憶體控制器檢測到病毒標示後：

- 在 AD 模式下，持久記憶體的寫入操作會被丟棄，讀取操作不受影響；
- 記憶體模式的寫入操作不受影響。

病毒模式的退出：系統重新啟動會清除病毒模式。

2.5.8 錯誤報告和記錄

錯誤報告包括錯誤記錄和訊號發送。從系統啟動到系統執行，我們可能碰到各種錯誤，其中可糾正的錯誤由持久記憶體控制器來處理，不會上傳給主機。

以下幾種不可糾正錯誤會被報告和記錄：

- AD 模式和記憶體模式下的資料事務錯誤；
- 持久記憶體控制器內部錯誤；
- 系統初始化和啟動過程中的錯誤；
- 鏈路錯誤。

2.5.9　持久記憶體故障隔離

當系統發生可糾正錯誤或不可糾正錯誤時，必須把錯誤的資訊發給使用者。這是伺服器設計廠商必須支持的功能，只有這樣使用者才能根據錯誤的性質決定採取何種措施，如替換有問題的 DRAM 或持久記憶體。為了實現正確的故障隔離，錯誤記錄對於伺服器系統設計有以下幾個要求：

- 系統必須支援 BIOS 和 BMC 的 RAS 功能；
- 系統必須能區分裝置錯誤和鏈路錯誤；
- 系統必須能區分出錯的記憶體位置位址；
- 系統即使暖開機也必須保證錯誤記錄不遺失。

當系統檢測到不可糾正錯誤時，錯誤的系統位址會被記錄在微處理器的暫存器裡，BIOS 會進行下面的處理：

- 映射系統位址到現場可更換單元；
- 如果現場可更換單元是持久記憶體，BIOS 會查詢持久記憶體的媒體記錄，尋找不可糾正錯誤。如果找到記錄，BIOS 會嘗試把系統物理位址映射到持久記憶體的物理位址。

2.5.10　錯誤注入

伺服器設計廠商需要測試 RAS 處理的能力，所以需要一個健壯的錯誤注入機制。持久記憶體同時支援 DRAM 的錯誤注入機制和持久記憶體的錯誤注入機制。DRAM 的錯誤注入機制是由記憶體控制器來實現的，而持久記憶體的錯誤注入機制是由持久記憶體控制器來實現的，因為可糾正錯誤不會被上傳給作業系統，所以錯誤注入機制只支援不可糾正錯誤的注入。

下面是幾種錯誤注入的方法。

1. CScripts

CScripts（Customer Scripts）是英特爾為幫助客戶進行平台偵錯和驗證而提供的指令稿集合，提供了 DRAM、PCIe、UPI 上的錯誤注入和測試，它有兩種使用方式。

- 頻外模式：CScripts 執行在電腦主機上，和 ITP 工具結合在一起；
- 頻內模式：CScripts 執行在目的機器上，利用特殊的驅動和 BIOS 或硬體互動，不需要額外硬體支援。

對持久記憶體來說，CScripts 提供了三種錯誤注入方式。

- 注入記憶體模式下的較近記憶體錯誤來呼叫不同的錯誤流程；
- 注入持久記憶體鏈路驗證鏈路錯誤；
- 注入持久記憶體媒體驗證韌體的錯誤處理流程。

2. ACPI 與 DSM 標準介面（見表 2-6）

表 2-6 ACPI 與 DSM 標準介面

ACPI 標準介面（ACPI/UEFI 規範）
ARS Error Inject / ARS Error Inject Options / Bit[0] – 0（注入標準記憶體錯誤）
ARS Error Inject / ARS Error Inject Options / Bit[0] – 1（注入巡檢錯誤）
ARS Error Inject Clear（清除錯誤）
ARS Error Inject Status Query（查詢錯誤注入狀態）
ACPI Notification 0x81 to ACPI0012 Root Device – Unconsumed Uncorrectable Memory Error Detected（ACPI0012 根裝置通知——未處理的不可糾正記憶體錯誤被檢測到）
ACPI Notification 0x81 to NVM Leaf Node Device – SMART Health Change Occurred（持久記憶體分頁節點裝置通知——SMART 健康狀態改變的發生）

DSM 標準介面
Inject Error / Media Temperature Error Inject（注入溫度錯誤）
Inject Error / Spare Blocks Remaining Inject（注入空閒區塊百分比）
Inject Error / Fatal Error Inject（注入致命錯誤）
Inject Error / Unsafe Shutdown Error Inject（注入不安全的關機）

2.6 持久記憶體的管理

2.6.1 頻內管理和頻外管理

管理軟體由外部管理實體組成,可以間接存取持久記憶體。這些元件通常會包含在 IBM Systems Director、HP BTO Software、VMware vCenter 中。英特爾提供的連線現有管理基礎架構的元件,可以涵蓋整體伺服器或企業級管理。管理軟體可以透過頻內路徑或頻外路徑管理持久記憶體。一般來說,OEM 交付的管理軟體使用的是頻外管理路徑,而 OSV 或 ISV 交付的管理軟體使用的是頻內管理路徑。

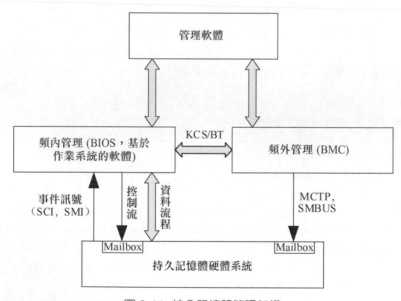

圖 2-11 持久記憶體管理架構

持久記憶體的管理可以是頻內的,其中所有可管理性功能透過 UEFI 或作業系統介面在主機上執行;持久記憶體的管理也可以是頻外的,其中一些屬性可以透過基板管理控制器(Baseboard Management

Controller，BMC）進行管理。可以頻外管理的功能包括安全性、執行
狀態、持久記憶體控制器韌體版本升級等。持久記憶體管理架構如圖
2-11 所示。

1. 頻內管理

在持久記憶體的系統中，BIOS 負責配置持久記憶體子系統並建立位址
映射。預啟動 BIOS 透過 ACPI 機制提供 PCAT 和持久記憶體韌體介面
表，其中持久記憶體的管理依賴於 PCAT。管理函數庫與持久記憶體
驅動通訊，後者又使用 ACPI/DSM 方法將電子郵件指令（Mailbox，
MB）發送到各個持久記憶體，ACPI/DSM 方法在系統 BIOS 提供的
ACPI ASL 程式中實現。

持久記憶體 UEFI 管理軟體是指用於在預啟動環境中管理持久記憶體的
UEFI 驅動和應用程式。預啟動環境（在作業系統載入之前）優於其他
管理環境，另外當作業系統不可用或不支援時，仍然可以透過持久記憶
體 UEFI 管理軟體管理持久記憶體。UEFI 驅動具有直接存取硬體暫存
器的許可權，因此可以提供底層的管理控制，如直接存取持久記憶體韌
體電子郵件指令或執行硬體指令。此外，在載入作業系統前，UEFI 驅
動可能還有更適合的操作，如解鎖持久記憶體。最後，UEFI 驅動可以
將持久記憶體命名空間提供給啟動載入程式，以允許直接從持久記憶體
上啟動作業系統。持久記憶體 UEFI 管理軟體（見圖 2-12）包含以下關
鍵元件。

- UEFI 驅動用於在預啟動環境中提供管理介面並向啟動載入程式提供
  命名空間；
- HII 包含 UEFI 驅動中打包的表單和字串，用於在 BIOS 設定選單中配
  置和管理持久記憶體；
- 命令列介面應用，用於在 UEFI Shell 中提供持久記憶體的基本管理。

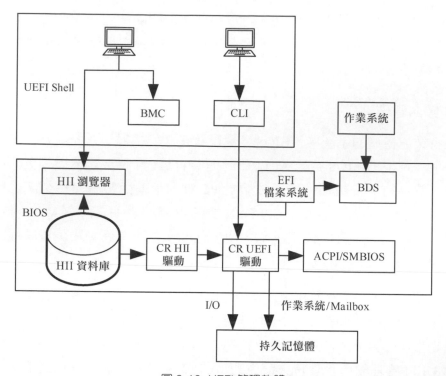

圖 2-12 UEFI 管理軟體

（1）UEFI HII。

英特爾將為常用的作業系統或 VMM 生成頻內操作管理堆疊，依賴此集合之外的作業系統或 VMM 的最終使用者可以使用人機互動介面（HII）管理持久記憶體，UEFI 允許將作業系統載入程式和平台韌體的啟動選單合併到單一平台韌體選單中。UEFI HII 可以提供互動式配置和排除故障的功能，UEFI HII 驅動負責生成 UEFI HII 表單並將其註冊到 UEFI HII 管理器。其中，一些表單是靜態的（如包含庫存資訊的表單），其他表單（如命名空間表單）需要回呼。HII 瀏覽器是標準的 UEFI 元件，負責在控制台上顯示這些持久記憶體表單。BMC 通常支援鍵盤視訊滑鼠重定向（KVMr）和 LAN 上串列控制台重定向等功能，它們允許從遠端系統管理伺服器呼叫 UEFI HII。UEFI 下持久記憶

體的 HII 驅動使用與基本驅動相同的系統結構建構，但二者有一些區
別，CR HII 驅動綁定到由基本驅動安裝的 EFI_NVDIMM_CONFIG_
PROTOCOL 上，執行狀況協定呼叫將傳遞給基本驅動，並且不會創建
任何子控制碼。

（2）UEFI CLI。

當作業系統不可用時，可以利用 UEFI CLI 來執行持久記憶體的管理功
能。UEFI CLI 是 UEFI Shell 的應用程式，遵循 UEFI Shell 中使用 SM-
CLP 語法的命令，使用持久記憶體 UEFI 驅動支援協定（主要是自訂協
定）作用在持久記憶體上。UEFI CLI 獨立於 BIOS 單獨打包，必須從
UEFI Shell 手動載入。

持久記憶體作業系統管理軟體引入了一系列全新的功能屬性，隨著時間
的演進，持久記憶體和 NVDIMM 將變得無處不在，介面和作業系統將
不斷發展以適應這些新的功能屬性。在此期間，廠商為持久記憶體提供
特定的軟體工具用於管理特定作業系統下的持久記憶體。作業系統為頻
內管理功能提供了鋪陳，但是為了管理資料中心的數千台伺服器，伺服
器管理通常在頻外完成。因此，用於持久記憶體的頻內管理軟體專注於
一些不能獨立編寫工具的客戶，或者以廠商提供的介面為基礎，為目標
系統提供集中偵錯和分類環境。持久記憶體作業系統管理軟體包含的關
鍵元件如圖 2-13 所示。

應用程式設計發展介面函數庫（API）為持久記憶體提供程式設計管理
介面，對開發人員來說十分方便。API 是底層驅動和作業系統上的抽象
層，抽象的目的是簡化介面、跨作業系統或驅動統一 API，並在使用該
函數庫的應用程式中減少程式設計錯誤。API 可以抽象應用程式和作業
系統的內部實現細節，同時保留大量調配層介面，實現程式操作的系統
不可知。調配層介面抽象了底層通訊，底層的函數庫和驅動可以隨著時
間的改變而改變，而不影響上層應用程式。

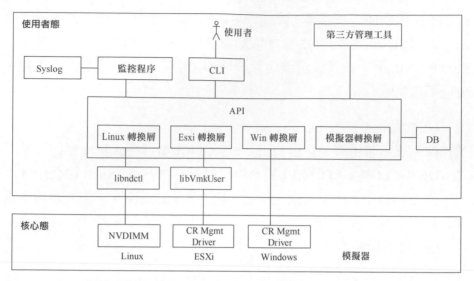

圖 2-13 持久記憶體作業系統管理軟體包含的關鍵元件

作業系統 CLI 在作業系統環境中為最終使用者或管理員提供 Shell 存取，以便開發指令稿和自動管理持久記憶體。作業系統 CLI 公開持久記憶體所有可管理功能，並遵循與 UEFI CLI 相同的語法。

監控程序（Monitor）是一個系統服務（Windows）或守護程式（Linux、ESXi），可以作為作業系統的後台，選擇性啟動，以實現以下兩個目的。

- 健康監視器：檢測持久記憶體以捕捉健康變化和事件；
- 效能監視器：隨著時間記錄持久記憶體的性能。

2. 頻外管理

頻外管理一般透過 BMC 實現。對於透過 BMC 實現的頻外管理，OEM 廠商一般期望相對於傳統記憶體，持久記憶體可以擁有更高級別的頻外管理許可權，以便更靈活地進行配置和監測。BMC 可以透過 OEM 廠商選擇的介面反向連接持久記憶體的可管理功能。

BMC 可與持久記憶體進行通訊，其方式是透過 SPD 匯流排的直接物理路徑與 PECI 介面連接。圖 2-14 所示的頻外管理流程圖說明了這個概念。

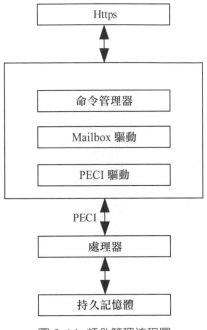

圖 2-14 頻外管理流程圖

2.6.2 溫度管理

溫度管理可在執行參數範圍內管理持久記憶體溫度，並為風扇轉速控制演算法提供主動回饋。對記憶體子系統來說，其在工作溫度範圍內正常執行非常重要，該溫度管理是透過監控和節流操作的組合實現的，如圖 2-15 所示。在發生災難性元件故障（散熱器、風扇故障除外）的情況下，記憶體子系統必須向平台發出訊號以關閉記憶體子系統的電源。

持久記憶體的溫度管理用於確保其在規定的溫度範圍內執行，其透過監控溫度資訊和管理記憶體頻寬的方式，將溫度保持在定義的溫度範圍內。該溫度資訊會主動傳遞給風扇轉速控制演算法，以確保冷卻能力隨持久記憶體功耗的變化而調整。由於這種方法需要直接測量持久記憶體的溫度，所以被稱為閉環熱節流架構（CLTT）。持久記憶體支援溫度感測器，DRAM 的方法是將持久記憶體上的溫度感測器作為 SPD 提供給 I²C；持久記憶體的方法是將多個溫度感測器組合成一個有效的感測器，並將其作為 SPD 提供給 I²C。在任何情況下，溫度控制單元（PCU）都會定期輪詢溫度感測器資料，PCU 透過 PECI 介面將此資訊提供給 BMC 或 ME，並將溫度資訊發送給記憶體控制器節流單元。記憶體控制器可以實現基於落後的閾值邏輯（該邏輯可以在不同頻寬等級之間進行選擇），具有在溫度超過閾值時發出事件訊號的功能。

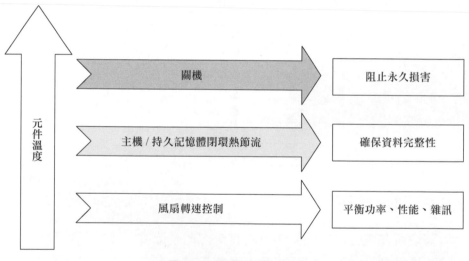

圖 2-15 溫度管理流程圖

持久記憶體包含多個溫度感測器，當透過風扇轉速控制演算法無法降低溫度且持久記憶體的媒體溫度或控制器溫度超過節流閾值時，就會觸發持久記憶體熱節流。此時，持久記憶體功能會逐漸降低，持久記憶體的頻寬也會相應降低。當熱節流仍然無法滿足降低持久記憶體溫度的要求時，隨著元件溫度的上升，將觸發持久記憶體過熱關機。

2.7 持久記憶體的性能

2.7.1 空閒讀取延遲時間

延遲時間是讀取或寫入一個資料區塊所需要的時間。對於資料中心的應用程式,過長的讀取延遲時間會使核心管道停滯並降低性能,過長的寫入延遲時間會使資源使用率過高。讀取延遲時間包括讀取請求透過各種緩衝區、處理階段和記憶體介面傳播、確定記憶體單元的物理位址資訊、啟動和檢測必要的記憶體單元,以及將結果資料傳輸回微處理器核心的時間。個體請求的延遲時間之間可能會有很大差異,這取決於正在處理的其他請求,尤其是持久記憶體的配置。

空閒讀取延遲時間指系統在空閒時所測量的讀取延遲時間;載入讀取延遲時間指在有不同程度系統讀寫負載時所測量的讀取延遲時間,後文會進一步介紹。空閒讀取延遲時間是記憶體子系統性能的關鍵指標。持久記憶體的空閒讀取延遲時間中有一部分取決於記憶體媒體的延遲時間,另一部分則與微處理器和持久記憶體控制器相關,如 DDR 匯流排上的資料傳輸、微處理器內的資料預先存取和快取、持久記憶體控制器對資料的編解碼和校正負擔等。

2.7.2 頻寬

記憶體頻寬是單位時間內系統對記憶體能夠進行讀取或寫入的資料量。

儘管 DRAM 的延遲時間在幾年內相對穩定,但頻寬有了顯著增加。DDR 總線速度提升是單一 DIMM 增加頻寬的主要驅動因素,而微處理器記憶體通道數量的增加進一步增加了系統層面的記憶體頻寬。

持久記憶體根據種類的不同其頻寬也有所差異。採用非揮發性儲存媒體的持久記憶體的頻寬通常受限於記憶體媒體的頻寬、控制器的設計及功耗等因素而非匯流排頻寬，這和 DRAM 是不同的。

2.7.3 存取顆粒

存取顆粒是單次記憶體讀寫的最小資料長度。與微處理器的快取記憶體行匹配，在記憶體匯流排上單次傳輸的資料是 64 位元組，DRAM 和持久記憶體均一樣。在持久記憶體內部，資料的存取顆粒可能等於或大於 64 位元組。為了支援校正、SDDC 等 RAS 特性，持久記憶體的資料會按區塊進行編碼。在同樣的容錯資料量的條件下，增加編碼資料區塊是增加校正能力的有效手段。當持久記憶體內部的存取顆粒大於 64 位元組時，可能會形成讀寫放大，即持久記憶體媒體上的讀寫資料量會大於記憶體匯流排上的資料量。

2.7.4 載入讀取延遲時間

使用者的電腦記憶體（如微處理器核心）和實際儲存資料的記憶體單元間可以存在許多中間階段的路由與佇列。當沒有正在處理的請求時，所有這些中間階段可以立即處理下一個請求，並且請求可以直達目標記憶體單元，就像空蕩的高速公路上的汽車一樣。但是如果在上一個請求完成之前發出請求，雖然該請求可以在某個時刻趕上之前的請求，但須等待有限的資源處理完之前的請求後才能被處理。

隨著需求頻寬的增加，請求發出的平均間隔將越來越短。雖然系統可以比請求更快地處理請求，但整個系統的平均活動事件數仍然很低，類似於輕負載公路上的汽車流量。隨著需求頻寬越來越接近最大記憶體頻寬，相關請求將越來越頻繁，新增請求必須在其他請求後面等待，相應的系統完成請求的時間和平均延遲時間都會增加。

載入讀取延遲時間（下文簡稱載入延遲時間）是請求者在特定頻寬使用率期間經歷的讀取延遲時間。它由空閒延遲時間和佇列延遲時間組成。佇列延遲時間是一種增量延遲時間，是由微處理器核心和記憶體之間在路徑中的資源競爭引起的。無論 DRAM 還是持久記憶體，隨著頻寬使用率的增加，載入延遲時間也會增加。當頻寬使用率低於 60% 時，請求保持相對獨立且完整，載入延遲時間是空閒延遲時間的 1.3 ～ 1.5倍，這是因為在一般情況下請求必須等待一個更早的請求完成。當頻寬使用率超過 70% 時，載入延遲時間會急劇增加，因為請求已經開始堆積，需要持續等待它們前面的多個請求先完成。

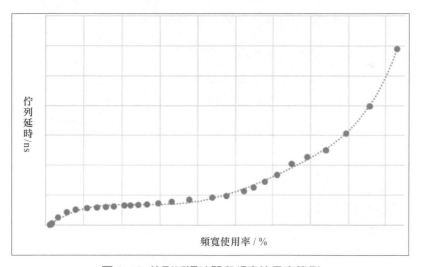

圖 2-16　佇列延遲時間和頻寬使用率範例

圖 2-16 是基於 DRAM 的系統讀取請求的佇列延遲時間和頻寬使用率的範例，圖中的資料是使用記憶體延遲時間檢測工具以 3:1 的讀寫比率進行測量得到的。該系統連接兩個 28 核心的微處理器以及 12 條 2667MT/s 的 DRAM。使用記憶體延遲時間檢測工具 MLC，可以將記憶體配置效率確定為理論峰值頻寬的 80%。圖 2-16 中 X 軸為頻寬使用率；Y 軸為載入延遲時間減去空閒延遲時間，也就是定義的佇列延遲時間；虛線

為根據所有測試點擬合的曲線,圖中只顯示了 3:1 的讀寫比率的擬合曲線,2:1 的讀寫比率和 3:1 的讀寫比率擁有非常相似的曲線集合,即二者的通道效率相似。100% 的讀取情況可以實現更高的效率,並且可以顯示出不同的佇列行為。幾乎所有實際工作負載都會進行一些寫入操作,我們比較感興趣的是讀取或寫入混合時的曲線及通道效率。

改變讀取或寫入比率對 DRAM 幾乎沒有影響,但對於持久記憶體則不同。持久記憶體的載入延遲時間不僅受頻寬使用率的影響,也受讀寫的比率及如何分配造訪網址的影響。持久記憶體內部媒體的讀寫以分區為最小單位,讀取或寫入比率和位址分配會影響觀察到的分區佔用率,從而影響分區衝突和請求的額外佇列延遲時間。

在持久記憶體中,寫入操作比讀取操作需要花費更多的時間。在寫入期間,沒有其他操作可以讀取或寫入資料分區中的任何位置。分區在讀取期間同樣被佔用,但是完成讀取操作的時間遠遠少於完成寫入操作的時間。分區佔用造成的存取衝突將導致某些請求等待,從而增加其載入延遲時間。

此外,持久記憶體控制器內的預先存取快取命中率也會影響載入延遲時間。如果請求流是完全按順序的,那麼預先存取快取命中率高,載入延遲時間低。如果請求流在足夠大的位址空間中完全隨機,那麼預先存取快取命中率低,相應載入延遲時間將惡化。此外如果有多個併發的順序請求流,請求到達持久記憶體時順序會被打亂,在極端情況下,在持久記憶體上呈現隨機存取特性。

由圖 2-17 可知,如預期一樣,隨機流會導致預先存取快取命中率非常低,載入延遲時間比順序流的載入延遲時間大得多,最大可持續頻寬也小很多。

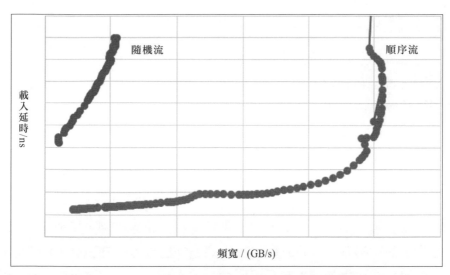

圖 2-17 持久記憶體隨機流與順序流的延遲時間與頻寬對比

圖 2-18 顯示了持久記憶體讀寫混合流相對於唯讀流延遲時間會增大，最大可持續頻寬會減小。其原因是寫入操作對分區時間佔用更久，形成的讀取等待佇列更長。

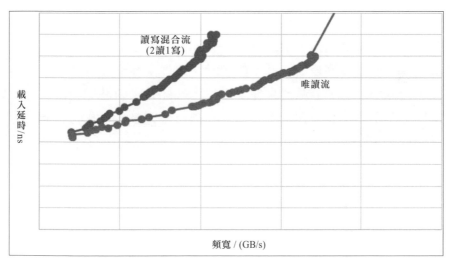

圖 2-18 持久記憶體讀寫混合流與唯讀流的延遲時間與頻寬對比

2.7.5 應用性能

記憶體系統的最終衡量標準是實際應用程式在使用時的執行速度。持久記憶體的性能目標之一是相對於等效記憶體容量的純 DRAM 系統，提高整體軟體執行效率。實現這個目標很困難，因為應用程式在使用和依賴系統記憶體方面存在很大差別。持久記憶體的存取時間波動較大，取決於所造訪網址的特定序列以及讀取和寫入的模式和順序。因此，我們分析和設計特定的應用程式和基準測試，並根據一般記憶體配置和使用特徵定義預期性能。圖 2-19 顯示了系統性能與記憶體頻寬之間的關係，縱軸表示性能，在縱軸上向上移動時程式執行時間更短或工作負載輸送量更高；橫軸表示系統所能提供的記憶體頻寬，在橫軸上向左移動時，應用程式可用的最大頻寬將增大，載入延遲時間將降低；圖中折線下方的陰影區域表示工作負載的不同工作狀態：頻寬限制區和延遲時間限制區。

當記憶體頻寬受限時，工作負載的性能可能受頻寬不足的影響，我們稱這種情況為工作負載頻寬受限。可以透過增加頻寬來提高與頻寬增加成比例的性能，直到工作負載有足夠的頻寬。一旦實現這一點，工作負載性能就會受在微處理器提供需求頻寬的延遲時間限制。隨著頻寬的持續增加，負載延遲時間逐漸降低，直到最終接近空閒延遲時間。由圖 2-19 可知，透過增加記憶體頻寬來提高系統性能的效果隨著記憶體頻寬的增大越來越不明顯，這是因為微處理器在執行絕大多數工作負載時，對記憶體延遲時間不太敏感。最終的結果是，當核心執行停止等待記憶體時，將有多個尚未完成的請求到達記憶體子系統。表示，核心只會在一段時間內停止從記憶體中獲取快取記憶體資料。

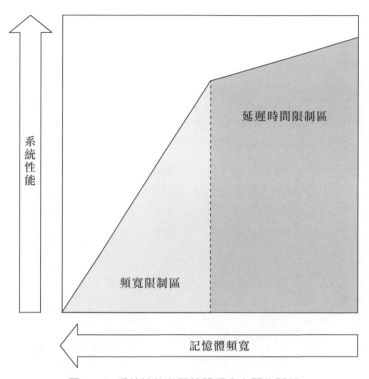

圖 2-19 系統性能與記憶體頻寬之間的關係

在評估頻寬能力變化的影響時，通常提出什麼樣的影響會改變應用程式的性能的問題，我們可以透過圖 2-19 來進行評估，如果工作負載執行在頻寬限制區，則應用程式的性能將隨頻寬增加而增加。但是我們應該注意，在頻寬限制區執行的工作負載可能會被視為性能不佳，特別是工作負載在僅具有 DRAM 配置的頻寬限制區中執行時期。如果在頻寬增加之前工作負載處於延遲時間限制區，那麼其性能可能只會略有改善，或者根本不會引起注意，這取決於工作負載對於延遲時間的敏感性，以及頻寬增加對於延遲時間的影響程度。如果透過增加記憶體頻寬將工作負載從頻寬限制區轉移到延遲時間限制區，那麼系統性能的增加量將小於或等於記憶體頻寬的增加量。

作業系統實現

本章介紹作業系統中主機端和虛擬化端對持久記憶體的支援，包括：①持久記憶體的核心架構原理、驅動的工作方式、檔案系統在持久記憶體上的儲存及存取方式，以及當出現問題時核心和處理器或持久記憶體的校正機制。②持久記憶體在虛擬化系統中的工作原理、實現方案介紹、配置方法、最佳化途徑和相比於傳統硬體的性能優缺點。③持久記憶體的系統管理工具介紹、目標和命名空間的原理，透過管理工具的實例展示持久記憶體的管理和使用。本章內容主要以 Linux 作業系統為例，並簡述 Windows 對持久記憶體的支援。

根據 JEDEC 標準和 ACPI 規範，作業系統採用 NVDIMM 作為限定詞來指代持久記憶體所採用的軟體資料結構、介面和驅動。本章提到硬體模組或中文名詞時多使用持久記憶體，引用相關英文軟體概念時多使用 NVDIMM 或 PMEM，沒有嚴格的區分界限。

3.1 Linux 持久記憶體核心驅動實現

3.1.1 作業系統驅動及實現

Linux 核心中持久記憶體軟體架構如圖 3-1 所示，與持久記憶體相關的部分用淺灰色網底標注。

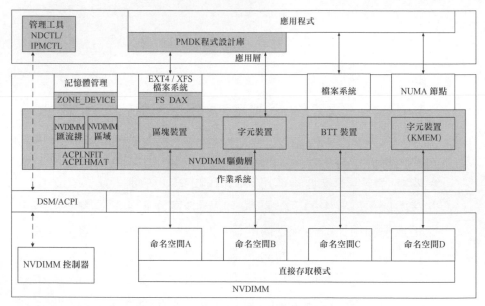

圖 3-1　Linux 核心中持久記憶體軟體架構

第一部分，管理工具。該部分用於提供給使用者相應的配置工具，允許使用者按所需空間類型把持久記憶體配置成不同的使用模式。除此之外，管理工具還可用於查看持久記憶體狀態資訊，這些操作透過 DSM/ACPI 介面來完成。本章第 4 節將對持久記憶體管理工具進行詳細介紹。

第二部分，NVDIMM 驅動。該部分用於解析 ACPI 中的持久記憶體韌體介面表，然後根據使用者的具體配置，將持久記憶體呈現為三種不同

的介面形式，如區塊裝置、字元裝置或 NUMA 節點。BTT 裝置本質上
也是區塊裝置，在區塊裝置上具有按磁區大小提供原子存取的功能。

第三部分，檔案系統層 DAX 的支援，即 FS DAX。該部分具有把針對
檔案的讀寫存取直接作用在持久記憶體上，即繞過檔案分頁快取層的功
能。

第四部分，PMDK 程式設計函數庫。使用者透過 PMDK 程式設計函數
庫提供的介面函數可以直接存取持久記憶體提供的非揮發性記憶體，
PMDK 程式設計函數庫自身會調配持久記憶體的區塊裝置介面和字元裝
置介面。

第五部分，ZONE_DEVICE。除了把持久記憶體轉換成 NUMA 節點，
通常還需要用 ZONE_DEVICE 的方式描述持久記憶體，並對持久記憶
體的記憶體空間建構分頁結構。NDCTL 管理工具允許使用者將指定的
分頁結構放到 DRAM 或持久記憶體中。

3.1.2 軔體介面表

持久記憶體軔體介面表用於提供作業系統所需的資訊、枚舉持久記憶
體，以及把持久記憶體連結到某一段位址空間。持久記憶體驅動中的
drivers/acpi/nfit/core.c 負責解析持久記憶體軔體介面表。ACPI 規範 6.3
版本定義了 8 張子表，其中前 6 張子表用於組織持久記憶體，對使用者
不可見。本節詳細介紹更新提示位址表和平台功能表。

ADR 用來保證記憶體控制器寫入請求佇列中的資料在等待寫入操作時
即使停電也能被寫入持久記憶體，保證資料的一致性，記憶體控制器
是持久化域的邊界。當應用程式需要主動把寫入請求佇列中的資料寫
入持久記憶體時，需要使用更新提示位址表提供的硬體介面。eADR 用
來將持久化域的邊界拓展到處理器快取中，是否支援該技術由平台功

能表來決定。查詢持久化域如範例 3-1 所示，上層軟體透過查看系統匯出的 persistent_domain 資訊來判斷是否支持 ADR 或 eADR，若返回 memory_controller 則表示支持 ADR，若返回 cpu_cache 則表示支持 eADR。當硬體平台支援 eADR 時，軟體層不再需要透過更新處理器快取來確保資料持久化，這在一定程度上提升了系統性能。在非同步記憶體更新模式下，作業系統匯出 deep_flush 的介面，該介面允許使用者主動觸發更新寫入請求佇列的操作。

範例 3-1　查詢持久化域

```
1.  #cat /sys/devices/LNXSYSTM:00/LNXSYBUS:00/ACPI0012:00/ndbus0/region0/
    persistence_domain
2.  memory_controller
3.  #echo 1 > /sys/devices/LNXSYSTM:00/LNXSYBUS:00/ACPI0012:00/ndbus0/
    region0/deep_flush
```

3.1.3　驅動框架

Linux 持久記憶體驅動框架在形式上包含多種驅動模組，它們提供兩部分功能：第一部分，提供控制介面，使用者透過管理工具可以配置持久記憶體；第二部分，把使用者不同的配置形式透過作業系統呈現給應用層。在 Linux 持久記憶體驅動框架中，需要區分哪些是軟體方面的概念，哪些是硬體規格方面的概念，最後看管理工具是如何透過控制介面配置持久記憶體的。下面以 Linux v5.3 版本核心為例進行程式分析，從不同角度理解整體架構。

首先介紹 Linux 作業系統的裝置驅動模型。對於任何一類裝置，不論是否有物理上的匯流排，作業系統裝置驅動模型通常都會引入邏輯上的匯流排類型，即 bus_type 結構。以持久記憶體為例，該匯流排被定義為 nvdimm_bus_type。在任何屬於該匯流排的裝置或者驅動被註冊到系統時，裝置驅動模式的核心都會對呼叫該匯流排的匹配回呼函數，為裝置找到合適的驅動（nvdimm_bus_type 對應的匹配函數是 nvdimm_bus_match）；反之，則讓驅動嘗試匹配匯流排上現有的裝置。通常裝置會指定所屬裝置類型，驅動會宣告能操作何種類型裝置。另外，為了讓同一個裝置能被不同的驅動操作，裝置驅動模型提供了 unbind/bind 操作，即使用者根據需要可以為裝置指定不同的驅動。

接下來介紹區域（Region）和命名空間（Namespace）的概念。區域是持久記憶體軟體層面的概念，用來描述持久記憶體中類型相同的位址空間。舉例來說，在直接存取模式下，創建的 nd_pmem_device_type 類型的區域。命名空間是持久記憶體硬體規格層面的概念，用來描述使用者配置的持久記憶體區域的屬性資訊。持久記憶體驅動把硬體的命名空間和作業系統中持久記憶體的不同介面連結在一起，DSM/ACPI 為軟體提供讀取和更新命名空間資訊的韌體介面。

當使用者將一部分持久記憶體配置為區塊裝置時，系統啟動後將載入持久記憶體驅動，以解析持久記憶體韌體介面表，生成區塊裝置。持久記憶體韌體介面表解析流程如範例 3-2 所示，驅動的入口在 drivers/acpi/nfit/core.c 中，acpi_nfit_driver 驅動向 ACPI 註冊關注的子表類型為 ACPI0012，之後 acpi_nfit_add 會被 ACPI 核心程式呼叫，以處理持久記憶體韌體介面表。具體流程是根據持久記憶體韌體介面表彙報的位址範圍大小和類型：①創建對應的區域裝置；②裝置驅動框架自動匹配對應的驅動；③區域裝置對應的驅動開始工作，掃描已知命名空間；④創建相應的命名空間裝置；⑤ PMEM 驅動根據命名空間裝置類型，創建對應的區塊裝置。

範例 3-2　持久記憶體韌體介面表解析流程

```
1.  acpi_nfit_add
2.   ->acpi_nfit_init
```

```
3.     ->acpi_nfit_register_dimms
4.      ->acpi_nfit_register_regions
5.       ->nvdimm_pmem_region_create
6.        ->nd_region_create (1)
7.         ->nvdimm_bus_type.match (2)
8.          ->nd_region_probe (3)
9.           ->nd_region_register_namespaces
10.           ->create_namespaces (4)
11.           [nvdimm 匯流排匹配裝置和驅動]
12.             ->nd_pmem_probe (5)
13.              ->pmem_attach_disk
```

使用者用 NDCTL 工具創建命名空間並指定對應的模式（fsdax、devdax 等），這些模式會被轉化成命名空間資訊中的 claim_class 欄位，claim_class 再被映射到不同類型的驅動中。對於範例 3-2，區塊裝置的命名空間對應的驅動是 nd_pmem.ko。

最後，介紹命名空間的創建。在持久記憶體驅動框架中，有各種 seed 存在 region 目錄下，主要有 namespace_seed 和 {pfn,dax,btt}_seed 兩類。seed 是預先創建好的裝置，namespace_seed 是持久記憶體驅動抽象硬體命名空間的裝置結構，{pfn,dax,btt}_seed 是持久記憶體驅動對使用者態支援的持久記憶體的邏輯介面（區塊裝置、字元裝置等）。當使用者使用 NDCTL 創建命名空間時，NDCTL 會先根據 namespace_seed 的內容找到下一個可用的命名空間裝置名稱，然後根據使用者指定的命名空間資訊來設定對應的命名空間大小、對齊方式等，接著把這個命名空間與使用者在創建命名空間時指定的裝置連結在一起。以區塊裝置為例，驅動根據 pfn_seed 找到下一個可用的 pfn 裝置名稱，然後把具體的命名空間連結到 pfn 裝置，最後把對應的驅動連結到 pfn 裝置，完成驅動裝置的匹配，生成對應的持久記憶體邏輯介面。

3.1.4 區塊裝置介面實現

為了更方便地和現有軟體框架銜接,在早期的持久記憶體軟體介面定義上,開發者們更多關注的是如何把持久記憶體封裝成區塊裝置。有了區塊裝置介面,管理員就可以進一步分區,進而載入不同的檔案系統;上層軟體架構無須修改就可以放在持久記憶體上,進而把持久記憶體與 SSD 相比的低延遲時間特性利用起來。

從虛擬檔案系統層,到具體的檔案系統層,再到區塊裝置層,每次讀寫檔案的資料都會快取在虛擬檔案系統層的檔案分頁快取模組。檔案分頁快取作為檔案資料在記憶體中的一份副本,能夠避免不必要的 I/O 操作存取底層存放裝置,對讀寫有巨大的加速作用。

持久記憶體(此處特指英特爾傲騰持久記憶體)的讀寫特性明顯優於傳統的存放裝置,但略遜於 DRAM。另外,持久記憶體本身的空間是處理器可定址的。基於上述因素,開發者們提出了一種新功能——直接存取存取(Direct Access,DAX),以最優地調配持久記憶體的特性。簡而言之,DAX 功能就是處理器繞過檔案分頁快取,直接從持久記憶體上按使用者指定的任意長度,將資料讀寫到使用者緩衝區。

持久區塊裝置的範例程式儲存在 drivers/nvdimm/pmem.c 中。3.1.3 節以區塊裝置為例,說明了持久記憶體是如何生成區塊裝置的,而實現區塊裝置還需要向區塊裝置層註冊一個介面函數,用於處理 I/O 請求,持久記憶體的具體實現是 pmem_make_request,如範例 3-3 所示。所有讀寫操作最後都經區塊裝置層走 BIO 完成。值得一提的是,持久記憶體的區塊裝置在進行 I/O 操作的時候,本質上執行的還是記憶體拷貝函數。

範例 3-3　PMEM 區塊裝置讀寫流程

```
1.  pmem_make_request
2.  ->pmem_do_bvec
3.   ->read_pmem
4.     ->memcpy_mcsafe
5.   ->write_pmem
6.     ->memcpy_flushcache
```

每一種檔案系統都需要實現操作檔案的一組實現方法，其中涵蓋打開、讀寫、映射檔案到處理程序位址空間的操作介面（mmap 介面）。下面以 EXT4 和 XFS 檔案系統為例，介紹 DAX 功能的實現。

1. EXT4 DAX 實現

在 EXT4 檔案系統中實現檔案操作的結構是 struct file_operations ext4_file_operations。下面分別解析讀寫操作和 mmap 介面。

EXT4 DAX 讀取操作流程如範例 3-4 所示，在 DAX 功能開啟的情況下，讀取檔案最後是由記憶體拷貝函數 memcpy 來實現的，不涉及從檔案分頁快取中讀取資料的操作，這表現了 DAX 的語義。寫入檔案的操作流程與上述讀取檔案無明顯區別。iomap 層用 dax_iomap_rw 來統一讀寫操作。

範例 3-4　EXT4 DAX 讀取操作流程

```
1.  Sys_read
2.  ->vfs_read
3.   ->ext4_file_read_iter
4.    ->ext4_dax_read_iter
5.     ->dax_iomap_rw(…, &ext4_iomap_ops)
6.      ->dax_iomap_actor
7.       ->dax_copy_to_iter
8.        ->pmem_copy_to_iter
9.         ->memcpy_mcsafe
```

讀寫檔案時，memcpy 函數使用的來源位址透過以下轉換映射關係獲得。首先，虛擬檔案系統層內部會維護一個邏輯偏移，來記錄當前操作檔案的地方。然後，該偏移會被 dax_iomap_sector 和 bdev_dax_pgoff 轉換成區塊裝置持久記憶體上的物理的偏移，dax_direct_access 會把該物理偏移轉換成一個核心可以操作的核心虛擬位址，即 memcpy 的來源位址，同時可以返回物理位址對應的分頁幀號 pfn。

操作檔案也可以透過 mmap 系統呼叫實現，該系統呼叫把檔案內容映射到處理程序的位址空間中，mmap 系統呼叫會返回一個虛擬位址，處理程序在讀寫這個虛擬位址時，會產生相應的缺頁異常，範例 3-5 梳理了在 DAX 功能打開的情況下，作業系統填充頁表的過程。缺頁異常的處理在 dax_iomap_pmd_fault 中進行，dax_iomap_pfn 透過 dax_direct_access 得到分頁幀號 pfn，然後 vmf_insert_pfn_pmd 用該 pfn 填充頁表。截止到 Linux v5.3 版本，DAX 功能支援 4KB 和 2MB 頁面的映射。

範例 3-5　EXT4 DAX 缺頁處理流程

```
1.  handle_mm_fault
2.   ->create_huge_pmd
3.    ->ext4_dax_huge_fault
4.     ->dax_iomap_fault(…, &ext4_iomap_ops)
5.      ->dax_iomap_pmd_fault
6.       ->dax_iomap_pfn
7.        ->dax_insert_entry
8.        ->vmf_insert_pfn_pmd
```

2. XFS DAX 實現

範例 3-6 和範例 3-7 介紹了 XFS 檔案系統下 DAX 讀取操作流程和 DAX 缺頁處理流程，和 EXT4 檔案系統下的流程基本一致，這是因為開發者將 DAX 的通用操作取出出來放入了 fs/dax.c 檔案中。任何一個試圖實現 DAX 功能的檔案系統，只需要在所需的呼叫路徑上連線 dax_iomap_ rw 或者 dax_iomap_fault 即可。此外,具體的檔案系統需要實現 struct iomap_ops,來完成檔案系統對儲存區塊的管理,如 EXT4 中的 ext4_iomap_ops 和 XFS 中的 xfs_iomap_ops。

範例 3-6　XFS DAX 讀取操作流程

```
1.  Sys_read
2.   ->vfs_read
3.    ->xfs_file_read_iter
4.    ->xfs_file_dax_read
5.     ->dax_iomap_rw(…, &xfs_iomap_ops)
```

範例 3-7　XFS DAX 缺頁處理流程

```
1.  handle_mm_fault
2.   ->create_huge_pmd
3.    ->xfs_filemap_huge_fault
4.     ->dax_iomap_fault(…, &xfs_iomap_ops)
```

3.1.5 字元裝置介面實現

持久記憶體的區塊裝置介面允許使用者像操作區塊裝置一樣對持久記憶體進行分區,以載入檔案系統;同時,可以透過檔案系統 mount 的選項來控制是否使用檔案分頁快取。這種使用方式從根本上講是基於檔案系統的。持久記憶體軟體框架提供了一種更為簡潔的介面,即把持久記憶體封裝成一個邏輯意義上的字元裝置,是為了滿足不需要檔案系統支援的業務場景。舉例來說,可以將該字元裝置作為虛擬機器的後備記憶體,也可以在 RDMA 場景下把字元裝置註冊為非揮發性儲存媒體,或者用來滿足超大記憶體分配的需求。

DAX 字元裝置註冊流程如範例 3-8 所示,持久記憶體字元裝置是在 drivers/dax/device.c 中實現的,配置核心選項 CONFIG_DEV_DAX 後會被編譯為名為 device_dax.ko 的核心模組。

範例 3-8　DAX 字元裝置註冊流程

```
1.  dax_init
2.    ->dax_driver_register(&device_dax_driver)
3.     ->dev_dax_probe
4.      ->cdev_init(cdev, &dax_fops)
5.       ->cdev_add(cdev, dev->devt, 1)
```

probe 裝置載入成功後，驅動會生成 /dev/daxX.Y 裝置，其中 X.Y 代表裝置編號。DAX 字元裝置使用範例如範例 3-9 所示，應用程式先透過 open 打開字元裝置介面；然後呼叫 mmap 操作，將對應的非揮發性儲存媒體映射到處理程序位址空間；最後透過 mmap 返回的虛擬位址進行讀寫操作。

範例 3-9　DAX 字元裝置使用範例

```
1.  fd = open(daxfile, O_RDWR, 0666)
2.  addr = mmap(NULL, size,PROT_READ, MAP_SHARED, fd, 0))
3.  *addr = 0xcafebabe
```

當執行到 *addr=0xcafebabe 給予值操作時會觸發缺頁異常，按標準流程進入驅動註冊的虛擬位址操作介面 dax_vm_ops->dev_dax_fault，完成頁表填充。之後，應用程式給予值操作繼續進行。目前持久記憶體字元裝置可以實現基於 4KB、2MB 和 1GB 物理頁面大小的映射。範例 3-10 以 2MB 物理頁面大小為例展示了 DAX 字元裝置的缺頁處理流程。

範例 3-10　DAX 字元裝置缺頁處理流程

```
1.  [Page fault entry]
2.  ->__handle_mm_fault
3.   ->create_huge_pmd
4.    ->vmf->vma->vm_ops->huge_fault
5.     ->dev_dax_huge_fault
6.      ->vmf_insert_pfn_pmd
```

3.1.6 NUMA 節點介面實現

由於持久記憶體本身存在處理器可以存取的位址，因此除區塊裝置和字元裝置介面實現外，開發者們嘗試將持久記憶體連線記憶體管理子系統，從而使應用程式完全透明地存取持久記憶體所提供的記憶體。該實現對應用程式的改動可以做到最小，可以最大限度地利用現有核心介面，為異質記憶體方面新的應用場景探索做了初步鋪陳。

1. 異質記憶體屬性工作表

HMAT 是 ACPI 規範中的一張子表，用來描述系統的記憶體拓撲結構和性能指標。以 ACPI 規範 6.3 版本為例，HMAT 包含了三張子表：①記憶體分佈域表，用於描述記憶體的拓撲結構，也可以視為 SRAT 的另外一種表述方式；②系統記憶體延遲時間頻寬表，用於描述計算節點存取本地 DRAM 和持久記憶體，以及存取遠端的 DRAM 和持久記憶體時具體的頻寬和延遲時間資料；③記憶體旁路快取表，用於描述把持久記憶體配置成記憶體模式時，近端記憶體 DRAM 的大小、DRAM 快取持久記憶體資料的顆粒大小，以及快取的屬性。

HMAT 在核心中的實現位於 drivers/acpi/hmat/hmat.c 中，這裡不進行進一步展開。打開 Linux 核心配置選項 CONFIG_ACPI_HMAT 和 CONFIG_HMEM_REPORTING，系統啟動後會在對應的 NUMA 介面目錄下生成部分 HMAT 資訊，如範例 3-11 所示。關於 HMAT 更詳細的描述參考 ACPI 規範 6.3 版本中 5.2.27 Heterogeneous Memory Attribute Table（HMAT） 和 Linux 文件 Documentation/admin-guide/mm/numaperf.rst。

範例 3-11　HMAT 資訊範例

```
# tree /sys/devices/system/node/node0/access0/
/sys/devices/system/node/node0/access0/
```

```
├── initiators
│   ├── node0 -> ../../../node0
│   ├── read_bandwidth
│   ├── read_latency
│   ├── write_bandwidth
│   └── write_latency
├── power
│   ├── async
│   ├── runtime_active_kids
│   ├── runtime_enabled
│   ├── runtime_status
│   └── runtime_usage
├── targets
│   └── node0 -> ../../../node0
└── uevent

5 directories, 10 files

# tree /sys/devices/system/node/node0/memory_side_cache/
/sys/devices/system/node/node0/memory_side_cache/
├── index1
│   ├── indexing
│   ├── line_size
│   ├── power
│   │   ├── async
│   │   ├── runtime_active_kids
│   │   ├── runtime_enabled
│   │   ├── runtime_status
│   │   └── runtime_usage
│   ├── size
│   ├── uevent
│   └── write_policy
├── power
│   ├── async
│   ├── runtime_active_kids
│   ├── runtime_enabled
│   ├── runtime_status
│   └── runtime_usage
└── uevent
```

2. KMEM 驅動實現

開發者們試圖以一種優雅的方式將持久記憶體轉換成 NUMA 節點，同時持久記憶體的區塊裝置和字元裝置介面依然可用，這種方式就是持久記憶體的 KMEM 驅動。KMEM 在 drivers/dax/kmem.c 中實現，只需呼叫 add_memory 將持久記憶體字元裝置佔用的記憶體空間加入記憶體管理系統即可。打開核心選項 CONFIG_DEV_DAX_KMEM 後，透過 DAXCTL 命令可以將持久記憶體字元裝置 dax0.1 轉換為一個獨立的 NUMA 節點。DAXCTL 命令包含在 NDCTL 管理工具套件中。在雙路處理器的伺服器系統下，新創建的 NUMA 節點編號為 2。利用 KMEM 創建 NUMA 節點如範例 3-12 所示。

範例 3-12 利用 KMEM 創建 NUMA 節點

```
#daxctl reconfigure-device --mode=system-ram dax0.1
#numactl -H
available: 3 nodes (0-2)
node 0 cpus: 0 1 2 3 4 5 6 7 8 9 10 11 12 13 14 15 16 17 18 19 20 21 22 23
48 49 50 51 52 53 54 55 56 57 58 59 60 61 62 63 64 65 66 67 68 69 70 71
node 0 size: 60081 MB
node 0 free: 41074 MB
node 1 cpus: 24 25 26 27 28 29 30 31 32 33 34 35 36 37 38 39 40 41 42 43 44
45 46 47 72 73 74 75 76 77 78 79 80 81 82 83 84 85 86 87 88 89 90 91 92 93
94 95
node 1 size: 60470 MB
node 1 free: 59805 MB
node 2 cpus:
node 2 size: 63488 MB
node 2 free: 63488 MB
node distances:
node   0   1   2
  0:  10  21  17
  1:  21  10  28
  2:  17  28  10
```

3.1.7 持久記憶體的 RAS 調配

1. 通用 RAS 框架介紹

RAS 可提供複雜的高級功能來保證系統的可靠性、穩定性和可用性。
對於 DRAM 而言，當單位元發生翻轉時，ECC 驗證演算法能夠自動校
正；當多位元發生翻轉時，這種不可糾正的錯誤就會被 BIOS 報給作業
系統。作業系統的記憶體管理模組透過硬體提供的位址資訊，對相應的
記憶體分頁面進行處理，丟棄出現不可糾正錯誤的頁面，並從頁表中解
除當時存在的映射關係。

2. RAS 對持久記憶體的調配

持久記憶體也會出現單位元或多位元翻轉現象，當出現不可糾正的錯誤
時，就需要持久記憶體軟體進行處理。目前有以下兩種獲取不可糾正錯
誤的方式。

第一，位址區間掃描。作業系統透過呼叫相應的 DSM 介面，來執行位
址區間掃描操作，持久記憶體上的控制器回應該操作之後，返回一組資
訊來描述所有發生不可糾正錯誤事件的位址和對應的長度，這些位址被
稱為有毒位址。這種有毒的狀態標記僅表示儲存媒體裡的資料已經無
效，並不表示儲存媒體不可用。作業系統把這些位址資訊按區塊組織成
一個損壞區塊清單。有了這些損壞區塊資訊後，如果系統執行的讀取操
作落在某個損壞區塊上，那麼系統將返回 EIO 錯誤資訊；如果系統執
行的寫入操作覆蓋到某個損壞區塊，那麼系統會先清除掉損壞區塊資
訊的狀態，再重新寫入之前的儲存區域。使用者可以透過 NDCTL 中的
start-scrub 命令來發起位址區間掃描操作，定時更新損壞區塊資訊。

第二，MCE（Machine Check Error）機制。針對區塊裝置、字元裝置，
持久記憶體透過 mmap 操作建立頁表映射關係，然後直接從使用者態

透過虛擬位址存取。當存取的位址出現不可糾正的錯誤時，在 MCE 的錯誤處理路徑上，就會更新損壞區塊的資訊，在 drivers/acpi/nfit/mce.c 中實現。另外，持久記憶體有別於通用記憶體，本質上講，在清除有毒狀態資訊後，不可糾正錯誤位址還是可以使用的。因此，還需要在 mm/memory-failure.c 中對持久記憶體進行特殊處理，具體在 memory_failure_dev_pagemap 中實現。

3.2 Linux 持久記憶體虛擬化實現

如今雲端運算盛行，使用者的資料逐步遷移到雲端上。為了在虛擬機器內部給使用者提供持久記憶體功能，順應雲端運算的時代浪潮，VNVDIMM 裝置應運而生。本節將從實現、使用和性能三方面介紹 VNVDIMM 裝置。

3.2.1 持久記憶體虛擬化實現

本節將從整體架構上描述 VNVDIMM 裝置在 QEMU 中的實現，為相關使用者、同好和開發人員提供一個深入瞭解 VNVDIMM 裝置實現原理的視窗，為進一步的開發工作和問題鎖定提供一個整體的架構角度。讀者可以透過查看 QEMU 原始程式碼來瞭解具體實現細節。在閱讀過程中，讀者可以結合 3.2.2 節的內容來加深對實現流程的理解。首先，我們先從整體架構上瞭解 VNVDIMM 裝置。

VNVDIMM 裝置的主要任務是將主機上 NVDIMM 裝置對應的空間透傳給虛擬機器。從記憶體映射角度看，VNVDIMM 軟體架構可以劃分成圖 3-2 中的實線和虛線。

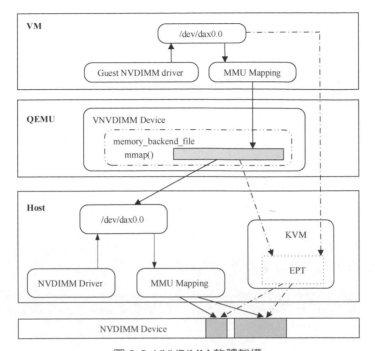

圖 3-2 VNVDIMM 軟體架構

- 主機上的字元裝置透過 mmap 操作將空間暴露給虛擬機器；
- 虛擬機器透過建立 EPT 映射直接存取 NVDIMM 裝置空間。

此記憶體映射功能由 VNVDIMM 裝置呼叫核心和 KVM 相關介面實現。限於篇幅，本章主要敘述 VNVDIMM 裝置的實現細節。在 QEMU 中實現一個虛擬裝置，通常分成前端和後端兩部分。

- 前端：虛擬裝置本身；
- 後端：虛擬裝置在宿主機上的配套資源。

在 VNVDIMM 裝置中，前端是圖 3-2 中的 VNVDIMM Device，後端是該 VNVDIMM 裝置在宿主機上需要的檔案及對應的記憶體空間，對應圖 3-2 中的 memory_backend_file。下文也將分成前端和後端兩部分來進行介紹。

1. QEMU 裝置模型

在 QEMU 中，不論前端裝置還是後端裝置，都是基於 QEMU 的裝置模型實現的。QEMU 程式結構的一大特點就是採用了一套物件導向裝置模型來描述和管理虛擬裝置，其中主要操作包括以下三方面。

（1）裝置類型註冊。

QEMU 中每種裝置都對應一種類型，該類型包含對應裝置描述，在使用前需要透過 type_register 函數註冊，該函數的參數是一個 TypeInfo 類型的指標。舉例來說，VNVDIMM 前端裝置的 TypeInfo 物件就是 nvdimm_info。

裝置類類型資料結構如範例 3-13 所示。

範例 3-13　裝置類類型資料結構

```
1.    static TypeInfo nvdimm_info = {
2.     .name            = TYPE_NVDIMM,
3.     .parent          = TYPE_PC_DIMM,
4.     .class_size      = sizeof(NVDIMMClass),
5.     .class_init      = nvdimm_class_init,
6.     .instance_size = sizeof(NVDIMMDevice),
7.     .instance_init = nvdimm_init,
8.     .instance_finalize = nvdimm_finalize,
9. };
```

值得強調的一點是，透過 parent/name 欄位裝置類型之間形成了裝置模型的樹形結構，也就是物件導向程式設計中的繼承關係。

（2）裝置類型初始化。

完成裝置類型註冊後，還需要初始化，初始化過程在 type_initialize 函數中完成，其主要作用就是遞迴呼叫裝置模型樹形結構中的每個類型 TypeInfo->class_init 函數，如 VNVDIMM 裝置的裝置類型初始化的函數就是 nvdimm_class_init。

（3）裝置物件初始化。

一種裝置類型可以有多個物件實例，每一個物件在生成時都需要經過初始化流程，這個流程在 object_initialize 函數中完成，其主要作用是遞迴呼叫裝置模型樹形結構中的每個類型 TypeInfo->instance_init 函數，如 VNVDIMM 裝置的裝置類型初始化函數是 nvdimm_init。

2. VNVDIMM 前端裝置的實現

虛擬裝置的前端即虛擬裝置本身，其目標就是實現一個與真實 NVDIMM 裝置具有相同功能的虛擬裝置。舉例來說，NVDIMM 裝置上具有的 label 和持久記憶體韌體介面表都要在 VNVDIMM 裝置的前端實現。

（1）前端裝置模型。

VNVDIMM 前端裝置的裝置模型樹形結構如圖 3-3 所示。

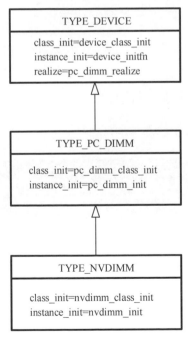

圖 3-3　VNVDIMM 前端裝置的裝置模型樹形結構

VNVDIMM 前端裝置類型在 QEMU 中名為 TYPE_NVDIMM。從圖 3-3 所示的類別繼承圖可以看出，TYPE_NVDIMM 繼承自 TYPE_DEVICE 和 TYPE_PC_DIMM。

TYPE_DEVICE 在 QEMU 中有著比較特殊的地位，幾乎所有虛擬裝置都繼承自此類。透過繼承 TYPE_PC_DIMM 類別，TYPE_NVDIMM 裝置擁有和普通 DRAM 一致的介面和大部分相同的屬性。TYPE_NVDIMM 定義了自己的類型及物件初始化函數 nvdimm_class_init 和 nvdimm_init，這是真正對 VNVDIMM 裝置特有屬性的實現細節。圖 3-3 中標出了裝置各自的類型和物件初始化函數，它們將在初始化流程中發揮作用。

（2）前端裝置初始化流程。

在 QEMU 中，基於裝置模型的定義，裝置物件的初始化包含兩層初始化過程：裝置類型初始化和裝置物件初始化。

在介紹裝置模型時已經提到該裝置類型初始化和裝置物件初始化分別對應了裝置類型 TypeInfo 結構中的 class_init 和 instance_init。根據 VNVDIMM 裝置模型類別，可以得到初始化順序。

TYPE_NVDIMM 類型初始化順序如範例 3-14 所示。

範例 3-14　TYPE_NVDIMM 類型初始化順序

```
1.  device_class_init
2.    -> pc_dimm_class_init
3.      -> nvdimm_class_init
```

TYPE_NVDIMM 物件初始化順序如範例 3-15 所示。

範例 3-15　TYPE_NVDIMM 物件初始化順序

```
1.  device_initfn
```

```
2.     -> pc_dimm_init
3.        -> nvdimm_init
```

VNVDIMM 前端裝置除了裝置物件初始化，還有一套初始化流程。
這個初始化流程繼承自 VNVDIMM 裝置的父裝置類型，即 TYPE_
DEVICE 類型。限於篇幅和本書重點，這裡直接指出該初始化的關鍵函
數是 device_set_realized。

範例 3-16 所示程式片段顯示的函式呼叫關係針對 VNVDIMM 裝置做了
回呼函數的實例替換。

範例 3-16　回呼函數替換

```
1.   device_set_realized
2.     -> dc->realize
3.       -> pc_dimm_realize
4.         -> ddc->realize
5.           -> nvdimm_realize
6.     -> hotplug_handler_plug
7.       -> pc_memory_plug
8.         -> nvdimm_plug
```

每一個 TYPE_DEVICE 的子類別都會實現自己的 realize 成員，該類
型的物件如何初始化將由 realize 函數決定。從裝置模型關係中可以
看到 TYPE_NVDIMM 的 realize 成員是 pc_dimm_realize，由它呼叫
nvdimm_realize 函數，創建 VNVDIMM 裝置所需要的標籤區域。

持久記憶體韌體介面表的實現放在了 nvdimm_plug 函數中，因為直到
此時 QEMU 才知道應該把 VNVDIMM 裝置放在什麼位址。而持久記
憶體韌體介面表需要根據這個位址填寫。具體如何填寫可以參考函數
nvdimm_build_fit_buffer，對照核心和規範中的格式可以查看持久記憶
體韌體介面表中的格式。

3. VNVDIMM 後端裝置實現

VNVDIMM 前端裝置模擬了 NVDIMM 裝置的硬體規範，VNVDIMM 後端裝置提供了硬體模擬操作在宿主機上的資源，VNVDIMM 裝置就是宿主機上 NVDIMM 的記憶體空間。

（1）後端裝置模型。
VNVDIMM 後端裝置的裝置模型樹形結構如圖 3-4 所示。

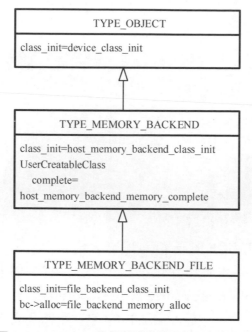

圖 3-4 VNVDIMM 後端裝置的裝置模型樹形結構

和前端不同，TYPE_MEMORY_BACKEND_FILE 類別繼承自 TYPE_OBJECT，與 TYPE_DEVICE 沒 有 任 何 關 係，並且還透過 TYPE_MEMORY_BACKEND 類別繼承了一個 UserCreatableClass 介面類別。所以，後端裝置的 realize 流程不會在前端裝置上執行，取而代之的是 UserCreatableClass 的對應流程。

（2）後端裝置初始化流程。
後端裝置初始化分為類型初始化和物件初始化。

類型初始化和前端裝置類似，不再進行贅述。需要著重指出的是在
TYPE_MEMORY_BACKEND 類型初始化函數 host_memory_backend_
class_init 中，設定了 UserCreatableClass 的 complete 成員函數，這個成
員函數將在物件初始化過程中被呼叫。

TYPE_MEMORY_BACKEND 物件初始化沒有對應的 instance_init 成員，
所以物件初始化的重要流程不在此，而是隱藏在了 UserCreatableClass
中。範例 3-17 所示程式片段詳細指出了具有 UserCreatableClass 介面的
VNVDIMM 後端裝置初始化流程。

```
範例 3-17  Complete 函式呼叫
1.    qemu_opts_foreach();
2.     -> user_creatable_add_opts
3.         -> user_creatable_add_type
4.             -> object_new("memory-backend-file")
5.                 -> host_memory_backend_init
6.             -> user_creatable_complete
7.                 -> ucc->complete()
8.                 -> host_memory_backend_memory_complete
9.                     -> bc->alloc()
10.                        -> file_backend_memory_alloc
```

從範例 3-17 所示程式片段中可以看到，對 UserCreatableClass 的初
始化會呼叫其對應的 complete 成員函數。對 VNVDIMM 後端裝置來
說，這個函數就是 host_memory_backend_memory_complete，所以
VNVDIMM 裝置對應主機上的記憶體就是在這個函數中初始化的。

3.2.2 使用配置方法

本節將透過實例展示在實際場景中如何使用 VNVDIMM 裝置。

1. VNVDIMM 後端裝置配置

在實現上，VNVDIMM 裝置可分為前端裝置和後端裝置。在使用時，只有指定各自命令參數，才能使兩者共同生效並相互配合。因為後端裝置涉及宿主機提供的資源，所以在使用後端裝置前，需要在宿主機上進行適當配置，才能在 QEMU 命令列中正確使用。正如 3.1 節提到的，當前 Linux 系統支援字元裝置和區塊裝置介面的 NVDIMM 裝置。下面將按照這兩種介面分別介紹對應的後端裝置配置方式。

（1）字元裝置模式配置。
配置成字元裝置模式的宿主機上的 NVDIMM 裝置，可以在 VNVDIMM 裝置後端命令列中直接使用。透過以下命令可以創建字元裝置模式，如果成功，將生成 /dev/dax0.0 檔案，這就是最後傳給 QEMU 的參數。

```
NDCTL create-namespace -f -e namespace0.0 -m devdax
```

（2）區塊裝置模式配置。
配置成區塊裝置模式的宿主機上的 NVDIMM 裝置，需要額外的配置才能在 VNVDIMM 裝置的後端命令列中使用。配置成區塊裝置模式的 NVDIMM 裝置在宿主機上以區塊裝置的形式呈現，而 VNVDIMM 裝置後端需要一個宿主機上的檔案作為參數，對這個區塊裝置進行分區、製作檔案系統、掛載、創建合適大小的檔案後，才能將這個檔案作為 VNVDIMM 裝置的後端參數。需要注意的是在掛載該分區時需使用 -o dax 參數保證虛擬機器中讀寫的持久性。範例 3-18 是以 /dev/pmem0 為例列出的具體配置方式。

範例 3-18　後端配置

```
1.  NDCTL create-namespace -f -e namespace0.0 -m fsdax
2.  parted /dev/pmem0 mklabel gpt
3.  parted -a opt /dev/pmem0 mkpart primary ext4 0% 100%
4.  mkfs.ext4 -L pmem1 /dev/pmem0p1
5.  mount -o dax /dev/pmem0p1 /mnt
6.  dd if=/dev/zero of=/mnt/backend1 bs=2G count=1
```

dd 檔案的大小可以按照需要自己定義，檔案 /mnt/backend1 就是傳給 QEMU 的參數。

2. 在 QEMU 中使用 VNVDIMM 裝置

設定完 VNVDIMM 裝置的後端，就可以在 QEMU 命令列中使用該後端檔案創建 VNVDIMM 裝置了。其使用方式在 QEMU 原始程式碼的文件中也有提示，這裡只對其中部分內容進行詳細解釋，並提供一個可以使用的範例。

VNVDIMM 裝置支持熱抽換特性，該特性和虛擬記憶體熱抽換特性類似，在實現上也重複使用了虛擬記憶體熱抽換的程式邏輯。

（1）命令列必要參數。

在 QEMU 中使用 VNVDIMM 裝置，除了需要指定虛擬裝置的前端參數與後端參數，還有一些和該特性相關的參數。如果沒有指定這些參數，那麼 VNVDIMM 裝置將不能生效。範例 3-19 中的幾個參數是在 QEMU 中使用 VNVDIMM 裝置必需指定的參數。

範例 3-19　在 QEMU 中使用 VNVDIMM 裝置必需指定的參數

```
1.  -machine pc,nvdimm
2.  -m $RAM_SIZE,slots=$N,maxmem=$MAX_SIZE
3.  -object memory-backend-file,id=mem1,share=on,mem-path=$PATH,
    size=$NVDIMM_SIZE
4.  -device nvdimm,id=nvdimm1,memdev=mem1
```

- -machine pc,nvdimm：只有加上 nvdimm 參數才能生效。
- -m $RAM_SIZE,slots=$N,maxmem=$MAX_SIZE：$N 必須大於想要使用的 VNVDIMM 裝置個數，$MAX_SIZE 必須大於 $RAM_SIZE + VNVDIMM 裝置容量大小。
- -object memory-backend-file：指定的是 VNVDIMM 裝置的後端，其中 $PATH 的內容就是在上一小節中配置出的檔案。

以上這幾個參數要注意其數值大小，以保證可以使用。

（2）完整範例。
範例 3-20 是在 QEMU 中使用 VNVDIMM 裝置的完整命令列，除了上述的必要參數，還需要準備一個支援 NVDIMM 裝置的系統映像檔，該映像檔路徑用於替換範例 3-20 中的 your_guest_os.img。

範例 3-20　在 QEMU 中使用 VNVDIMM 裝置的完整命令列

```
1.  qemu-system-x86_64 -machine pc,nvdimm
2.  -m 4G,slots=4,maxmem=128G -smp 4 --enable-kvm
3.  -drive file=your_guest_os.img,format=raw
4.  -object memory-backend-file,id=mem1,share=on,mem-path=/dev/dax0.0,
    size=1G,align=2M
5.  -device nvdimm,id=nvdimm1,memdev=mem1,label-size=128k
```

（3）熱抽換。
VNVDIMM 裝置的熱抽換流程和記憶體的熱抽換流程類似，因為 VNVDIMM 裝置繼承自 PCDIMM 裝置。範例 3-21 舉出了在 QEMU monitor 中輸入的命令列，可以看到熱抽換的命令列和範例 3-20 中的 VNVDIMM 裝置的前端和後端部分基本一致。

範例 3-21　VNVDIMM 熱抽換

```
1.  (monitor) object_add memory-backend-file,id=mem1,share=on,mem-path=
    /dev/dax0.0,size=1G,align=2M
2.  (monitor) device_add nvdimm,id=nvdimm1,memdev=mem1,label-size=128k
```

3.2.3 性能最佳化指導

在 QEMU 中使用 VNDIMM 裝置時，配置可能會導致虛擬裝置的性能和物理機相比有差距，造成這一結果的主要原因是虛擬機器的微處理器和記憶體與 VNVDIMM 裝置的 NUMA 節點不一致。下面將分別對微處理器和記憶體配置舉出配置指導。在配置虛擬機器微處理器和記憶體前，要先獲得 VNVDIMM 裝置的 NUMA 節點（透過 NDCTL 命令可以獲得對應的命名空間的 NUMA 節點）。命令空間資訊如範例 3-22 所示，其中，numa_node 資訊表示在節點 0，所以虛擬機器的微處理器和記憶體需要儘量配置在節點 0 上，以獲得較好的性能。

```
範例 3-22  命名空間資訊
1.   {
2.     "dev":"namespace0.2",
3.     "mode":"devdax",
4.     "map":"mem",
5.     "size":6440353792,
6.     "uuid":"427ec2a6-c6d5-4c0b-81c6-d2fee2e1101c",
7.     "raw_uuid":"93234c82-2b51-4877-80bc-a7cfcccffa97",
8.     "chardev":"dax0.2",
9.     "name":"ns2",
10.    "numa_node":0
11.  }
```

1. 虛擬微處理器的配置指導

配置虛擬機器的微處理器的目標是將各個虛擬微處理器與同一個 NUMA 節點上的物理微處理器核心一一對應綁定。這個過程可以分成以下幾步：

- 獲取物理機上微處理器對應的 NUMA 節點；
- 獲取 VCPU 執行緒的 ID；
- 綁定 VCPU 到物理微處理器核心上。

物理微處理器核心的 NUMA 節點可以直接透過 lscpu 命令獲取。範例 3-23 顯示了 16 個物理微處理器核心在兩個 NUMA 節點上的分佈情況。

範例 3-23　NUMA 節點資訊

```
1.  NUMA node0 CPU(s):    0-7
2.  NUMA node1 CPU(s):    8-15
```

獲取 VCPU 的執行緒 ID 需要透過 QEMU 的 monitor 函數來實現，在 monitor 中輸入 info cpus 命令會顯示所有 VCPU 執行緒的 ID。範例 3-24 顯示了一個有 4 個 VCPU 的虛擬機器的 VCPU 資訊。

範例 3-24　VCPU 資訊

```
1.   (qemu) info  cpus
2. * CPU #0: thread_id=4041
3.   CPU #1: thread_id=4042
4.   CPU #2: thread_id=4043
5.   CPU #3: thread_id=4044
```

獲得上述資訊後，就可以將兩者綁定了。舉例來說，將 vcpu0 綁定在第四個物理微處理器上，可以使用如範例 3-25 所示命令來實現。

範例 3-25　綁定微處理器

```
1.  taskset -cp 4 4041
```

2. 虛擬記憶體的配置指導

配置虛擬機器的記憶體的目標和配置微處理器的目標一樣，即將虛擬機器的記憶體和 VNVDIMM 的記憶體綁定在同一個 NUMA 節點上。操作時需要透過 numactl 命令在指定的 NUMA 節點上分配記憶體。舉例來說，將虛擬機器記憶體都分配至 NUMA 節點 0 上，需要在 QEMU 命令列前加上如範例 3-26 所示內容。

範例 3-26　綁定記憶體

```
1.  numactl  -m 0
```

▶ 3.3 Windows 持久記憶體驅動實現

3.3.1 持久記憶體支援概述

Windows 11 和 Windows Server 2019 都支援持久記憶體，其秉承的目標是：存取持久記憶體時支援零拷貝；對大多數應用程式來説，不需要修改程式就可以使用持久記憶體提供的向後相容的介面，滿足不同業務的需求；提供原子的區塊存取語義。Windows 支援持久記憶體的方法與 Linux 類似，有以下幾種形式：

- DAX 檔案系統。這種形式類似於 Linux 中支援 fsdax 的 EXT4 和 XFS 檔案系統，提供 DAX 的語義操作。使用者可以映射檔案，然後用 load、store 和 flush 等指令進行操作。該方式還支援透過讀寫系統呼叫來存取，可以選擇用快取的方式操作還是用非快取的方式操作。
- 區塊裝置模式。這種形式下的使用者介面就是一個區塊裝置，存取方式與傳統的 Windows 區塊裝置無異。

在 Windows 中操作配置非揮發性記憶體的方法步驟可以參考官方文件，具體細節不再敘述。

3.3.2 持久記憶體驅動框架解析

如圖 3-5 所示，Windows 引入了全新持久記憶體驅動模型，包括 PMEM 匯流排驅動和 PMEM 盤驅動。PMEM 匯流排驅動用於枚舉持久記憶體物理裝置和邏輯裝置，與 I/O 路徑無連結；PMEM 盤驅動負責配置持久記憶體邏輯裝置、傳輸資料，以及把持久記憶體按照儲存抽象層的介面形式連線 Windows 系統。同時，Windows 的持久記憶體驅動模型還支援對持久記憶體硬體的管理介面。

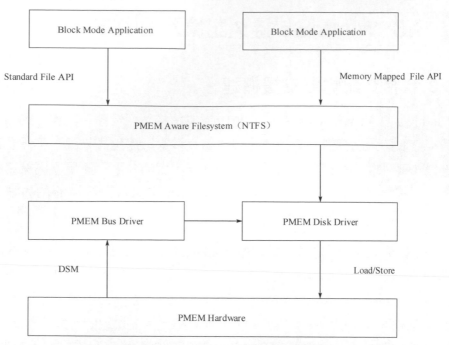

圖 3-5 Windows 持久記憶體軟體架構

Windows 在使用者邏輯介面引入了 DAX 模式的儲存卷來支援持久記憶體，儲存卷在格式化的時候可以指定 DAX 模式，目前 NTFS 檔案系統支援透過記憶體映射檔案來直接存取持久記憶體，此時持久記憶體透過頁表映射到使用者空間，後續的存取不再需要額外的快取。在 DAX 模式下，I/O 存取需要由快取管理模組在使用者緩衝區和持久記憶體之間進行一次資料複製。需要注意的是當按 DAX 模式格式化儲存卷時，NTFS 檔案系統的 snapshot、filter 等功能會受到限制。

為保持相容性，Windows 還提供了區塊模式（Block Mode）的儲存卷，這種模式保存了現有的儲存語義，所有 I/O 操作都會透過儲存層的處理，再透過 PMEM 區塊驅動來操作持久記憶體，區塊模式保持了與現有應用程式一致的相容性。Windows PMEM 相關驅動的詳細介紹請參考 Windows 官方網站。

3.4 持久記憶體管理工具

3.4.1 持久記憶體的配置目標和命名空間

1. 持久記憶體的配置目標原理

在作業系統中傳統的 DRAM 容量直接可見；而持久記憶體只有在配置持久記憶體的配置目標、創建命名空間後，才可以進行資料存取。配置目標、創建命名空間等管理操作是透過命令列程式（IPMCTL 和 NDCTL）來實現的。

IPMCTL 創建持久記憶體配置目標的模式如表 3-1 所示。記憶體模式和 AD 模式的介紹參見第 1 章。

表 3-1 IPMCTL 創建持久記憶體配置目標的模式

模式	命令	參數說明
記憶體模式	ipmctl create -goal MemoryMode=x	MemoryMode=x（x 的設定值為 5 ～ 100，表示多少百分比的持久記憶體對系統可見）
AD 模式	ipmctl create -goal	PersistentMemoryType=AppDirect（交織式）；PersistentMemoryType= AppDirectNotInterleaved（非交織式）

如圖 3-6 所示，AD 模式的配置目標包含交織式和非交織式。交織式把同一微處理器上的所有持久記憶體設定為一個區域，其容量為所有持久記憶體容量的總和，一旦其中一條持久記憶體被物理損壞或軟體標籤被損壞，其他持久記憶體中的資料也會遺失。非交織式持久記憶體以每條持久記憶體為一個區域，在作業系統中會顯示多個持久記憶體裝置，各持久記憶體間是不受影響的。

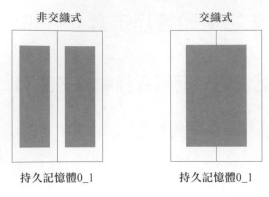

圖 3-6 非交織式與交織式持久記憶體

2. 持久記憶體命名空間檔案管理方式

持久記憶體的記憶體模式無須命名空間配置。持久記憶體的 AD 模式需
要將記憶體區域分割成多個命名空間來管理,同時採用標籤定義每個命
名空間的使用區域和容量,標籤被統一放置在標籤區。未使用的記憶體
區域作為未使用裝置隱藏起來,將來可以用來創建新的命名空間。持久
記憶體命名空間架構如圖 3-7 所示。

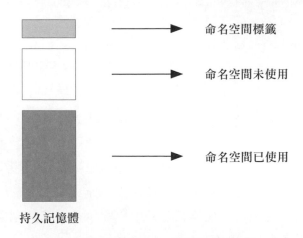

圖 3-7 持久記憶體命名空間架構

命名空間標籤的容量超過 128KB，由標籤索引和標籤儲存組成。檔案表
頭有兩個標籤索引，由於這兩個標籤索引提供了雙層保護，所以在異常
電源故障的情況下，也能保證標籤格式的完整性。標籤索引後面有一組
儲存標籤將佔據剩下的所有標籤，持久記憶體的廠商會定義標籤儲存的
容量和個數。由持久記憶體標準規範可知，標籤區的容量為 128KB，可
以存放 1024 個標籤儲存，每個標籤儲存佔用 128 位元組，對應一個命
名空間。標籤索引包含的 f 或者 0 表示此標籤儲存是當前使用還是當前
空閒。

標籤索引佔用 256 位元組，標籤索引規範如表 3-2 所示。

表 3-2 標籤索引規範

名稱	位元組長度	位元組偏移量	描述
Sig	16	0x0000	字串 NAMESPACE_INDEX\0
Flags	4	0x0010	標籤儲存的布林屬性，沒有特別定義參數，預設值是 0
Seq	4	0x0014	連續性的數字，用於區分哪個標籤索引是當前使用的
Myoffset	8	0x0018	標籤索引在標籤儲存的偏移量
MySize	8	0x0020	標籤索引的容量
OtherOffset	8	0x0028	其他標籤索引和這個標籤索引的偏移量
LabelOffset	8	0x0030	標籤儲存中的偏移量
NumOflabel	4	0x0038	標籤儲存總共可以儲存的標籤個數
Major	2	0x003c	Major 的版本
Minor	2	0x003e	Minor 的版本
Checksum	8	0x0040	64 位元的標籤索引驗證碼
Free	NumOfLabel ＋尾碼	0x0048	顯示有無標籤儲存，0 表示有，1 表示沒有

範例 3-27 所示標籤索引中的 NumOfLabels 是 0x1fe，最多支持 510 個
命名空間，Hexdump 中的第二位 0x0=0000 表示已經存在 4 個命名空
間，0xf=1111 表示有 4 個連續的位置沒有命名空間。

範例 3-27　命名空間標籤索引

```
1.    Label Storage Area - Current Index
2.    Signature: NAMESPACE_INDEX
3.    Flags: 0x0
4.    LabelSize: 0x1
5.    Sequence: 0x3
6.    MyOffset: 0x0
7.    MySize: 0x100
8.    OtherOffset: 0x100
9.    LabelOffset: 0x200
10. NumOfLabels: 0x1fe
11. Major: 0x1
12. Minor: 0x2
13. Checksum: 0x2793e13bd8323c0d
14. Free:
15. Hexdump for 64 bytes:
16. 000: f0ffffffffffffff ffffffffffffffff ...
17. 016: ffffffffffffffff ffffffffffffffff ...
18. 032: ffffffffffffffff ffffffffffffffff ...
19. 048: ffffffffffffffff ffffffffffffffff ...
```

標籤儲存是存放命名空間標籤的地方，每個命名空間都有不同的顯示資
訊，標籤儲存規範如表 3-3 所示。

表 3-3　標籤儲存規範

名稱	位元組長度	位元組偏移量	描述
UUID	16	0x0000	遵循 RFC 4122 UUID 規範
Names	64	0x0010	非必需的名稱，可不填

名稱	位元組長度	位元組偏移量	描述
Flags	4	0x0050	命名空間的布林屬性
NumOfLabel	2	0x0054	當前在持久記憶體上總共啟動的命名空間數量
Position	2	0x0056	命名空間在整個標籤的位置： $0 \leq \text{Position} \leq \text{NumOfLabel}$ 當多條持久記憶體以交織式配置時，第一條持久記憶體的值為 0，第二條持久記憶體的值加 1
ISetCookie	8	0x0058	標記交織式命名空間的身份碼
LbaSize	8	0x0060	非零的 LbaSize 顯示區塊型命名空間的容量
Dpa	8	0x0068	命名空間在持久記憶體上開始的記憶體物理位址
RawSize	8	0x0070	命名空間的容量
Slot	4	0x0078	當前命名空間在標籤儲存中的順序標號
Unused	4	0x007c	值為 0

如範例 3-28 所示，該命名空間標籤儲存從 Dpa 位址 0xb00000000 開始；RawSize 為 0xc80000000=50GB 表示該命名空間的容量是 50GB；NumOfLabels 為 0x4 表示持久記憶體上總共有四個啟動的命名空間；Slot 為 0，表示該命名空間排在所有命名空間中的第一位。

範例 3-28　命名空間標籤

```
1.     UUID: 244806fd-c2c9-2a45-b3af-3487b0786a73
2.     Name:
3.     Flags: 0x8
4.     NumOfLabels: 0x4
5.     Position: 0x0
6.     ISetCookie: 0x19bc3d0f5b78888
7.     LbaSize: 0x200
8.     Dpa: 0xb00000000
9.     RawSize: 0xc80000000
10.    Slot: 0
```

命名空間分為持久記憶體命名空間（PMEM Namespace）和區塊化命名空間（Sector Namespace）。

持久記憶體命名空間用於將多個持久記憶體設定為一個配置目標。舉例來說，把兩個持久記憶體配置為一個配置目標，這個完整的配置目標允許創建至少一個命名空間，命名空間的容量小於或等於這個完整的配置目標，允許部分命名空間剩餘未使用。命名空間的標籤資訊存放在頂部，其存放格式根據持久記憶體的規範儲存。

區塊化命名空間用於在多個持久記憶體沒有配置為一個配置目標的情況下，把一個完整的持久記憶體分配給一個區塊型命名空間，或者在一個持久記憶體上創建多個區塊型命名空間。

持久記憶體命名空間和區塊化命名空間是可以共存的，如圖 3-8 所示，持久記憶體 0 可以同時存在持久記憶體命名空間、區塊化命名空間和命名空間未使用，且持久記憶體 0 和持久記憶體 1 上的持久記憶體命名空間可以組合使用。

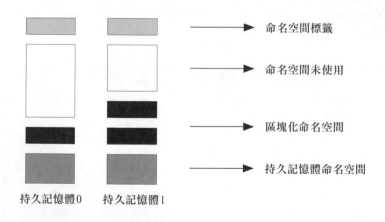

圖 3-8 持久記憶體命名空間和區塊化命名空間架構

在創建命名空間時，有 4 種模式可以選擇。

- sector，將持久記憶體設定為一個快速區塊裝置。此模式對於尚未修改為使用持久記憶體儲存的傳統應用程式很有用。磁區裝置的使用方式與系統上的其他區塊裝置的使用方式相同，在 Sector 檔案類型上可以創建分區或檔案系統，將其配置為軟體磁碟映像檔的一部分，或者將其用作動態快取裝置。這樣裝置會被顯示在 /dev/pmemNs 中，每個命名空間都有獨立的 pmemNs。

- devdax。在這種模式下，持久記憶體裝置可以直接被存取，I/O 可以透傳核心的儲存軟體堆疊，不需要使用裝置映射器驅動。裝置 devdax 透過 DAX 字元裝置節點提供對持久記憶體儲存的原始存取。微處理器快取更新和 Fencing 指令可以使 devdax 裝置上的資料持久化。某些資料庫和虛擬機器管理程式可能會從這種模式中受益，但無法在 devdax 裝置上創建檔案系統直接存取。這樣裝置會被顯示在 /dev/daxX.Y 中，可以作為系統記憶體分配給虛擬機器，提高虛擬機器記憶體的容量並降低單位成本。

- fsdax，與 devdax 模式類似，在這種模式下，持久記憶體裝置被直接存取，I/O 透傳核心的儲存軟體堆疊，不需要使用裝置映射器驅動。fsdax 可以透過創建檔案系統直接存取，裝置會被顯示在 /dev/pmemX.Y 中，作為較常用的持久記憶體使用方式儲存和管理使用者資料。

- raw，不支援 DAX 的記憶體磁碟類型，在這種模式下，命名空間是被限制的，沒辦法創建，裝置會被顯示在 /dev/pmemX.Y 中，是持久記憶體的初始化模式，需要創建其他檔案類型。

範例 3-29 分別創建了 211.39GB fsdax 命名空間和 26.42GB devdax 命名空間。namespace 1.2 是 fsdax 類型的命名空間，容量為 211.39GB，標籤是 /dev/pmem1.2；namespace 0.0 是 devdax 類型的命名空間，容量為 26.42GB，標籤是 /dev/dax0.0，這兩種類型的命名空間可以共存在

同一個持久記憶體上。系統開始自動載入持久記憶體，使用者透過綁定 UUID 的方式固定使用特定的命名空間，因為每個命名空間的 UUID 是獨一無二的。

範例 3-29　創建命名空間

```
1.    {
2.    "dev":"namespace1.2",
3.    "mode":"fsdax",
4.    "map":"dev",
5.    "size":"196.87 GiB (211.39 GB)",
6.    "uuid":"a846c3dd-4f63-4003-944a-fa4c8fb8206a",
7.    "sector_size":512,
8.    "align":4096,
9.    "blockdev":"pmem1.2"
10.   }
11.   {
12.   "dev":"namespace0.0",
13.   "mode":"devdax",
14.   "map":"dev",
15.   "size":"24.61 GiB (26.42 GB)",
16.   "uuid":"4662ec26-96eb-4c9d-9934-d4d04a557365",
17.   "daxregionn":{
18.   "id":0,
19.   "size":"24.61 GiB (26.42 GB)",
20.   "align":4096,
21.   "devices":[
22.     {
23.   "chardev":"dax0.0",
24.     "size":"24.61 GiB (26.42 GB)"
25.     }
26.     ]
27.     },
28.   "align":4096
29.   }
```

3.4.2 IPMCTL

1. IPMCTL 工具原理

IPMCTL 工具用來配置和管理英特爾持久記憶體裝置，支援以下功能。

- 發現和讀取系統上的持久記憶體；
- 管理持久記憶體上的配置資訊；
- 讀取和更新持久記憶體上的軟體版本；
- 設定持久記憶體的安全性加密；
- 讀取持久記憶體上的狀態資訊和性能參數；
- 讀取持久記憶體的軟體日誌，記錄和分析問題。

IPMCTL 可以進行線上安裝，如在 Redhat/Centos 系統裡使用 Yum 命令（Yum install IPMCTL）安裝 IPMCTL，原始檔案可以在 Github 上下載並安裝，注意在安裝過程中需要提前安裝三個相應的安裝套件 libsafec-devel、libndctl-devel 和 rubygem-asciidoctor。

2. IPMCTL 工具管理持久記憶體實例

IPMCTL 工具管理命令如表 3-4 所示。

表 3-4 IPMCTL 工具管理命令

命　　令	說　　明
IPMCTL show device	顯示一條或者多條持久記憶體的資訊
IPMCTL show memory-resource	顯示所有持久記憶體的資源使用狀態
IPMCTL show socket	顯示物理微處理器的基本資訊
IPMCTL show system capabilities	顯示持久記憶體的容量
IPMCTL show topology	顯示持久記憶體的連接方式
IPMCTL change device passphrase	修改持久記憶體的安全密碼

命　令	說　明
IPMCTL change device security	將持久記憶體的安全鎖修改為打開或關閉
IPMCTL create goal	創建一個配置目標或者多個配置目標
IPMCTL delete namespace	刪除一個或者多個命名空間
IPMCTL dump goal	儲存持久記憶體的配置目標為一個檔案
IPMCTL enable device security	打開資料安全加密
IPMCTL erase device data	清除持久記憶體上的資料
IPMCTL load goal	從配置目標的設定檔匯入持久記憶體
IPMCTL show goal	顯示持久記憶體的配置目標資訊
IPMCTL show region	顯示持久記憶體的區域資訊
IPMCTL change sensor	修改持久記憶體的狀態感應器閾值
IPMCTL show performance	顯示持久記憶體的性能狀態
IPMCTL show sensor	顯示持久記憶體的健康狀態
IPMCTL version	顯示 IPMCTL 的軟體版本
IPMCTL dump support	保存可支援的資訊到一個檔案中
IPMCTL help	顯示 IPMCTL 的幫助命令
IPMCTL modify device	修改持久記憶體的配置參數
IPMCTL show firmware	顯示持久記憶體的軟體版本
IPMCTL show host	顯示伺服器的基本資訊
IPMCTL show preferences	顯示持久記憶體軟體的優先順序
IPMCTL update firmware	更新持久記憶體軟體版本
IPMCTL inject error	插入一個錯誤
IPMCTL dump debug-log	下載持久記憶體的軟體狀態日誌
IPMCTL start diagnostic	診斷測試
IPMCTL show acpi	顯示持久記憶體的 ACPI 表
IPMCTL show error log	顯示溫度和媒介錯誤狀態日誌
IPMCTL show pcd	顯示持久記憶體的 PCD 配置資訊
IPMCTL dump session	將正在執行狀態保存到檔案中

除了表 3-4 列出的命令,還可以使用 IPMCTL 顯示更多命令來控制和管理持久記憶體。

顯示持久記憶體的基本狀態資訊的命令為 IPMCTL show -dimm,如範例 3-30 所示。

範例 3-30　顯示持久記憶體基本資訊

```
1.  [root@localhost ~]# IPMCTL show -dimm
2.  DimmID | Capacity | HealthState|ActionRequired|LockState|FWVersion
3.  ====================================================================
4.  0x0001 | 126.4 GiB| Healthy    | 0            |Disabled |01.02.00.5395
5.  0x0101 | 126.4 GiB| Healthy    | 0            |Disabled |01.02.00.5395
6.  0x0111 | 126.4 GiB| Healthy    | 0            |Disabled |01.02.00.5395
7.  0x0111 | 126.4 GiB| Healthy    | 0            |Disabled |01.02.00.5395
```

- DimmID 是持久記憶體在伺服器裡的位置資訊,0x0 表示 CPU0;0x1 表示 CPU1;0x0001 表示 CPU0 上第一個插槽的持久記憶體;0x1001 表示 CPU1 上第一個插槽的持久記憶體。

- Capacity 是單條持久記憶體的容量,此單條持久記憶體的容量為 126.4GiB。

- HealthState 是指持久記憶體的健康狀態,顯示為健康和非健康兩種類型。

- ActionRequired 是指持久記憶體是否需要執行相關操作,0 表示不需要執行操作,1 表示需要執行操作。

- LockState 是指持久記憶體是否在鎖定狀態,鎖定狀態下無法對持久記憶體進行命名空間的管理。

- FWVersion 是指韌體的版本資訊,根據版本資訊決定是否需要更新版本。

顯示持久記憶體的感測器狀態的命令為 IPMCTL show -sensor,該命令執行結果如範例 3-31 所示。

範例 3-31 顯示持久記憶體感測器狀態

```
1.   ---DimmID=0x0001---
2.     ---Type=Health
3.        CurrentValue=Healthy
4.        CurrentState=Normal
5.        CurrentValue=39C
6.        CurrentState=Normal
7.         LowerThresholdNonCritical=N/A
8.         UpperThresholdNonCritical=82C
9.         LowerThresholdCritical=83C
10.        UpperThresholdCritical=83C
11.        UpperThresholdFatal=85C
12.        EnabledState=0
13.    ---Type=ControllerTemperature
14.        CurrentValue=41C
15.        CurrentState=Normal
16.        LowerThresholdNonCritical=N/A
17.        UpperThresholdNonCritical=98C
18.        LowerThresholdCritical=99C
19.        UpperThresholdCritical=99C
20.        UpperThresholdFatal=102C
21.    ---Type=PercentageRemaining
22.        CurrentValue=100%
23.        CurrentState=Normal
24.        LowerThresholdNonCritical=50%
25.    ---Type=LatchedDirtyShutdownCount
26.        CurrentValue=38
27.        CurrentState=Normal
28.    ---Type=PowerOnTime
29.        CurrentValue=24864026s
30.        CurrentState=Normal
31.    ---Type=UpTime
32.        CurrentValue=1182330s
33.        CurrentState=Normal
```

```
34.    ---Type=PowerCycles
35.       CurrentValue=155
36.       CurrentState=Normal
37.    ---Type=FwErrorCount
38.       CurrentValue=8
39.       CurrentState=Normal
40.    ---Type=UnlatchedDirtyShutdownCount
41.       CurrentValue=100
42.       CurrentState=Normal
```

持久記憶體支援內嵌感測器顯示即時狀態，即時狀態的資訊用於維護機器的穩定性。當狀態觸發異常閾值時，伺服器管理人員會自動收到預警提示，按照資訊相關的內容提供解決方案。可以監測的資料有很多，如溫度、健康狀態、異常關機的次數、晶片模組的完整性等。

舉例來說，0x0001 表示 CPU0 上第一個插槽的持久記憶體，持久記憶體媒體溫度（MediaTemperature）為 39℃，82℃是健康工作溫度閾值，83℃觸發警告，85℃媒體故障。持久記憶體控制器溫度（ControllerTemperature）為 41℃，98℃是健康工作溫度閾值，99℃觸發警告，102℃管理模組故障。媒體可用比（PercentageRemaining）是當前媒體的健康百分比，設定的警告閾值為 50%，當健康百分比低於該值後，自動觸發系統警告，提醒網路管理人員採取相關措施，管理人員可以設定不同的健康監控閾值。異常關機次數（LatchedDirtyShutdownCount）是機器的非正常關機的次數，如異常停電。開機時間（PowerOnTime）和執行時間（UpTime）是持久記憶體使用的總時間和當前開機執行時間。開關機次數（PowerCycles）是持久記憶體執行過的開關機次數。韌體錯誤次數（FwErrorCount）是持久記憶體的軟體韌體在使用過程中自身產生的錯誤，管理人員透過監控韌體錯誤次數和詳細資訊，可以提前規避潛在的故障風險。

3.4.3 NDCTL

1. NDCTL 工具原理

NDCTL 是管理 Linux libnvdimm 內核子系統的實用程式,用於支援和管理不同供應商的各種非揮發性記憶體裝置(持久記憶體),是 Linux 系統下的開放原始碼工具。libnvdimm 為持久記憶體資源定義的核心裝置模型和控制訊息介面,主要包含以下功能:

- 創建命名空間;
- 枚舉裝置;
- 管理記憶體、管理命名空間、管理區域;
- 管理持久記憶體的標籤。

NDCTL 可以透過網路進行線上安裝,如在 Redhat/Centos 系統裡使用 Yum 命令(Yum install NDCTL)進行線上安裝;原始檔案可以在 Github 上進行下載安裝,但需要提前安裝軟體套件 libnvdimm。

2. NDCTL 工具管理持久記憶體實例

NDCTL 為每個命令提供一個命令頁,每個命令頁都詳細描述了所需的參數和特性。可以使用 man 或 NDCTL 實用程式找到並存取手冊頁。NDCTL 工具管理命令如表 3-5 所示。

表 3-5 NDCTL 工具管理命令

主命令	說明
NDCTL check-labels	檢查持久記憶體是否有命名空間的標籤
NDCTL check-namespace	檢查命名空間的資料連續性
NDCTL clear-errors	清除命名空間的區塊錯誤
NDCTL create-namespace	創建命名空間

主命令	說明
NDCTL destroy-namespace	刪除命名空間
NDCTL disable-dimm	休眠持久記憶體
NDCTL disable-namespace	休眠持久記憶體的命名空間
NDCTL disable-region	休眠持久記憶體的區域
NDCTL enable-dimm	啟動持久記憶體
NDCTL enable-namespace	啟動持久記憶體的命名空間
NDCTL enable-region	啟動持久記憶體的區域
NDCTL freeze-security	禁止給持久記憶體設定安全加密
NDCTL init-labels	初始化持久記憶體的標籤
NDCTL inject-error	命名空間的資料注錯
NDCTL inject-smart	SMART 資訊閾值的注錯
NDCTL list	顯示持久記憶體上的配置及基本資訊
NDCTL load-keys	載入已知的安全密碼
NDCTL monitor	監控持久記憶體 SMART 的資訊
NDCTL read-labels	讀取持久記憶體的標籤資訊
NDCTL remove-passphrase	刪除持久記憶體的安全密碼
NDCTL sanitize-dimm	格式化持久記憶體
NDCTL setup-passphrase	設定持久記憶體的安全密碼
NDCTL start-scrub	執行位址巡檢
NDCTL update-firmware	更新持久記憶體的韌體版本
NDCTL update-passphrase	更新持久記憶體的安全密碼
NDCTL wait-overwrite	等待資料覆蓋完成
NDCTL wait-scrub	等待位址巡檢完成
NDCTL write-labels	寫資料到持久記憶體的標籤
NDCTL zero-labels	清除持久記憶體的標籤

NDCTL create-namespace -r 1 -m fsdax -a 4096 -s 25g 是一個創建一個容量為 25GiB 的命名空間,類型是 fsdax,分頁為 4KB 的創建命名空間的命令,其執行結果如範例 3-32 所示。

範例 3-32　創建命名空間容量和類型

```
1.    {
2.      "dev":"namespace0.0",
3.      "mode":"devdax",
4.      "map":"dev",
5.      "size":"24.61 GiB (26.42 GB)",
6.      "uuid":"c7a1729f-8474-47ba-b9ea-24d4c30b60b1",
7.      "daxregI/On":{
8.        "id":0,
9.        "size":"24.61 GiB (26.42 GB)",
10.     "align":4096,
11.     "devices":[
12.      {
13.       "chardev":"dax0.0",
14.       "size":"24.61 GiB (26.42 GB)"
15.      }
16.     ]
17.    },
18.    "align":4096
19.    }
```

3. IPMCTL 和 NDCTL 工具的區別

IPMCTL 和 NDCTL 都是管理和配置持久記憶體的工具。其中,IPMCTL 是英特爾開發的軟體工具,用於管理英特爾的持久記憶體產品,創建配置目標和即時狀態監控,更新持久記憶體軟體版本,獲取軟體日誌來分析持久記憶體底層執行狀態,當出現問題時透過軟體日誌定位和分析問題。IPMCTL 不但可以在作業系統(Linux 和 Windows)下管理持久記憶體,還具備在 UEFI shell 下管理持久記憶體的功能。

NDCTL 是系統使用者層的持久記憶體管理工具，主要用於創建和管理命名空間，管理命名空間的加解密。由於 NDCTL 是開放原始碼的管理工具，並加入了更多對持久記憶體的管理功能及注錯，所以支援所有品牌的持久記憶體。

3.4.4 Windows 管理工具

Linux 透過 IPMCTL 和 NDCTL 工具管理持久記憶體，Windows 透過附帶的 Powershell 命令管理持久記憶體。表 3-6 所示為 Windows Powershell 管理持久記憶體命令，其操作原理和 Linux 系統管理命令類似，這裡不再進行詳細説明。

表 3-6 Windows Powershell 管理持久記憶體命令

命令	說明
Get-PmemDisk	顯示持久記憶體的邏輯狀態資訊，包括容量、類型、健康狀態、工作模式
Get-PmemPhysicalDevice	顯示持久記憶體的物理狀態資訊，包括容量、類型、健康狀態、工作模式
New-PmemDisk	創建命名空間
Remove-PmemDisk	刪除命名空間
Get-PmemUnusedRegion	顯示未使用區域，可以用來創建新命名空間
Initialize-PmemPhysicalDevice	給 LSA 標籤區填 0，以初始化標籤
Getting Help	查看説明檔案

持久記憶體的程式設計和開發函數庫

本章介紹持久記憶體的 SNIA（Storage Networking Industry Association）程式設計模型和持久記憶體開發函數庫 PMDK（Persistent Memory Development Kit）。在 SNIA 程式設計模型中，持久記憶體有兩種使用方式：傳統區塊存取方式和持久記憶體直接存取方式。持久記憶體直接存取方式作為 SNIA 程式設計模型中最為推薦的使用方式，可以將持久記憶體的性能完全暴露給應用，但這種方式引入了一系列資料持久化和一致性的挑戰。持久記憶體開發函數庫 PMDK 的產生就是為了應對這些挑戰，且 PMDK 在相當長的時間裡是持久記憶體最重要的程式設計函數庫。

本章將在第 3 章的基礎上進一步介紹使用者態的程式設計模型和使用方法，第一，介紹 SNIA 程式設計模型；第二，介紹持久記憶體直接存取方式引入的挑戰和 PMDK 的開發背景；第三，詳細介紹 PMDK 程式設計函數庫的設計框架、介面、範例；第四，介紹 PMDK 的應用場景。

▶ **4.1 持久記憶體 SNIA 程式設計模型**

持久記憶體具有和記憶體一樣的位元組存取特性，同時具有和記憶體一樣的持久化特性。要做到這一點，持久記憶體的儲存媒體要足夠快，這樣處理器才能等待持久記憶體存取，而不需要透過上下文切換到其他的執行緒中執行。持久記憶體硬體裝置具有和普通記憶體硬體裝置一樣的形態，並且和普通記憶體共用記憶體控制器和記憶體通道。

持久記憶體不像記憶體那樣對應用提供匿名的存取方式，應用存取持久記憶體需要知道如何建立與持久記憶體中的資料的連接關係。這種連接關係就是 SNIA 程式設計模型中定義的利用檔案的方式提供命名許可權及記憶體映射。

在 SNIA 程式設計模型中，BIOS 定義的 NFIT 表枚舉了所有的持久記憶體裝置。如圖 4-1 所示，通用持久記憶體裝置驅動在存取 NFIT 時，接管持久記憶體並將它們暴露給管理工具、傳統檔案系統及持久記憶體感知檔案系統。

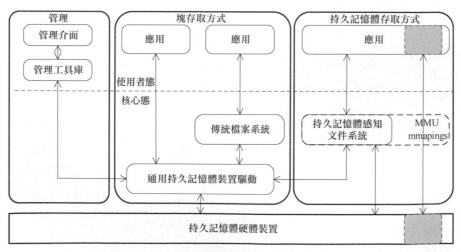

圖 4-1 持久記憶體的 SNIA 存取模型

應用可以透過傳統檔案系統和通用持久記憶體裝置驅動以區塊存取方式存取持久記憶體，這種存取方式和傳統的磁碟裝置的存取方式完全一致，持久記憶體被模擬成普通的磁碟裝置。而應用透過持久記憶體感知檔案系統存取持久記憶體，不經過傳統區塊檔案系統的軟體堆疊，繞過區塊檔案系統中的分頁快取記憶體而直接存取持久記憶體。在這種方式下，將持久記憶體的性能完全暴露給了應用，這是存取持久記憶體最快的 I/O 方式。

本書第 1 章中提到的一些當前持久記憶體硬體裝置包括 NVDIMM-N、NVDIMM-F、NVDIMM-P 及英特爾傲騰持久記憶體。所以本章不再贅述持久記憶體硬體裝置，而重點描述 SNIA 程式設計模型中的其他部分。

4.1.1 通用持久記憶體裝置驅動

持久記憶體硬體實現區塊視窗（SNIA 規範中的 NVM.BLOCK 模式）和持久記憶體（SNIA 規範中的 NVM.PM.VOLUME 模式）介面的組合統稱為通用持久記憶體裝置驅動。《持久記憶體裝置驅動編寫指南》（*NVDIMM Block Window Driver Writer's Guide*）可以幫助驅動開發者開發出符合 NFIT、DSM 和持久記憶體命名空間（Namespace Specification）規範的持久記憶體驅動。

透過區塊視窗支援傳統作業系統儲存堆疊，透過配置 blocknamespace（第 3 章中的 Sector 類型的命名空間）使用驅動和核心將此命名空間模擬成磁碟裝置，並在這些裝置上創建分區或檔案系統，作為軟體 RAID 的一部分，或者將其用作較慢磁碟的快取。

持久記憶體介面將每個 pmemnamesapce（第 3 章中的 fsdax 類型的命名空間）作為單獨的裝置呈現給作業系統，作業系統利用這些裝置創建持久記憶體感知檔案系統。

雖然持久記憶體介面提供位元組可定址讀寫存取，但它不提供最佳的系統 RAS 模型。透過記憶體介面存取損壞的系統物理位址會導致處理器異常，而透過片視窗存取損壞的系統物理位址會導致片視窗在暫存器中發生錯誤狀態，因此後者更符合主機匯流排介面卡連接磁碟的標準錯誤模型。

4.1.2 傳統檔案系統

傳統檔案系統建立在區塊視窗的基礎上，其中包含虛擬檔案系統（Virtual File System，VFS）、分頁快取記憶體、磁碟檔案系統、通用區塊層和 I/O 排程層，即 SNIA 規範中的 NVM.FILE 模式。應用透過傳統檔案系統存取持久記憶體與應用直接存取傳統磁碟裝置的存取方式完全一致，可以簡單地將持久記憶體看作一個速度更快的磁碟裝置。

4.1.3 持久記憶體感知檔案系統

持久記憶體感知檔案系統建立在持久檔案介面的基礎上，它不經過傳統區塊檔案系統的軟體堆疊，繞過了傳統區塊檔案系統中的分頁快取記憶體直接存取持久記憶體。這個特性被命名為直接存取存取（DAX），即 SNIA 規範中的 NVM.PM.FILE 模式。

應用或持久記憶體感知檔案系統使用位元組可定址的方式存取持久記憶體，需要呼叫驅動獲得所有 pmemnamesapce 的位址範圍（SNIA 規範中使用 getrange），一旦持久記憶體感知檔案系統或應用獲得這些位址範圍，就可以直接對這些位址進行位元組存取，而不再需要呼叫驅動執行 I/O 操作。

4.1.4 管理工具和管理介面

持久記憶體通用驅動的重要功能是為持久記憶體管理軟體提供適當的介面。這些介面透過標籤管理 blocknamespace 和 pmemnamespace，以便尋找、創建、修改、刪除這些命名空間。同時，這些介面會為持久記憶體收集執行狀況資訊及許多其他功能。其中，管理工具可以在 GitHub 上找到，IPMCTL 和 NDCTL 的功能參見 3.4 節。

▶ **4.2 存取方式**

第 3 章已經詳細介紹了持久記憶體如何利用命名空間將持久記憶體的空間暴露給通用裝置驅動，經過通用裝置驅動和檔案系統的軟體堆疊，最終將持久記憶體以檔案的方式暴露給應用。

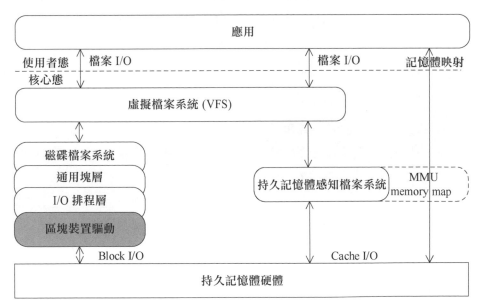

圖 4-2 持久記憶體存取軟體堆疊

如圖 4-2 所示，應用透過區塊存取的方式存取持久記憶體，需要經過磁碟檔案系統、通用區塊層、I/O 排程層和區塊裝置驅動等一系列複雜的軟體堆疊。

① 系統呼叫 read()、mmap() 等會呼叫 VFS 的函數。VFS 會判斷這個系統呼叫的處理方式，如果存取的內容已經在分頁快取記憶體中，就直接存取，否則從磁碟中讀取。

② 為了從物理磁碟中讀取檔案，核心透過磁碟檔案系統（映射層）確定該檔案所在的檔案系統區塊的大小，並根據檔案系統區塊的大小計算所請求資料的長度。本質上，檔案被拆成很多區塊，因此核心需要確定請求資料所在的區塊，透過呼叫具體的檔案系統的函數存取檔案的磁碟節點，然後根據邏輯區塊號確定請求資料在磁碟上的具體位置。

③ 核心利用通用區塊層啟動 I/O 操作傳達所請求的資料。一般來說一個 I/O 操作只針對磁碟上一組連續的區塊。I/O 排程程式根據預先定義的核心策略對待處理的 I/O 進行重排和合併。

④ 片裝置驅動向磁碟控制卡硬體介面或持久記憶體發送適當的指令，進行實際的資料操作，即圖 4-2 中的 Block I/O。

應用透過持久記憶體感知檔案系統存取持久記憶體，繞過了傳統檔案複雜的軟體堆疊，不經過分頁快取記憶體而直接對持久記憶體進行 I/O 操作，即圖 4-2 中的 Cache I/O。

4.2.1 持久記憶體存取方式

一個線性區（或稱為虛擬記憶體區域）可以和系統的普通檔案或區塊裝置檔案相連結，表示核心把對線性區內某個位元組的存取轉換為對檔案中相應位元組的操作，這就是記憶體映射（Memory Map，MMAP）。

持久記憶體感知檔案系統中的檔案經過記憶體映射後，操作線性區中的某個位元組會直接存取持久記憶體中的內容（之前會經過缺頁中斷，在記憶體管理單元中建立虛擬位址到 DAX 檔案物理區塊的連結），這種方式稱為 DAX-MMAP。在這種方式下，應用直接存取持久記憶體媒體，沒有核心參與中斷和上下文切換，使得持久記憶體的性能完全暴露給了應用，這就是 SNIA 程式設計模型最佳的使用方式。如範例 4-1 所示，應用以 DAX-MMAP 方式存取持久記憶體。

範例 4-1 以 DAX-MMAP 方式存取持久記憶體

```
1.  //以讀取可寫入的方式打開一個檔案
2.  fd = open("/my/file", O_RDWR);
3.  …
4.  //將檔案以DAX-MMAP方式映射到虛擬的位址空間base
5.  base = mmap(NULL, filesize, PROT_READ|PROT_WRITE,MAP_SHARED, fd, 0);
6.  //關閉這個檔案
7.  close(fd);
8.  …
9.  //將base第100位元組改寫為 'X'
10. base[99] = 'X';
11. //在檔案的開頭寫入"hello there"
12. strcpy(base, "hello there");
13. //使用pmem_msync將以base開頭的100位元組資料寫入持久記憶體
14. pmem_msync(base, 100, 0);
```

也可以透過檔案讀寫的方式存取持久記憶體感知檔案系統中的檔案，資料需要從持久記憶體中複製到使用者態記憶體 buf 中並修改，之後將新的資料寫回持久記憶體中。應用需要呼叫 fsync，將處理器快取的資料透過 clflush 等硬體指令更新到持久記憶體媒體中。以檔案讀寫方式存取持久記憶體如範例 4-2 所示。

範例 4-2 以檔案讀寫方式存取持久記憶體

```
1.  //以讀取可寫入的方式打開一個檔案
2.  fd = open("/my/file", O_RDWR);
3.  …
4.  //從檔案中讀取資料,從持久記憶體中將資料複製到使用者態記憶體buf中
5.  count = read(fd, buf, bufsize);
6.  //對使用者buf直接進行位元組讀寫操作
7.  strcpy(buf, "hello there");
8.  //將使用者態buf中的資料複製到持久記憶體中
9.  count = write(fd, buf, bufsize);
10. …
11. //呼叫fsync將處理器快取中的資料更新到持久記憶體媒體中
12. fsync(fd);
13. //關閉檔案
14. close(fd);
```

從範例 4-1、範例 4-2 中可以瞭解到,利用 DAX-MMAP 的方法存取持久記憶體無須中間 buf,在使用者態和核心態進行資料複製,存取的效率會更高。

4.2.2 傳統區塊存取方式

區塊裝置的主要特點是處理器和匯流排讀寫資料需要的時間與裝置硬體速度不匹配。區塊裝置的平均存取時間很長,每個操作可能需要幾毫秒才能完成。所以區塊裝置的操作往往是非同步作業,處理器不會一直等待資料準備好,而是透過上下文切換到其他的執行緒或處理程序執行,在資料準備好的情況下,透過中斷通知處理器進行下一步操作。

區塊是虛擬檔案系統和磁碟檔案系統傳送資料的基本單位,每一個區塊都存放在分頁快取記憶體中。當核心需要讀物理區塊的時候,必須檢查所讀取的區塊是否已經在分頁快取記憶體中了。如果不在分頁快取記憶

體中,核心就會產生一個缺頁中斷並分配一個新分頁,然後從磁碟物理區塊中讀取資料填充該分頁。同樣,在把資料寫到物理區塊之前,核心首先檢查對應的區塊是否已經在分頁快取記憶體中了,如果不在分頁快取記憶體中,就產生缺頁中斷並分配一個新分頁,並用要寫入的資料填充該分頁。在分頁快取記憶體中修改的資料不會馬上寫回物理區塊中,而是會延遲一段時間後再對磁碟裝置進行更新,從而使處理程序可以對要寫入裝置的資料做進一步的修改。

一個被修改過的髒頁可能直到最後一刻都在系統的記憶體中,從延遲時間寫入的策略來看,其缺點如下。

(1)如果出現硬體錯誤或斷電的情況,系統恢復之後對檔案的一些修改會遺失。
(2)分頁快取記憶體的容量需求可能很大,從而會出現無法分配新頁的情況。

因此需要在下列情況下將髒頁寫入硬體裝置。

(1)分頁快取記憶體的佔用記憶體過多,新頁不能分配。
(2)由分頁變成髒頁的時間過長。

應用可以顯式地請求對區塊裝置或特定的檔案變化進行更新,主要透過呼叫 sync()、fsync()、fdatasync()、msync() 等系統呼叫來實現。

傳統的區塊存取方式透過記憶體映射的方式存取,寫入操作存取的不是真正的磁碟,而是分頁快取記憶體。所以,即使只修改一個位元組,可能也需要觸發核心產生缺頁中斷,以分配一個新頁,並將一些物理區塊讀取新頁,然後在這個記憶體分頁中進行一個位元組的修改,並在合適的時候由核心或應用將這一頁的無效資料更新到磁碟中。在範例中,透過 msync() 將分頁快取記憶體中的資料更新到磁碟檔案中。

應用有兩種方式透過檔案讀寫存取一個區塊裝置：/dev 和檔案系統掛載點的方式，前者通常用於配置；後者在掛載之後透過傳統檔案系統存取一個區塊裝置。如範例 4-2 所示，使用者 buf 中的資料透過 write () 寫入核心頁快取記憶體，再透過 fsync() 將分頁快取記憶體中的資料更新到磁碟中。

4.2.3 底層資料存取方式

應用持久記憶體感知檔案系統使用位元組可定址的方式存取系統的線性位址，經過缺頁中斷在記憶體管理單元中建立虛擬位址到持久記憶體物理區塊的連結，記憶體控制器透過這些物理位址直接存取持久記憶體媒體。圖 4-3 所示為記憶體介面底層資料存取。

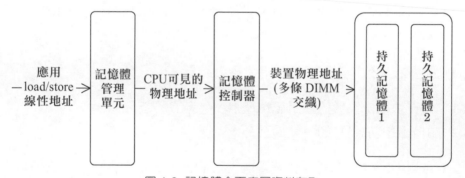

圖 4-3 記憶體介面底層資料存取

傳統區塊存取方式將磁碟檔案系統的 I/O 請求透過區塊視窗驅動存取真正的持久記憶體。如圖 4-4 所示，當讀寫單一邏輯區塊時，應遵循以下執行步驟。對於正在傳輸的每個邏輯區塊來講，需要重複這一系列步驟。

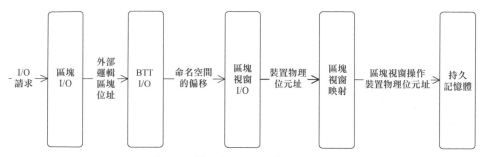

圖 4-4 通用持久記憶體裝置驅動

① 確定核心要讀寫的映射目標緩衝區。

② 確定 I/O 請求的外部邏輯區塊位址（Logic Block Address，LBA）。

③ 將外部 LBA 傳遞給區塊翻譯表（Block Translation Table，BTT）I/O，根據寫入原子性需求、BTT 空閒區塊的大小和數量計算出正確的映射後 LBA，將映射後 LBA 轉換為命名空間的偏移。

④ 將命名空間的偏移轉換為裝置物理位址（Device Physical Address，DPA）。

⑤ 選擇可用的區塊視窗（Block Window，BW）命令暫存器、狀態暫存器和 BW 孔徑程式設計來使用此命名空間描述的持久記憶體裝置。

⑥ 釋放 BW 資源並取消映射目標緩衝區。

由於區塊更新在寫入完成之前，所有區塊視窗的寫入都是持久的，因此永遠不會有任何寫入資料需要在稍後的時間點保持持久性，來自應用的區塊更新或同步快取請求可被視為 NO-OP。

▶ 4.3 持久記憶體程式設計的挑戰

對於傳統區塊存取的方式，持久記憶體的存取方式和常見的磁碟裝置的存取方式是一樣的，所以只需要熟悉傳統磁碟的存取方式就可以對持久記憶體進行程式設計存取。而透過標準檔案讀寫介面操作持久記憶體感知檔案，程式設計的方式和磁碟的相同，但這種方式在突然斷電的情況下只能保證中繼資料的一致性，不能保證資料更新的一致性。

持久記憶體檔案透過 DAX-MMAP 將持久記憶體的性能完全暴露給應用，應用可以直接透過讀寫指令對持久記憶體進行操作，但是這種方式會帶來 5 方面的挑戰。

① 寫入指令不能保證資料持久化，必須透過硬體指令寫入持久記憶體。
② 處理器快取中的資料和斷電後持久記憶體中的資料可能不一致，需要考慮斷電安全。
③ 從硬體上只能保證 8 位元組資料的原子性，需要從軟體上考慮超過 8 位元組資料的原子性。
④ 持久記憶體分配不能使用現有堆積的分配函數，因為這些函數沒有考慮到資料的持久化。
⑤ 位置獨立性，每次 MMAP 虛擬位址的起始位址不一樣，需要考慮資料在重新啟動後的恢復。

後面的章節將詳細介紹這 5 方面的程式設計挑戰。

4.3.1 資料持久化

在本書的第 2 章中介紹了應用呼叫寫入指令之後，資料不會自然地寫入持久記憶體媒體中，而是會透過硬體指令（clflush、clfushopt+sfence、non-temporal write+sfence 等）將處理器快取中的資料更新到記憶體控制器的 WPQ 中，記憶體控制器會負責將 WPQ 中的資料更新到持久記憶體媒體中。

在系統斷電的情況下，ADR 將殘存在 WPQ 中的資料更新到持久記憶體媒體中。可以將記憶體控制器和持久記憶體看作一個斷電保護的區域，應用需要根據系統和硬體的支援選擇合適的指令，將資料更新到持久記憶體媒體中。

4.3.2 斷電一致性

在傳統的基於記憶體的多執行緒應用中，多執行緒的共用資料往往必須透過鎖的方式保證所有執行緒可見的改動是一致的，不會出現某個執行緒只看到資料的局部改動，這種特性稱為可見性，即可以被別的執行緒看到已經完成的改動。

一旦將持久內存放到應用場景裡面，需求就從簡單的可見性轉變到更加複雜的事務性。在遇到斷電或當機情況時，應用要能保證持久記憶體中的資料和執行緒看到的處理器快取中的資料是一致的。這種事務性不同於記憶體事務性（TSX），TSX 能夠保證記憶體事務的正確性，自動檢測資料衝突，減少鎖的操作，但其還是在可見性的範圍中。

持久記憶體的斷電問題的影響無疑是巨大的，斷電後，輕則導致資料遺失，重則導致系統無法恢復，所以需要斷電安全（Power Fail Safe）的特性。如範例 4-3 所示，一個斷電不安全的程式可能引發資源的重複釋放。假設系統在應用呼叫 persist（第 13 行程式）之前斷電，此時持久記憶體裡的值可能是 1，而在應用程式中看到的值是 0（此時資源已經釋放），可見的資料和斷電後持久記憶體中的資料不一致。假定在這種情況下重新啟動程式，refcount 的值會從持久記憶體中重新讀進處理器快取中，呼叫 obj_deref 後，資源會再次被釋放，這不是應用期望的行為。

範例 4-3 斷電不安全程式

```
1.  struct my_object {
2.  // refcount是一個8位元組對齊的8位元組整數變數
3.    uint64_t refcount __attribute__((aligned(64)));
4.      type some_resource;
5.  };
6.  static void object_deref(struct my_object *object) {
7.      //atomic函數__sync_sub_and_fetch，處理器快取中的refcount值變為0
8.      if (__sync_sub_and_fetch(&object->refcount, 1) == 0) {
9.      //應用可見的處理器快取中的refcount是0，釋放資源
10.     delete_some_resource(object->some_resource);
11.     }
12.     //如果此時斷電，持久記憶體中的refcount可能還是1
13.     persist(&object->refcount, sizeof(object->refcount));
14.     //persist呼叫完成，refcount在持久記憶體中是0
15. }
16. void main()
17. {
18.    ….
19.     //呼叫object_deref，讓refcount減1
20.     object_deref(&obj);
21. }
```

解決上述問題的方法是 refcount 需要在做任何決定或計算之前被持久
化，這樣應用的可見值和持久記憶體的值在行動之前是一致的。改動的
方法是將 persist 移到 delete_some_resource 之前呼叫，即將範例 4-3 中
的第 13 行程式移到第 10 行程式之前。

4.3.3 資料原子性

在持久記憶體出現之前，如果資料在寫入記憶體的時候遇到斷電，應用
不會受到什麼影響，因為這些資料本來就是揮發性的。而對於持久記憶

體，如果在資料寫入的過程中遇到斷電，那麼持久記憶體中的資料可能被局部更新。

在 x86 的硬體上，只有一個 8 位元組邊界對齊的 8 位元組儲存能保證資料原子性。表示如果這 8 位元組儲存因為電源故障中斷，則記憶體內容不是包含之前的 8 位元組，就是包含新寫入的 8 位元組，但不會包含舊資料和新資料的某種組合。範例 4-3 程式中的 refcount 是一個 8 位元組邊界對齊的 8 位元組整數變數，所以在呼叫 persist 函數的時候，即使斷電，仍然可以保證資料原子性。

但是，任何超過 8 位元組的資料都可能因電源故障而產生局部的改動，因此必須由軟體處理。舉例來說，要在程式中更新兩個 8 位元組指標，並且希望它以原子方式發生。如果使用鎖保護這些指標，只會有助防止其他正在執行的執行緒看到部分更新。如果遇到電源故障，資料可能在持久記憶體中只進行局部更新。在硬體上沒有單一指令可以解決這種問題，只能依賴軟體解決。

如範例 4-4 所示，在資料超過 8 位元組的情形下，使用持久化指令不能保證資料原子性，可能會看到舊資料和新資料的某種組合。

範例 4-4 超過 8 位元組不能保證資料原子性

```
1.  static void persist_string() {
2.    //打開一個檔案
3.    fd=open(…);
4.    //以記憶體映射的方式將檔案映射到base開始的線性位址空間
5.     base=mmap(NULL, filesize, PROT_READ|PROT_WRITE,MAP_SHARED, fd, 0);
6.    //在處理器快取中寫入超過8位元組的字串"Hello，World!"
7.    strcpy(base, "Hello, World!");
8.    //將處理器快取中的資料寫入持久記憶體媒體中，若寫入過程中斷電，則無法
          保證資料原子性
9.     persist(base, 14);
10.   //persist之後 base中的資料是"Hello, World!"
```

```
11. }
```

如果在寫入資料和持久化資料的過程中遇到斷電情況，資料不能保證其原子性，如在上述範例中，持久記憶體中的資料可能是 "Hello，Wo"，這樣不滿足應用對於資料原子性的需求。

4.3.4 持久記憶體分配

持久記憶體的另一個挑戰是空間管理。由於持久記憶體區域作為檔案公開，因此由檔案系統管理該空間。一旦檔案由應用程式進行記憶體映射並作為記憶體堆積被使用，那麼該檔案中發生的事情完全取決於應用程式。如果使用 glibc 中的 malloc() 函數分配持久記憶體堆積，當程式重新開機時，因為記憶體堆積分配的中繼資料沒有持久化，所以應用將無法連接到持久記憶體堆積上，也沒有措施可以確保記憶體堆積在出現故障時保持一致。

4.3.5 位置獨立性

對位置獨立性的需求是另一個程式設計挑戰。雖然在技術上可以做到保證一系列持久性記憶體始終能映射到程式中完全相同的位址，但是當其映射項的大小發生變化時，映射到相同位址就會變得不切實際。位址空間佈局隨機化（Address Space Layout Randomization，ASLR）的安全功能可以使作業系統隨機調整函數庫和檔案的映射位置。

位置獨立性意味著當持久性記憶體中的資料結構使用指標引用另一個資料時，即使檔案映射到不同的位址，該指標也必須以某種方式可用。有幾種方法可以實現這一點：在映射後重新定位指標、使用相對指標而非絕對指標、使用某種類型的物件 ID 來引用持久記憶體駐留的資料結構。

4.4 PMDK 程式設計函數庫

為了應對上述 5 個程式設計挑戰，英特爾開發了 PMDK 程式設計函數庫。它是一個不斷增長的函數庫和工具的集合，是用 C 語言編寫的，並在 Linux 和 Windows 系統上進行了調配和驗證。這些函數庫和工具都是開放原始碼的，是 BSD 許可的，並在 GitHub 上公開。部分 Linux 發行版本已在其儲存庫中包含 PMDK 函數庫，允許使用簡單的套件管理命令安裝它們。也可以複製 GitHub 並使用 make install 從來源安裝 PMDK 函數庫。如圖 4-5 所示，PMDK 函數庫主要分為持久記憶體分配函數庫、底層的與硬體相關連的持久函數庫、處理事務類型的相關函數庫及更高層次的多語言支援。PMDK 是基於持久記憶體感知檔案系統的使用者函數庫，所以在使用 PMDK 之前需要正確地配置持久記憶體。

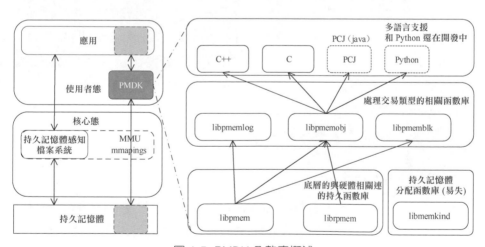

圖 4-5　PMDK 函數庫概述

4.4.1 libmemkind 函數庫

libmemkind 是使用者可擴展堆積管理器，建構在 jemalloc 之上，它可以選擇從不同性質的記憶體分配堆積空間。在各種系統、環境中都需要分配記憶體，並且沒有統一的標準，為了實現統一的函數分配就誕生了 libmemkind。

libmemkind 的介面和記憶體分配標準函數庫的介面非常類似，當前 libmemkind 已經支援從持久記憶體分配空間，將持久記憶體作為普通的揮發性堆積使用。libmemkind 在用於持久記憶體分配時，並不考慮持久化，所以與持久函數庫相比，它具有更低的整體負擔，因為它不需要在出現故障時保證資料一致性。

在 libmemkind 函數庫中，種類（kind）用來表示各種獨立的記憶體池結構，其中包含靜態記憶體種類，即一些預先定義的記憶體種類，如 MEMKIND_DEFAULT 在分配時使用標準記憶體和預設的頁面大小，MEMKIND_HBW 在分配時從最近的高頻寬記憶體 NUMA 節點進行分配；動態類型 PMEM 種類支援持久記憶體。從嚴格意義上說，libmemkind 函數庫不是 PMDK 的一部分，它主要給持久記憶體提供一個堆積分配器，而不去考慮任何持久化的特性。

1. libmemkind 介面

libmemkind 介面的宣告在標頭檔 memkind.h 中，如果已經正確安裝了 libmemkind 函數庫，那麼標頭檔會預設安裝在程式可以正確找到路徑的位置。當正確引用了 memkind.h 並連結了 libmemkind 函數庫之後，就可以使用 libmemkind 的介面，介面的詳細介紹可以透過 libmemkind 手冊瞭解。libmemkind 介面定義如範例 4-5 所示。

範例 4-5 libmemkind 介面定義

```
1.  // 正確引用memkind.h 並連結-lmemkind函數庫，以使用libmemkind介面
2.  #include <memkind.h>;
3.  cc … -lmemkind
4.  //動態創建一個種類。memkind_create_kind創建、分配具有特定記憶體類型、
    記憶體綁定策略和標示的記憶體類型
5.  int memkind_create_kind(memkind_memtype_t memtype_flags, memkind_policy_t
    policy, memkind_bits_t flags, memkind_t *kind);
6.  //下面3個介面從指定種類中分配空間，返回空間的位址
7.  void *memkind_malloc(memkind_t kind, size_t size);
8.  void *memkind_calloc(memkind_t kind, size_t num, size_t size);
9.  void *memkind_realloc(memkind_t kind, void *ptr, size_t size);
10. //從指定的種類中釋放空間
11. void memkind_free(memkind_t kind, void *ptr);
12. //獲取實際佔用的記憶體空間大小，分配函數中指定的記憶體空間大小和記憶體
    實際佔用的空間大小可能不一致
13. size_t memkind_malloc_usable_size(memkind_t kind, void *ptr);
14. //創建一個持久記憶體的種類，在參數中指定檔案目錄和記憶體池的大小，該函數
    //採用tmpfile檔案創建，在創建的目錄中不會顯示，並且當程式退出後創建的
    //檔案也會被釋放和刪除
15. int memkind_create_pmem(const char *dir, size_t max_size, memkind_t *kind);
16. //動態銷毀一個種類，在參數中指定創建的種類
17. int memkind_destroy_kind(memkind_t kind);
18. //檢查種類是否已經存在
19. int memkind_check_available(memkind_t kind);
20. //採用記憶體對齊的方式分配記憶體，輸出分配的記憶體位址memptr
21. int memkind_posix_memalign(memkind_t kind, void **memptr, size_t
    alignment, size_t size);
22. //獲取libmemkind介面使用的錯誤資訊
23. void memkind_error_message(int err, char *msg, size_t size);
```

libmemkind 可以根據已經分配的位址找到這個位址是從哪個種類中分配
的記憶體，所以上述程式第 9 行、第 11 行和第 13 行介面的種類可以是
NULL，但是這種操作會對性能有一定的影響。

2. libmemkind 分配持久記憶體

利用 libmemkind 的介面可以從各個種類的記憶體分配空間。範例 4-6
所示為使用 libmemkind 分配和使用持久記憶體。

範例 4-6 使用 libmemkind 分配和使用持久記憶體

```
1.  //應用libmemkind的標頭檔
2.  #include <memkind.h>
3.  //定義持久記憶體堆積的大小為32MB
4.  #define PMEM_MAX_SIZE (1024 * 1024 * 32)
5.  static char path[PATH_MAX]="/tmp/";
6.
7.  int main(int argc, char *argv[])
8.  {
9.      struct memkind *pmem_kind = NULL;
10.     int err = 0;
11.     // 創建持久記憶體池，輸出持久記憶體的種類pmem_kind
12.     err = memkind_create_pmem(path, PMEM_MAX_SIZE, &pmem_kind);
13.     char *pmem_str1 = NULL;
14.     char *pmem_str2 = NULL;
15.     //從創建的持久記憶體種類pmem_kind中分配28MB記憶體，分配成功則返回
        //空間位址
16.     pmem_str1 = (char *)memkind_malloc(pmem_kind, 28*1024*1024);
17.     //從剩下的4MB空間裡分配8MB，如果空間不夠，則返回NULL
18.     pmem_str2 = (char *)memkind_malloc(pmem_kind, 8 * 1024 * 1024);
19.     if (pmem_str2 != NULL) {
20.         return 1;
21.     }
22.     //向分配的空間寫入字串
23.     sprintf(pmem_str1, "Hello world from pmem - pmem_str1.\n");
24.     fprintf(stdout, "%s", pmem_str1);
25.     //釋放分配的持久記憶體空間
26.     memkind_free(pmem_kind, pmem_str1);
27.     //銷毀持久記憶體池
```

```
28.    err = memkind_destroy_kind(pmem_kind);
29.    return 0;
30. }
```

4.4.2 libpmem 函數庫

libpmem 函數庫是低級別的 C 函數庫,它提供了對作業系統公開基本操作的基本抽象功能。它自動檢測平台中可用的功能,並選擇適合持久記憶體的持久性語義和記憶體傳輸方法,大多數應用程式至少需要此函數庫的一部分。libpmem 函數庫主要幫助應對持久記憶體程式設計的第一個挑戰,即幫助應用高效率地將資料持久化。

如圖 4-6 所示,libpmem 透過檢測 OS 和 CPUID 獲得系統支援的指令,將處理器快取中的資料真正持久地寫入記憶體中。

① 如果從 OS 中瞭解所映射的檔案是普通檔案,那麼使用 msync() 主動更新的方式持久地寫入資料。

② 如果持久化域中包含 CPU 快取[1],那麼不需要更新操作就能夠始終保證可見性和斷電一致性,這個也就是後續持久記憶體支援的 eADR 特性。

③ 從 CPUID 中獲知 CPU 是否支援 CLWB 的指令,如果支援,就直接使用 CLWB+SFENCE 指令來持久化資料。

④ 從 CPUID 中獲知,如果 CPU 不支援 CLWB,而支援 CLFLUSHOPT,那麼使用 CLFLUSHOPT+SFENCE 指令持久化資料。

⑤ 如果 CPUID 不支援 CLFLUSHOPT,那麼使用 CLFLUSH 指令持久化資料。

1　第 3 章列出了持久記憶體是否支援 eADR。

從圖 4-6 中可以看到高效安全地使用持久化指令依賴於硬體和系統的支援，如果將這部分完全交由程式設計人員控制，這對他們是一個很大的負擔。

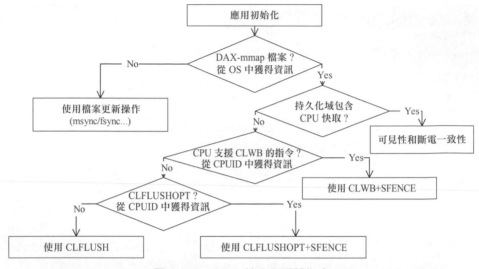

圖 4-6 libpmem 持久化硬體指令

在本書的第 2 章中介紹了不同持久化指令的使用方式，CLWB 指令具有併發能力，可以在更新資料後仍然保證處理器快取行有效，從而在將資料更新到 WPQ 後，仍然可以從處理器快取中存取到資料，CLFLUSHOPT 同樣具有併發能力以提升持久化的性能。由於併發的特性，需要呼叫 SFENCE 以保證資料寫入完成。

在 x86 處理器中已經出現一段時間的另一個指令是 NTW（Non Temporal Write），NTW 利用寫入合併（write-combining）繞過處理器快取，直接將資料從 store buffer 中寫入記憶體控制器 WPQ 中，因此使用 NTW 不需要更新，但仍然需要 SFENCE 指令確保資料到達持久化域。

libpmem 透過檢測處理器的特性以使用最為高效的持久化指令,當然 libpmem 也提供了豐富的介面幫助高級使用者對整個寫入流程進行更為細緻的控制,以提升系統性能。由於 libpmem 透過對底層硬體進行程式設計保證資料的持久性,所以這個函數庫也是其他持久函數庫的基礎。像 libpmemobj 這樣的函數庫透過建構 libpmem 函數來提供事務介面,但 libpmem 中的介面是非事務性的。當決定要使用 libpmem 程式設計時,意味著必須創建自己的事務,避免當系統或程式崩潰時,持久化檔案處於不一致的狀態。

1. 持久記憶體程式設計對性能的考慮

持久記憶體的性能在第 2 章中曾提及,但是在應用中,發揮持久記憶體的真正性能需要考慮以下情況。

(1)利用 NTW+SFENCE 可以不經過處理器快取,同時利用寫入合併的特性可以提升持久化的性能。普通的資料寫入操作會檢查資料是否在記憶體中,如果不在會發生快取缺失,CPU 將資料從記憶體讀到快取中修改後再寫回。這樣一共會發生兩次記憶體存取和一次快取缺失。應用可以透過 NTW 的方式,將資料直接寫入記憶體,避免快取缺失,從而提升資料寫入的性能,如範例 4-7 所示。

範例 4-7 使用 NTW 提升性能

```
1.   //資料結構中包含4個快取行,共256位元組
2.   struct my_data {
3.       char cacheL_A[64];
4.       char cacheL_B[64];
5.       char cacheL_C[64];
6.       char cacheL_D[64];
7.   };
8.   //持久記憶體 MMAP,獲得持久記憶體的線性位址空間
9.   struct my_data *data = mmap(…);
```

```
10. //這不是一個好的方法，因為更新的資料在處理器快取中，所以資料會產生快取
    //缺失以便從記憶體中獲取數據並重寫，這樣的性能會很差
11. for (size_t i = 0; i < 256; ++i)  *((char *)data + i) = 0xC;
12. pmem_persist(data，256);
13. ------------------
14. //這是推薦的使用方法，使用NTW直接繞過處理器快取，減少不必要的快取缺失
15. pmem_memset(data, 0xC, 256, PMEM_F_MEM_NONTEMPORAL);
16. pmem_drain();  /* SFENCE*/
```

（2）記憶體的交織可以充分利用記憶體通道資源提升整體的性能。如 x6 的交織是將 6 條持久記憶體交織成一個大的記憶體區域，如同將 6 條獨立的通道交織成一個 x6 寬的通路，無須系統管理每一筆持久記憶體上的資料。應用可能經常讀寫同一個區域，而這片區域位於某條持久記憶體上，導致這條記憶體的讀寫頻寬會明顯高於其他持久記憶體（用 pcm_memory 的工具監控）。一旦出現這種情況，對於整體性能的影響會較大，這種情況往往需要使用軟體修改，如找出寫入熱點，將一些全域的資料改為執行緒相關的資料。

（3）當向持久記憶體的線性位址寫入資料時，如果持久記憶體的線性位址還沒有和持久記憶體的物理區塊建立連接關係，寫入持久記憶體會在核心中觸發一個缺頁中斷。該缺頁中斷讓持久記憶體的物理區塊建立和線性位址的聯繫，並對新的物理區塊進行清零操作。為了減少上述操作對性能的影響，可以透過在 MMAP 時加上 MAP_POPULATE 的標示，或者手動對持久化檔案進行寫入操作，以提前完成缺頁中斷的工作。

（4）存取遠端持久記憶體的代價很高[2]，為了更好地提升應用的性能，可以將應用綁定到正確的 numa 節點上，以保證應用總是存取近端的持久記憶體。

2　參考第 6 章。

（5） 在 RMF（Read Modify Flush） 模 式 下 使 用 CLFLUSHOPT 或 CLFLUSH 時，將資料從處理器快取寫入持久記憶體後，處理器快取行會改為無效狀態，再次讀取這個資料會造成快取缺失，因此需要將資料從持久記憶體中載入進處理器快取。持久化一個計數器的步驟如下。

① 從持久記憶體中讀取這個值（R）。
② 然後將這個值累加（M）。
③ 再將累加後的值寫入持久記憶體（F）。
④ 重複①～③步。

那麼在上述過程中，每次第一步從持久記憶體中讀取計數器會產生一個快取缺失，所以整體的性能較差。CLWB 指令可以保留快取行的有效性，再次讀取計數器時就不會產生快取缺失了。CLWB 指令的功能在現有的硬體（Cascalake）上和在 CLFLUSHOPT 上一樣，英特爾將在後面的硬體上解決這個問題。

（6）應用應儘量減少快取行的局部改動，防止在快取行局部改動後更新資料，立刻改寫快取行的另外一部分，從而再次觸發快取缺失。舉例來說，應用中有兩個變數 a 和 b，它們在同一個快取行裡，修改 a 後持久化，修改 b 後再次持久化，那麼 a 和 b 的改動都會觸發快取缺失，這也是一種 false sharing 的場景。對於這種情況，可以更改記憶體的佈局，將多個需要改動的資料放到相連的快取行中一起改動，改動後再一起寫入持久記憶體。

（7）對於多執行緒或多處理程序的寫入（不考慮資料的持久化），如果單純依賴處理器快取的踢出和替換策略，將有很多不連續的資料被踢到記憶體控制器的 WPQ 中，這會造成這些資料無法在持久記憶體中以連續的 256 位元組寫入持久記憶體媒體中，減少了寫入頻寬。因此，在軟體中需要經常主動更新處理器快取，將連續的資料寫入 WPQ 中。

2. libpmem 介面

libpmem 介面的宣告在標頭檔 libpmem.h 中，如果已經正確安裝了 PMDK 函數庫，就可以使用 libpmem 的介面，介面的具體描述可以透過 libpmem 手冊瞭解。libpmem 介面如範例 4-8 所示。

範例 4-8 libpmem 介面

1. //引用libpmem的標頭檔
2. #include <libpmem.h>
3. //編譯時連結PMEM的函數庫
4. cc ... -lpmem
5. //檢查所映射的位址空間是否是持久記憶體，如果不是，則更新資料時使用常規的 //msync()
6. int pmem_is_pmem(const void *addr, size_t len);
7. //為檔案創建一個新的讀寫映射。如果flag標示中沒有PMEM_FILE_CREATE，則映射 //整個現有檔案路徑，len必須為0，並且忽略模式。不然路徑將按標示和模式指定 //的方式打開或創建，並且len不能是0。成功時，pmem_map_file返回指向映射區 //域的指標。如果mapped_lenp不為空，則映射的長度將儲存到*mapped_lenp中。 //如果is_pmemp不為空，是否是持久記憶體的標示將儲存到*is_pmemp中， //如果*is_pmemp為真，則表示所映射的檔案是持久記憶體
8. void *pmem_map_file(const char *path, size_t len, int flags,mode_t mode, size_t *mapped_lenp, int *is_pmemp);
9. //取消持久記憶體映射
10. int pmem_unmap(void *addr, size_t len);
11. //持久記憶體寫入操作函數提供與它們的名稱相同的記憶體操作函數功能，並確 //保返回之前將結果更新到持久內 //存中（除非使用了PMEM_F_MEM_NOFLUSH標示）。舉例來說，pmem_memmove //（dest，src，len，0）等同於下面兩行程式碼：memmove(dest, src, len)和 //pmem_persist(dest, len)。使用pmem_memove(dest，src，len，0) 可能比使用 //上述兩行程式碼的性能更好，因為libpmem實現可能利用pmemdest是持久記憶體 //的事實，使用NTW指令將處理器 store buf的資料直接寫到持久記憶體中，可以 //避免更新處理器快取。關於flag的詳細意義，可以參考libpmem手冊中的資訊
12. void *pmem_memmove(void *pmemdest, const void *src, size_t len,

```
    unsigned flags);
13. void *pmem_memcpy(void *pmemdest, const void *src, size_t len, unsigned
    flags);
14. void *pmem_memset(void *pmemdest, int c, size_t len, unsigned flags);
15. //和12行、13行和14行程式中的3個函數使用flag=0具有相同的意義
16. void *pmem_memmove_persist(void *pmemdest, const void *src, size_t len);
17. void *pmem_memcpy_persist(void *pmemdest, const void *src, size_t len);
18. void *pmem_memset_persist(void *pmemdest, int c, size_t len);
19. //和12行、13行和14行程式使用flag=PMEM_F_MEM_NODRAIN具有相同的意義
20. void *pmem_memmove_nodrain(void *pmemdest, const void *src, size_t len);
21. void *pmem_memcpy_nodrain(void *pmemdest, const void *src, size_t len);
22. void *pmem_memset_nodrain(void *pmemdest, int c, size_t len);
23. //強制將位址範圍為(addr,addr+len) 的資料寫入持久記憶體中。但是在呼叫該
    //函數之前,由於快取機制本身的踢出和替換策略,資料有可能在呼叫該函數前
    //已經被寫入持久記憶體中
24. void pmem_persist(const void *addr, size_t len);
25. //和pmem_persist具有一樣的功能,往往在檢測出不是持久記憶體的時候用來更
    //新資料
26. int pmem_msync(const void *addr, size_t len);
27. //持久化資料的一部分功能,主要將資料從處理器快取中更新到WPQ中,但並不保
    //證資料完整
28. void pmem_flush(const void *addr, size_t len);
29. //持久化資料的一部分功能,呼叫SFENCE指令可以保證在此指令之前的寫入操作
    //全部完成,這樣在另一個處理器核心裡讀取相同的記憶體時,幾乎不會出錯。
    //可以將L15 pmem_persist () 函數看作L17 和L18的功能之和。但是當應用需要
    //更新幾塊不相鄰資料時,可以透過對每一個資料區塊呼叫pmem_flush,然後一次
    //性呼叫pmem_drain來提升更新資料的併發性能,並提升整體的性能
30. void pmem_drain(void);
```

3. libpmem 持久化一個陣列

如範例 4-9 所示,將一個陣列持久化到記憶體中。

範例 4-9 libpmem 持久化一個陣列

```
1.   #include <sys/types.h>
2.   #include <sys/stat.h>
3.   #include <fcntl.h>
4.   #include <stdio.h>
5.   #include <errno.h>
6.   #include <stdlib.h>
7.   #include <string.h>
8.   //引用libpmem.h標頭檔,以便應用存取libpmem介面
9.   #include <libpmem.h>
10.
11.  //要持久化的陣列的長度為4KB
12.  #define BUF_LEN 4096
13.
14.  int main(int argc, char *argv[])
15.  {
16.  //持久化的字元陣列buf
17.    char buf[BUF_LEN];
18.      char *pmemaddr;
19.      size_t mapped_len;
20.      int is_pmem;
21.  //呼叫pmem_map_file,將檔案進行記憶體映射,其大小為4KB。獲得MMAP映射的長
     //度為4KB,是否是持久記憶體的指示標識為is_pmem,並返回映射的線性位址
     //pmemaddr
22.      if ((pmemaddr = pmem_map_file(argv[1], BUF_LEN,PMEM_FILE_CREATE|
     PMEM_FILE_EXCL, 0666, &mapped_len, &is_pmem)) == NULL) {
23.          perror("pmem_map_file");
24.          exit(1);
25.      }
26.      //將記憶體buf中的資料初始化,使用memset()函數的性能會更好,這裡沒有
         //考慮記憶體的使用性能
27.      for (unsigned int i = 0; i < mapped_len; ++i) {
28.          buf[i] = 8;
29.      }
```

```
30.
31.    if (is_pmem) {
32. //如果MMAP的是持久記憶體檔案，is_pmem是真，可以使用pmem_memcpy_persist()
       //來將記憶體buf中的值寫入持久記憶體中。這個函數會根據資料的大小考慮是否
       //使用NTW提升寫入的性能
33.        pmem_memcpy_persist(pmemaddr, buf, mapped_len);
34.    } else {
35.        //如果MMAP的不是持久記憶體檔案，即is_pmem是假，那麼使用memcpy()
           //和msync()函數將資料持久化到該普通檔案中
36.        memcpy(pmemaddr, buf, mapped_len);
37.        pmem_msync(pmemaddr, mapped_len);
38.    }
39.    //銷毀記憶體映射
40.    pmem_unmap(pmemaddr, mapped_len);
41.    exit(0);
42. }
```

在陣列寫入持久記憶體之後，透過編寫一個讀取資料的程式呼叫相同的 pmem_map_file 函數，直接從映射的記憶體區域中讀出之前寫入的陣列。

4.4.3 libpmemobj 函數庫

資料需要保持資料原子性、斷電一致性，同時還能夠恢復資料。這就需要用到具有事務性的 libpmemobj。libpmemobj 是一個通用的持久函數庫，可以解決持久記憶體面臨的各個挑戰。

如圖 4-7 所示，libpmemobj 依賴 libpmem 提供持久化的基本操作支援，並且提供和 libpmem 介面類似的基本操作介面（Primitives APIs），這些介面和 libpmem 的介面一樣，不支援具有事務性的操作，應用需要考慮資料原子性、斷電一致性及位置獨立性。

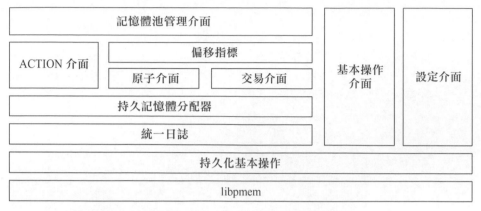

圖 4-7 libpmemobj 的介面框架

libpmemobj 利用統一的日誌（unified logs）來實現資料的事務性。持久記憶體的原子分配、事務性的介面及行動介面（Atomic APIs、Tracactional APIs、Action APIs）都是基於統一日誌來實現的。

為了保證資料的可恢復性，需要考慮持久記憶體的位置獨立性，所以應用不能利用直接位址保存資料。libpmemobj 使用偏移指標（offset pointers）相對於記憶體池基底位址的偏移表示一個資料物件。

libpmemobj 介面的宣告在 libpmemobj.h 標頭檔中，如果已經正確地安裝了 PMDK 的函數庫，那麼標頭檔預設會安裝在程式可以正確找到路徑的位置。當正確引用了 libpmemobj.h 並連接了 libpmemobj、libpmem 函數庫之後，就可以使用 libpmemobj 的介面了。libpmemobj 的介面非常多，具體的介面描述可以透過 libpmemobj 手冊查詢。

1. 持久記憶體池管理介面

libpmemobj 提供了統一的介面來管理這些檔案，每個檔案都是一個持久記憶體池。如範例 4-10 所示，libpmemobj 透過統一的介面來管理持久記憶體池。

範例 4-10 libpmemobj 持久記憶體池管理介面

```
1:  //打開一個已存在的持久記憶體池，layout參數必須和創建時的layout一致，返回
    //持久記憶體池PMEMobjpool的指標，如果持久記憶體池不存在或發生錯誤返回
    //空，可以檢查errno來獲得出錯資訊
2:  PMEMobjpool *pmemobj_open(const char *path, const char *layout);
3:  //創建一個持久記憶體池，需要的參數包括檔案、layout佈局、持久記憶體池的
    //大小和mode，是使用者創建的檔案許可權資訊，因此這個許可權定義和檔案
    //creat一樣，如果創建失敗返回空，可以檢查errno來獲得出錯資訊
4:  PMEMobjpool *pmemobj_create(const char *path, const char *layout,
    size_t poolsize, mode_t mode);
5:  //關閉一個持久記憶體池
6:  void pmemobj_close(PMEMobjpool *pop);
```

2. 持久記憶體基本操作介面

libpmemobj 依賴 libpmem 函數庫並且和 libpmem 一樣可以幫助應用高效率地持久化資料。libpmemobj 提供和 libpmem 函數庫類似的基本操作介面，這些介面是非事務性的。

如範例 4-11 所示，典型的基本操作介面提供了持久化的介面（flush/drain/persist），還提供了最佳化過的記憶體操作基本操作介面（memmove、memcpy、memset）。由於 libpmemobj 的基本操作介面的意義和 libpmem 幾乎一致，這裡不再贅述。

範例 4-11 libpmemobj 的基本操作介面

```
1.  void pmemobj_persist(PMEMobjpool *pop, const void *addr,size_t len);
2.  void pmemobj_flush(PMEMobjpool *pop, const void *addr,size_t len);
3.  void pmemobj_drain(PMEMobjpool *pop);
4.  void *pmemobj_memcpy(PMEMobjpool *pop, void *dest,const void *src,
    size_t len, unsigned flags);
5.  void *pmemobj_memmove(PMEMobjpool *pop, void *dest,const void *src,
```

```
     size_t len, unsigned flags);
6.   void *pmemobj_memset(PMEMobjpool *pop, void *dest，int c, size_t len,
     unsigned flags);
7.   void *pmemobj_memcpy_persist(PMEMobjpool *pop, void *dest，const void
     *src, size_t len);
8.   void *pmemobj_memset_persist(PMEMobjpool *pop, void *dest，int c,
     size_t len);
```

3. 持久記憶體物件介面

在持久記憶體的程式設計挑戰中，位置獨立性表示記憶體映射基底位址可能在應用每次執行的時候都不盡相同。如果在應用中保存絕對的記憶體位址，持久記憶體將因為基底位址的更改而變得不可存取，除非在應用啟動時掃描所有的位址，並根據新的基底位址重新改變這些絕對的位址值，或者使用訂製化的資料結構來表徵相對於記憶體映射基底位址的偏移（offset）。libpmemobj 提供了偏移指標 PMEMoid 來表示一個物件控制碼，如範例 4-12 所示。

範例 4-12 libpmemobj 提供的偏移指標 PMEMoid

```
1.   // libpmemobj 提供了一個16 位元組偏移指標的資料結構PMEMoid表示一個物件，
     //其中包含一個8位元組pool_uuid_lo表明這個物件在哪個記憶體池中，另外8位元
     //組表示相對於記憶體映射基底位址的偏移
2.   typedef struct pmemoid {
3.      uint64_t pool_uuid_lo;
4.      uint64_t off;
5.   } PMEMoid;
6.   // 將PMEMoid轉換成直接指標以存取持久記憶體池中的資料，但是這個直接指標不
     //帶資料類型資訊，所以應用在使用該指標時，需要將無類型指標強制轉換為類型
     //指標，以存取資料
7.   void *pmemobj_direct(PMEMoid oid);
8.   //將直接指標轉換成持久記憶體物件偏移指標
9.   PMEMoid pmemobj_oid(const void *addr);
```

```
10. // OID_IS_NULL巨集用來判斷物件控制碼是否為空（OID_NULL），如果為空，則返
    //回真
11. OID_IS_NULL(PMEMoid oid)
12. // OID_EQUALS巨集用來判斷兩個物件控制碼是否指向同一個物件，如果指向同一
    //個物件，則返回真
13. OID_EQUALS(PMEMoid lhs, PMEMoid rhs)
14. //返回指定物件的類型號
15. uint64_t pmemobj_type_num(PMEMoid oid);
16. //根據物件控制碼或直接指標來獲得持久記憶體池
17. PMEMobjpool *pmemobj_pool_by_oid(PMEMoid oid);
18. PMEMobjpool *pmemobj_pool_by_ptr(const void *addr);
19. //指定根物件的大小，並獲取根物件的偏移指標
20. PMEMoid pmemobj_root(PMEMobjpool *pop, size_t size);
```

所有的物件都起源於根物件（root object），根物件總是存在並初始化為 0，使用者可以指定根物件的大小。應用需要保證所有的物件都可以透過根物件存取，可以將不能透過根物件存取的物件看作持久記憶體洩露。

如圖 4-8 所示，透過根物件可以存取 A 物件和 C 物件，而透過 A 物件可以存取 B 物件。如果將記憶體池中的所有物件想像成一棵大樹，根物件只有一個，其他的枝幹、葉子都可以透過根物件存取。如果一些枝幹或葉子從樹上掉落，這些物件將不能透過根物件存取，而這些記憶體就不能被釋放，這種情形稱為持久記憶體洩露。

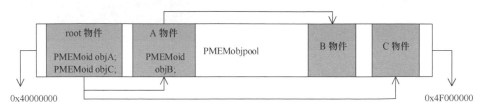

圖 4-8　持久記憶體物件樹

應用呼叫 PMEMoid pmemobj_root（PMEMobjpool *pop，size_t size）
指定持久記憶體池中根物件的大小，返回根物件。在記憶體池中的物件
會被維護在內部的容器中，可以透過遍歷容器找到那些不能透過根物件
存取的物件，但這種方式的代價較大。

4. 持久記憶體類型物件的巨集介面

偏移指標是指一個資料結構，PMEMoid 用來表示一個物件，但是在
這個資料結構中沒有物件類型的資訊，利用 void *pmemobj_direct
（PMEMoid oid）將物件控制碼轉換的直接指標是一個無類型指標 void
*。在程式設計中，對於錯誤的給予值，無法透過編譯器找出錯誤，在
存取資料的時候需要應用將無類型指標變為類型指標，以存取真正的資
料，這使得程式設計和校正變得異常困難。libpmemobj 提供了一些帶
有類型資訊的巨集，這些巨集在偏移指標的基礎上增加了物件類型的資
訊，這樣一些錯誤就可以透過編譯器發現，如範例 4-13 所示。

範例 4-13 libpmemobj 類型的安全介面

```
1.  //持久記憶體池的佈局介面。持久記憶體池佈局介面總是以POBJ_LAYOUT_BEGIN
    //開始，以POBJ_LAYOUT_END結束，並在這兩句中間列出根物件和所有透過根物件
    //能夠存取到的物件。其中，根物件為POBJ_LAYOUT_ROOT，其他物件為POBJ_
    //LAYOUT_TOID。POBJ_LAYOUT_NAME是一個字串常數，表示記憶體池佈局的名稱，
    //常用在pmemobj_create和pmemobj_open介面中。所有使用libpmemobj的持久記憶
    //體程式都應該有一個明確定義的記憶體分配
2.  POBJ_LAYOUT_BEGIN(layout)
3.  POBJ_LAYOUT_TOID(layout, TYPE)
4.  POBJ_LAYOUT_ROOT(layout, ROOT_TYPE)
5.  POBJ_LAYOUT_END(layout)
6.  POBJ_LAYOUT_NAME(layout)
7.  POBJ_LAYOUT_TYPES_NUM(layout)
8.
9.  //帶類型物件的操作巨集介面
```

10. // TOID_DECLARE宣告使用者定義類型的物件及類型號type_num

11. TOID_DECLARE(TYPE, uint64_t type_num)

12. // TOID_DECLARE_ROOT宣告一個類型化的根物件

13. TOID_DECLARE_ROOT(ROOT_TYPE)

14. //TOID申明類型物件的控制碼，其中，type是使用者定義結構的名稱，必須首先使
    //用TOID_DECLARE、TOID_DECLARE_ROOT、POBJ_LAYOUT_TOID或POBJ_LAYOUT_ROOT
    //巨集宣告類型化的物件

15. TOID(TYPE)

16. //TOID_TYPE_NUM巨集返回指定類型的類型號

17. TOID_TYPE_NUM(TYPE)

18. // TOID_TYPE_NUM_OF巨集返回指定物件的類型號

19. TOID_TYPE_NUM_OF(TOID oid)

20. // TOID_VALID巨集驗證儲存在物件中繼資料中的類型號是否等於指定物件的類型
    //號，如果指定物件不在存儲物件的中繼資料中，那麼返回假

21. TOID_VALID(TOID oid)

22. // OID_INSTANCEOF巨集檢查指定物件是否為特定類型

23. OID_INSTANCEOF(PMEMoid oid, TYPE)

24. // TOID_ASSIGN巨集將物件控制碼值VALUE分配給類型化的物件O

25. TOID_ASSIGN(TOID o, VALUE)

26. // TOID_IS_NULL巨集判斷物件控制碼是否為空（OID_NULL）

27. TOID_IS_NULL(TOID o)

28. // TOID_IS_NULL巨集判斷物件控制碼是否為空（OID_NULL）

29. TOID_EQUALS(TOID lhs, TOID rhs)

30. // DIRECT_RW巨集及其縮寫形式D_RW返回指定物件的類型化寫入指標，
    //用來改寫物件指定的持久記憶體區域

31. DIRECT_RW(TOID oid)

32. D_RW(TOID oid)

33. // DIRECT_RO巨集及其縮寫形式D_RO返回指定物件的類型化唯讀指標，
    //用來讀取指定物件的持久記憶體區域的資料

34. DIRECT_RO(TOID oid)

35. D_RO(TOID oid)

36.

37. //以下程式是使用帶類型的巨集操作實現的一段簡單程式範例

```
38. //一個二元樹的記憶體分配。在這個二元樹的實現中，有兩個物件，即根物件
    //struct btree和物件struct btree_node
39. POBJ_LAYOUT_BEGIN(btree);
40. POBJ_LAYOUT_ROOT(btree, struct btree);
41. POBJ_LAYOUT_TOID(btree, struct btree_node);
42. POBJ_LAYOUT_END(btree);
43.
44. //二元樹的記憶體分配是一個字串，所以在管理這個記憶體池的時候，可以利用
    //POBJ_LAYOUT_NAME(btree)獲知這個佈局
45. struct btree_node {
46.     int64_t key;
47.     TOID(struct btree_node) slots[2];
48.     char value[];
49. };
50.
51. struct btree {
52.     TOID(struct btree_node) root;
53. };
54.
55. //創建或打開記憶體池
56. pmemobj_create(path，POBJ_LAYOUT_NAME(btree)，PMEMOBJ_MIN_POOL，0666);
57. pmemobj_open(path, POBJ_LAYOUT_NAME(btree));
58.
59. //使用POBJ_ROOT巨集直接獲得帶類型的根物件的控制碼
60. TOID(struct btree) btree = POBJ_ROOT(pop, struct btree);
61. //透過D_RO(btree)存取根物件的成員root，獲得類型物件的控制碼
62. TOID(struct btree_node) node = D_RO(btree)->root;
63. //透過D_RW()來進行存取，獲得帶類型的絕對指標後存取資料
64. D_RW(node)->key = 1234;
```

帶類型的物件控制碼在 PMEMoid 的基礎上增加了類型資訊，透過 gdb 觀察二元樹變數 TOID(struct btree) btree 的資料結構。如範例 4-14 所

示，在 PMEMoid 的基礎上，增加了類型（_type）和類型號（_type_num）的資訊。

範例 4-14 帶類型的物件控制碼的資料結構

```
1.  (gdb) p btree
2.  $1 = {oid = {pool_uuid_lo = 9449012605509697359, off = 3934032},
    _type = 0xd1cf6b0ac7fd54f, _type_num = 0xd1cf6b0ac7fd54f}
```

5. 持久記憶體原子分配介面

記憶體的分配包括兩個步驟：第一，分配記憶體；第二，將分配的記憶體物件給予值給一個變數。如果在第二步給予值的時候遇到系統斷電，對於 DRAM 而言，所有的操作都是揮發性的，所以不會對系統有任何影響。而對於持久記憶體，此時物件在持久記憶體中的分配已經完成，但是物件沒有給予值，所以不能透過根物件存取，這就出現了持久記憶體洩露的問題。

要想解決這個問題，就必須讓物件分配和物件給予值這兩步合成一步。libpmemobj 提供了持久記憶體原子分配（atomic allocation）的介面，可以將上述兩步合併成一步，從而以執行緒安全和故障安全的方式從持久記憶體池中分配、調整和釋放物件。如果這些操作中的任何一個被程式出現故障或系統崩潰所中斷，那麼在恢復時，它們將被保證操作完全完成或丟棄，從而使持久記憶體堆積和內建物件容器處於一致狀態。

這些介面是非事務性的，如果在事務中使用這些記憶體分配的介面，那麼操作在完成後（而非事務後）被認為是持久的。如果事務被中斷，則不會導回對於持久記憶體中繼資料的更改，也不能導回到事務開始之前的一致性狀態。

持久記憶體的原子分配介面可以保證記憶體分配的原子性，但不能使用在事務的過程中。libpmemobj 記憶體原子分配如範例 4-15 所示。

範例 4-15 libpmemobj 記憶體原子分配

```
1:  // pmemobj_constr類型用於從與記憶體池pop連結的持久記憶體堆積中進行原子
    //分配的建構元數。ptr是指向已分配記憶體區域的指標,arg是傳遞給建構元數
    //的使用者自訂參數
2:  typedef int (*pmemobj_constr)(**PMEMobjpool *pop, void *ptr, void *arg);
3:  // pmemobj_alloc從與記憶體池pop連結的持久記憶體堆積中分配一個新物件。如
    //果oidp是NULL,那麼相當於只有分配沒有給予值的過程,從根物件中不可能存取
    //到該物件,只有透過內部容器疊代POBJ_FOREACH才能找到。如果oidp不是空,
    //oidp的內容必須在持久記憶體中,且和根物件有連結,函數以原子的方式更改
    //oidp的值。在介面返回之前,pmemobj_alloc呼叫建構元數constructor,傳遞
    //pop,指向ptr中新分配物件的指標和arg參數,可以保證分配物件已正確初始
    //化。如果在建構元數完成之前中斷分配,則會回收為該物件保留的記憶體空間。
    //由於內部填充和物件中繼資料,分配物件的實際大小比請求的大小大64位元組,
    //因此,分配小於64位元組的物件是非常低效的。分配的物件將添加到與type_num
    //關聯的內部容器中,以便在根物件不能存取時,仍然可以透過內部容器的疊代存
    //取這個物件
4:  int pmemobj_alloc(PMEMobjpool *pop, PMEMoid *oidp, size_t size,
    uint64_t type_num, pmemobj_constr constructor, void *arg);
5:  //和 pmemobj_alloc 的功能大致相同,但是 pmemobj_zalloc 從與記憶體池 pop
    //相連結的持久記憶體堆積中分配一個新的歸零物件,所以無須建構元數對物件
    //進行初始化
6:  int pmemobj_zalloc(PMEMobjpool *pop, PMEMoid *oidp, size_t size,
    uint64_t type_num);
7:  // pmemobj_free函數釋放由oidp表示的記憶體空間,該記憶體空間必須是
    //pmemobj_alloc、pmemobj_zalloc、pmemobj_realloc或pmemobj_zrealloc分配的
    //物件。pmemobj_free提供與free相同的語義。釋放記憶體後,將oidp設定為
    //OID_NULL
8:  void pmemobj_free(PMEMoid *oidp);
9:  // pmemobj_realloc函數將由oidp表示的物件的大小更改為size位元組。
    //pmemobj_realloc提供與realloc相似的語義。如果oidp為OID_NULL,則該呼叫等
    //效於pmemobj_alloc。如果size等於零,並且oidp不是OID_NULL,則呼叫等效於
    //pmemobj_free。如果oidp不是OID_NULL,並且size不是0,該記憶體空間必須是
```

```
   //之前的pmemobj_alloc、pmemobj_zalloc、pmemobj_realloc或pmemobj_zrealloc
   //分配的物件。請注意,物件控制碼值可能會因重新分配而更改。如果新分配的
   //size超過原物件的size,那麼新增的空間不進行初始化
10: int pmemobj_realloc(PMEMobjpool *pop, PMEMoid *oidp, size_t size,
   uint64_t type_num);
11: // pmemobj_zrealloc等於pmemobj_realloc,但如果新分配的size超過原先兌現
   //的size,則添加的記憶體將初始化為零
12: int pmemobj_zrealloc(PMEMobjpool *pop, PMEMoid *oidp, size_t size,
   uint64_t type_num);
13: // pmemobj_strdup函數在oidp中儲存新物件的控制碼,該物件儲存str。
   //pmemobj_strdup提供與strdup相同的語義。該物件可以透過pmemobj_free釋放
14: int pmemobj_strdup(PMEMobjpool *pop, PMEMoid *oidp, const char *s,
   uint64_t type_num);
15: // pmemobj_wcsdup等於pmemobj_strdup,但操作的是寬字串(wchar_t),而非標
   //準字串
16: int pmemobj_wcsdup(PMEMobjpool *pop, PMEMoid *oidp, const wchar_t *s,
   uint64_t type_num);
17: //pmemobj_alloc_usable_size返回真實物件分配的記憶體大小
18: size_t pmemobj_alloc_usable_size(PMEMoid oid);
19:
20: //一些原子分配的巨集介面
21: // POBJ_NEW是pmemobj_alloc()函數的包裝器。接受指向類型為TYPE的類型化
   //TOID的指標,而且無須指定大小
22: POBJ_NEW(PMEMobjpool *pop, TOID *oidp, TYPE, pmemobj_constr constructor,
   void *arg)
23: // POBJ_ALLOC巨集等於POBJ_NEW,只是它不使用TOID的大小,而是指定大小
24: POBJ_ALLOC(PMEMobjpool *pop, TOID *oidp, TYPE, size_t size,
   pmemobj_constr constructor, void *arg)
25: // POBJ_ZNEW是pmemobj_zalloc函數的包裝器;POBJ_ZALLOC是pmemobj_zalloc
   //函數的包裝器;POBJ_REALLOC 是pmemobj_realloc函數的包裝器;
   //POBJ_ZREALLOC 是pmemobj_zrealloc的包裝器
26: POBJ_ZNEW(PMEMobjpool *pop, TOID *oidp, TYPE)
```

```
27：POBJ_ZALLOC(PMEMobjpool *pop, TOID *oidp, TYPE, size_t size)
28：POBJ_REALLOC(PMEMobjpool *pop, TOID *oidp, TYPE, size_t size)
29：POBJ_ZREALLOC(PMEMobjpool *pop, TOID *oidp, TYPE, size_t size)
30：// POBJ_FREE是pmemobj_free函數的包裝器，不接受指向PMEMoid的指標，接受
    // TOID指標
31：POBJ_FREE(TOID *oidp)
```

6. 持久記憶體事務階段介面

根據資料一致性和斷電一致性的要求，持久記憶體要具有 ACID
（Atomicity、Consistency、Isolation、Durability）的事務性。原子性
（Atomicity）是指一個交易處理不是成功，就是完全失敗，而不會出現
部分成功的情況。一致性（Consistency）是指持久記憶體池從一個一致
的狀態遷移到另一個一致的狀態，持久記憶體池中的資料不會因為一個
事務而被破壞。隔離性（Isolation）是指事務的執行看起來是串列的，
但實際上往往是多執行緒、多事務併發的情況，需要提供鎖機制以保證
各個事務不會相互衝突。持久性（Durability）是指一旦事務完成，此
時即使系統出錯，事務也不會受到影響。libpmemobj 為持久記憶體提供
了具有事務性的介面，透過使用 pmemobj_tx_* 函數族和 TX_* 的巨集
進行管理。

一個事務要經過一系列 pobj_tx_stage 枚舉的階段。持久記憶體事物的
生命週期如圖 4-9 所示，持久記憶體的事務總是從 pmemobj_tx_begin
打開一個事務，到 pmemobj_tx_end 結束一個事務。

如果事務失敗，事務必定會經過 TX_STAGE_ONABORT 和 TX_
STAGE_FINALLY，也可能經過 TX_STAGE_WORK，表示在執行事務
程式的過程中失敗或主動退出事務。

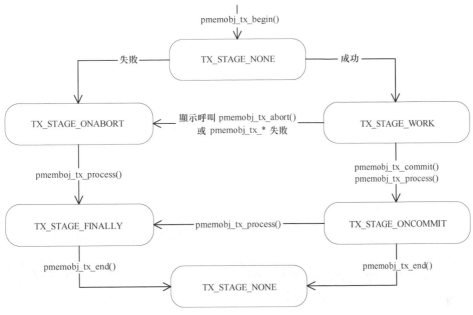

圖 4-9　持久記憶體事務的生命週期

而 一 個 成 功 的 事 務 會 經 過 TX_STAGE_WORK 和 TX_STAGE_
COMMIT。其中，TX_STAGE_WORK 主要執行事務中的程式，TX_
STAGE_COMMIT 主要提交事務，使事務真正持久化在記憶體中。可能
需要經過 TX_STAGE_FINALLY 來做一些必要的清理工作。如果不知
道當前處於哪個階段，可以使用 pmemobj_tx_process 函數代替其他函
數來向前移動事務。為了避免對整個過程進行微觀管理，libpmemobj 函
數庫提供了一組巨集，它們建構在這些函數之上，這些巨集極大地簡化
了事務的使用流程，事務管理流程如範例 4-16 所示。

範例 4-16 事務管理流程

```
1.  TX_BEGIN(pop) {
2.      /* 必選──事務性的程式，pop是持久記憶體池指標 */
3.  } TX_ONCOMMIT {
4.      /*
```

```
5.          * 可選——在上述事務性程式成功完成後執行
6.          */
7.  } TX_ONABORT {
8.          /*
9.          * 可選——在上述事務失敗或呼叫pmemobj_tx_abort時退出事務
10.         */
11. } TX_FINALLY {
12.         /*
13.         * 可選——在TX_ONCOMMIT或TX_ONABORT之後執行
14.         */
15. } TX_END /* 必選——清理當前的事務*/
```

持久記憶體事務階段介面用於管理上述事務流程，如範例 4-17 所示。

範例 4-17 持久記憶體事務階段介面

```
1.  //返回當前的事務處於什麼階段
2.  enum tx_stage pmemobj_tx_stage(void);
3.
4.  //pmemobj_tx_begin函數在當前執行緒中啟動一個新事務，如果在一個事務中被
    //呼叫，它將啟動巢狀結構事務，呼叫方可以使用env參數提供一個指標，指向在
    //事務中止時要還原的呼叫環境。呼叫方必須使用setjmp巨集提供此資訊
5.  int pmemobj_tx_begin(PMEMobjpool *pop, jmp_buf *env, enum pobj_tx_param,
    ...);
6.  //pmemobj_tx_lock函數獲取lock_type類型的鎖lockp並將其添加到當前事務中。
    //lock_type可以是互斥鎖tx_lock_mutex或讀寫鎖tx_lock_rwlock；lockp得到的
    //是pmemmutex或pmemrwlock類型。如果lock_type是tx_lock_rwlock，則獲取鎖進
    //行寫入。如果未成功獲取鎖，則函數返回錯誤號。此函數必須在TX_STAGE_WORK
    //中呼叫
7.  int pmemobj_tx_lock(enum tx_lock lock_type, void *lockp);
8.  //pmemobj_tx_abort退出當前的事務，並會導致當前的事務進入TX_STAGE_ONABORT
9.  void pmemobj_tx_abort(int errnum);
10. //pmemobj_tx_commit函數提交當前事務，並導致轉換到TX_STATE_COMMIT中，
```

```
    //如果在最外層事務的上下文中被呼叫,則所有更改都可能被視為在成功完成時
    //被持久化寫入
11. void pmemobj_tx_commit(void);
12. //pmemobj_tx_end函數清理當前事務,如釋放當前事務的所有鎖
13. int pmemobj_tx_end(void);
14. //pmemobj_tx_errno返回當前事務的錯誤程式
15. int pmemobj_tx_errno(void);
16. //pmemobj_tx_process函數執行與事務的當前階段相連結的操作,並轉換到下
    //一階段
17. void pmemobj_tx_process(void);
18.
19. //TX_BEGIN_PARAM 、TX_BEGIN_CB和TX_BEGIN巨集以與pmemobj_tx_begin()
    //相同的方式啟動新事務,只是它們不使用呼叫方提供的環境緩衝區,而是設定本
    //地jmp_buf緩衝區並使用它來捕捉事務中止
20. TX_BEGIN_PARAM(PMEMobjpool *pop, ...)
21. TX_BEGIN_CB(PMEMobjpool *pop, cb, arg, ...)
22. TX_BEGIN(PMEMobjpool *pop)
23. //TX_ONABORT巨集啟動一個程式區塊,只有在由pmemobj_tx_begin中的錯誤導致
    //啟動事務失敗,或者事務中止pmemobj_tx_abort呼叫時,才會執行該程式區塊,
    //此程式區塊是可選的
24. TX_ONABORT
25. //TX_COMMIT巨集啟動一個程式區塊,該程式區塊只有在事務成功提交時才會執
    //行,表示TX_BEGIN區塊中的程式執行沒有錯誤,此程式區塊是可選的
26. TX_ONCOMMIT
27. //TX_FINALLY巨集在TX_ONCOMMIT或TX_ONABORT之後啟動一個將執行的程式區塊,
    //此區塊是可選的
28. TX_FINALLY
29. //TX_END巨集清除並關閉由TX_BEGIN_PARAM 、TX_BEGIN_CB和TX_BEGIN巨集啟動
    //的事務。必須使用此巨集中止每個事務。如果事務中止,則設定errno
30. TX_END
```

7. 持久記憶體事務快照介面

持久記憶體的事務性主要考慮 3 種不同的事務操作：持久記憶體分配、持久記憶體釋放和持久記憶體資料修改，這 3 種事務操作是由統一日誌實現的，包括記錄事務的撤銷日誌（undo log）和重做日誌（redo log）。

每個撤銷記錄檔項目都是記憶體中某些位置的快照，允許在創建記錄檔項目後就地進行修改。事務完成後，將丟棄記錄檔項目，完成修改。當事務中斷或失敗時，如在系統斷電或當機的情況下，資料可能只發生局部改動，在恢復事務的時候將從撤銷日誌中恢復資料，從而保證資料的一致性。

舉例說明，在銀行存款機上轉入一筆款項，假定初始的銀行帳戶餘額為 100 元，需要轉入 100 元，流程如下。

① 需要將初始的 100 元存入撤銷日誌中。

② 開始轉入 100 元。

③ 如果轉入過程順利，帳戶餘額會變成 200 元，同時將撤銷日誌中的項刪除，事務完成。

④ 如果在轉入或更新餘額的過程中遇到斷電或當機情況，此時也許寫入了局部資料，帳戶的金額可能已經被改寫為 120 元，整個事務失敗。

⑤ 在資料恢復時，一旦系統中存在撤銷日誌，系統將從撤銷日誌中恢復原有的金額 100 元，表示上次轉帳事務沒有成功。

由於每次的事務操作都需要對一些需要修改的資料做快照，所以對性能會有影響，但是如果把一系列的操作作為一個事務來處理，如將一天之內的所有的存款轉入操作看作一個事務，即使在一天內轉入 100 筆金額，也只需要在撤銷日誌中保存初始金額 100 元，而不需要對每一筆轉入都保存之前的金額。

libpmemobj 提供了要修改的持久記憶體資料快照介面，如範例 4-18 所示。

範例 4-18 持久記憶體資料快照介面

1. //pmemobj_tx_add_range獲取給定大小的區塊的快照，該區塊位於由oid指定的物
    //件中的給定偏移處，並將其保存到撤銷日誌中。然後，應用程式可以自由地修改
    //該記憶體範圍內的物件。如果失敗或中止，此範圍內的所有更改都將導回。提供
    //的區塊必須在事務中註冊的池中。此函數必須由TX_STAGE_WORK呼叫

2. int pmemobj_tx_add_range(PMEMoid oid, uint64_t off, size_t size);

3. //pmemobj_tx_add_range_direct的行為與pmemobj_tx_add_range相同，只是它在
    //虛擬記憶體地址上操作，而非在持久記憶體物件上操作

4. int pmemobj_tx_add_range_direct(const void *ptr, size_t size);

5. // pmemobj_tx_xadd_range和pmemobj_tx_add_range行為在flag=0時是一致的

6. int pmemobj_tx_xadd_range(PMEMoid oid, uint64_t off, size_t size,
    uint64_t flags);

7. int pmemobj_tx_xadd_range_direct(const void *ptr, size_t size,
    uint64_t flags);

8.

9. //TX_ADD巨集獲取物件控制碼o引用的整個物件的快照，並將其保存在撤銷日誌
    //中，物件大小由其類型決定。然後應用程式可以直接修改物件。如果失敗或中
    //止，物件中的所有更改都將導回

10. TX_ADD(TOID o)

11. //TX_ADD_FIELD巨集在撤銷日誌中保存控制碼o引用的物件的給定欄位的當前值。
    //然後，應用程式可以直接修改指定的欄位。如果出現故障或中止，將恢復撤銷日
    //誌中保存的值

12. TX_ADD_FIELD(TOID o, FIELD)

13. //和上述TX_ADD、TX_ADD_FIELD的巨集的基本功能一致，只是它是在物件的虛擬位
    //址上進行操作的

14. TX_ADD_DIRECT(TYPE *p)

15. TX_ADD_FIELD_DIRECT(TYPE *p, FIELD)

16.

17. //在上述巨集的基礎上增加了flag，其中，flag的意義和pmemobj_tx_xadd一樣

```
18. TX_XADD(TOID o, uint64_t flags)
19. TX_XADD_FIELD(TOID o, FIELD, uint64_t flags)
20. TX_XADD_DIRECT(TYPE *p, uint64_t flags)
21. TX_XADD_FIELD_DIRECT(TYPE *p, FIELD, uint64_t flags)
22.
23. //TX_SET巨集將控制碼o引用的物件的給定欄位的當前值保存在撤銷日誌中，然後
    //設定新值。如果出現故障或中止，將恢復保存的值
24. TX_SET(TOID o, FIELD, VALUE)
25. //TX_SET_DIRECT巨集在撤銷日誌中保存直接指標p引用的物件的給定欄位的當前
    //值，然後設定其新值。如果出現故障或中止，將恢復保存的值
26. TX_SET_DIRECT(TYPE *p, FIELD, VALUE)
27. // TX_MEMCPY巨集在撤銷日誌中保存dest的當前內容，然後用src制的資料覆蓋其
    //記憶體區域的num字節。如果出現故障或中止，將恢復保存的值
28. TX_MEMCPY(void *dest, const void *src, size_t num)
29. // TX_MEMSET巨集將dest緩衝區的當前內容保存在撤銷日誌中，然後用常數位元組
    //c填充其記憶體區域的num位元組。如果失敗或中止，將恢復保存的值
30. TX_MEMSET(void *dest, int c, size_t num)
```

8. 持久記憶體事務分配 / 釋放介面

在事務中分配或釋放持久記憶體時，分配的空間可以寫入資料，但是記憶體分配或釋放的中繼資料需要保存在重做日誌中而不能立刻持久地寫入。否則一旦事務失敗，分配的記憶體區域會因不能導回而造成持久記憶體洩露，釋放的記憶體物件也不能導回，造成恢復資料後操作物件失敗。

事務的提交會讀取重做日誌中的資訊，將分配或釋放的持久記憶體中繼資料持久地寫入。這樣在事務提交之前的任何失敗操作，都會因為持久記憶體的中繼資料沒有真正寫入而導回到事務開始之前的狀態，所以不會在持久記憶體中存在不一致的資料。

如範例 4-19 所示，持久記憶體事務分配介面與非事務性的原子分配
函數幾乎是一致的，只是意義不同。舉例來說，pmemobj_tx_alloc 函
數以事務的方式分配給定大小和 type_num 的新物件。與非事務性的
pmemobj_alloc 分配不同，物件僅在事務提交後添加到 type_num 的內建
物件容器中，使物件能夠對 POBJ_FOREACH 巨集可見，此函數必須在
TX_WORK_STAGE 中呼叫。

```
範例 4-19 持久記憶體事務分配介面
1.  PMEMoid pmemobj_tx_alloc(size_t size, uint64_t type_num);
2.  PMEMoid pmemobj_tx_zalloc(size_t size, uint64_t type_num);
3.  PMEMoid pmemobj_tx_xalloc(size_t size, uint64_t type_num, uint64_t flags);
4.  PMEMoid pmemobj_tx_realloc(PMEMoid oid, size_t size, uint64_t type_num);
5.  PMEMoid pmemobj_tx_zrealloc(PMEMoid oid, size_t size, uint64_t type_num);
6.  PMEMoid pmemobj_tx_strdup(const char *s, uint64_t type_num);
7.  PMEMoid pmemobj_tx_wcsdup(const wchar_t *s, uint64_t type_num);
8.  int pmemobj_tx_free(PMEMoid oid);
9.
10. TX_NEW(TYPE)
11. TX_ALLOC(TYPE, size_t size)
12. TX_ZNEW(TYPE)
13. TX_ZALLOC(TYPE, size_t size)
14. TX_XALLOC(TYPE, size_t size, uint64_t flags)
15. TX_REALLOC(TOID o, size_t size)
16. TX_ZREALLOC(TOID o, size_t size)
17. TX_STRDUP(const char *s, uint64_t type_num)
18. TX_WCSDUP(const wchar_t *s, uint64_t type_num)
19. TX_FREE(TOID o)
```

9. 持久記憶體事務複習範例

持久記憶體的事務管理有些複雜，其涉及的介面許多，所以這裡將持久
記憶體事務用一個簡單的範例來進行複習，如範例 4-20 所示。

範例 4-20 libpmemobj 的持久記憶體事務複習

```
1.  //事務都是從TX_BEGIN 到TX_END的,雖然中間也有其他的階段,但那些都是可選
    //擇的。為了減少複雜性,這裡不會詳細介紹各個階段。在TX_BEGIN中出現的參數
    //pool是記憶體池物件。"TX_PARAM_MUTEX, &root->lock"是鎖,用來保證事務的
    //隔離性
2.  TX_BEGIN_PARAM(pool, TX_PARAM_MUTEX, &root->lock, TX_PARAM_NONE) {
3.  //記錄資料root的快照,快照即事務在撤銷日誌中的一些記錄。此後在事務中可以
    //隨意修改root,如果事務失敗,重新啟動之後從撤銷日誌中仍然恢復事務操作之
    //前的root物件中的值,保證資料的一致性和原子性
4.    pmemobj_tx_add_range_direct(root, sizeof(*root));
5.  //事務記憶體分配,分配記憶體的中繼資料不能立刻持久化,否則一旦事務失敗,
    //這塊記憶體區域將遺失,從而造成持久記憶體洩露的問題。那就需要將一些資訊
    //保存到重做日誌中,一旦事務完成,記憶體分配會讀取重做日誌中的資訊,將分
    //配的中繼資料真正持久化
6.      root->objA = pmemobj_tx_alloc(sizeof(struct objectA), type_num);
7.  //事務記憶體釋放,釋放記憶體需要更改的中繼資料不能立刻從持久記憶體中刪除
    //或更改,否則一旦因為斷電或當機引起事務失敗,這塊記憶體區域已經釋放,但
    //是物件objB仍然因為撤銷日誌而恢復到原先的值,那麼再訪問這個物件的時候,
    //就會出現由存取已釋放的物件而導致的程式崩潰的情況。所以,事務記憶體的釋
    //放同樣需要重做日誌的支援
8.      pmemobj_tx_free(root->objB);
9.  //root->objB物件在記憶體池pool中釋放,將物件給予值為OID_NULL。
    //事務中的記憶體操作無須呼叫持久化操作
10.     root->objB = OID_NULL;
11. } TX_END
```

10. 持久記憶體 action 介面

上面討論事務性介面是將持久記憶體分配和初始化合並為單一原子操作。使得在兩者之間長時間停頓的工作負載很難處理。

action 介面又稱 reserve & publish 介面,允許應用程式首先在 volatile 狀態下保留(reserve)持久記憶體,以這種方式分配的物件在更新操作後

必須手動持久化。然後在一系列操作後，發佈（publish）這些操作，發佈是原子性的。如果程式退出時不發佈操作，或者操作被取消，則這些操作保留的任何資源都將被釋放回記憶體池中。

可以假設持久記憶體是一塊土地，土地管理所管理所有土地的中繼資料。一塊土地可以預先分配用來種植農作物或進行其他操作（reserve），但是這塊土地並沒有在土地管理所註冊。當需要確認這塊土地的所有權屬時，土地管理中心將這塊土地註冊在案（publish）後，就可以在整個土地管理系統中找到這塊土地。

範例 4-21 所示為持久記憶體 action 介面。

範例 4-21 持久記憶體 action 介面

```
1.  // pmemobj_reserve函數執行物件的臨時保留。此函數返回的物件可以自由修改，
    //而無須擔心在物件發布之前的故障安全原子性。物件的任何修改都必須手動持久
    //化，就像原子分配介面一樣。在創建操作時，act參數必須不可為空並指向
    //struct pobj_action，該結構將由函數填充，在發佈之前不得修改或釋放
2.  PMEMoid pmemobj_reserve(PMEMobjpool *pop, struct pobj_action *act,
    size_t size, uint64_t type_num);
3.  // pmemobj_xreserve和pmemobj_reserve的定義幾乎一樣，只是多了一個標示位，
    //標示位的意義請參考libpmemobj手冊
4.  PMEMoid pmemobj_xreserve(PMEMobjpool *pop, struct pobj_action *act,
    size_t size, uint64_t type_num, uint64_t flags);
5.  //pmemobj_defer_free函數創建一個延遲時間的釋放記憶體操作，表示在發佈操
    //作時將釋放提供的物件
6.  void pmemobj_defer_free(PMEMobjpool *pop, PMEMoid oid,
    struct pobj_action *act);
7.  //pmemobj_set_value函數準備一個action，一旦發佈，將把ptr指向的記憶體位置
    //修改為value
8.  void pmemobj_set_value(PMEMobjpool *pop, struct pobj_action *act,
    uint64_t *ptr, uint64_t value);
9.  //pmemobj_publish函數發佈提供的action集，該發佈是故障安全原子的，一旦完
```

```
     //成，持久狀態將反映操作中包含的更改
10.  int pmemobj_publish(PMEMobjpool *pop, struct pobj_action *actv, size_t
     actvcnt);
11.  //pmemobj_tx_publish函數將提供的操作移動到呼叫它的事務的範圍中。事務發
     //佈僅支持對象保留。
     //一旦完成，保留物件將遵循正常的事務語義，只能在TX_STAGE_WORK時呼叫
12.  int pmemobj_tx_publish(struct pobj_action *actv, size_t actvcnt);
13.  //pmemobj_cancel函數釋放所提供的操作及所擁有的所有資源，並使所有操作無效
14.  void pmemobj_cancel(PMEMobjpool *pop, struct pobj_action *actv，size_t
     actvcnt);
15.
16.  //POBJ_RESERVE_NEW巨集是pmemobj_reserve的類型化變形。預訂的大小由提供
     //的類型t決定
17.  POBJ_RESERVE_NEW(pop, t, act)
18.  //POBJ_RESERVE_ALLOC巨集是pmemobj_reserve的類型化變形。預訂的大小由使用
     //者提供
19.  POBJ_RESERVE_ALLOC(pop, t, size, act)
20.  //POBJ_XRESERVE_NEW和POBJ_XRESERVE_ALLOC巨集等效於pobj_reserve_new和
     //pobj_reserve_alloc，但具有為pmemobj_xreserve定義的附加標示參數
21.  POBJ_XRESERVE_NEW(pop, t, act, flags)
22.  POBJ_XRESERVE_ALLOC(pop, t, size, act, flags)
```

action 介面的使用範例如範例 4-22 所示。

範例 4-22 action 介面的使用範例

```
1.  //透過POBJ_ROOT獲得根節點，pop是持久記憶體池
2.  TOID(struct my_root) root = POBJ_ROOT(pop);
3.  //定義一個action的陣列
4.  struct pobj_action action[10];
5.  // POBJ_RESERVE是一塊struct rectangle大小的持久記憶體，返回有類型的rect
    //物件中，它的行為和pmemobj_alloc類似，但是它不保存任何持久化的中繼資
    //料。此時該物件可以隨意修改，而不需要考慮斷電安全的問題。直到呼叫
```

```
    //pmemobj_tx_publish時，持久化的中繼資料才會在事務完成時寫入持久記憶體
6.  TOID(struct rectangle) rect = POBJ_RESERVE(pool, struct rectangle,
    &action[0]);
7.  //將註冊的持久記憶體修改，並利用函數pmemobj_persist將修改保存到持久記憶
    //體中
8.  D_RW(rect)->x = 5;
9.  D_RW(rect)->y = 10;
10. pmemobj_persist(pop, D_RW(rect), sizeof(struct rectangle));
11.
12. //可以將一些action取消，這些空間就像沒有註冊過一樣
13. /*pmemobj_cancel(pop, action，1);*/
14.
15. //利用pmemobj_tx_publish將持久化的中繼資料寫入持久記憶體，此時持久記憶體
    //的rect物件在事務提交後才可以真正被保存在持久記憶體池中
16. TX_BEGIN(pop) {
17.    pmemobj_tx_publish(action, 1);
18.    TX_ADD(root);
19.    D_RW(root)->rect = rect;
20. } TX_END
```

11.持久記憶體物件疊代介面

前文提及的 pmemobj_alloc 或 pmemobj_tx_alloc 函數分配給定大小和 type_num 的新物件。物件持久化後添加到給定 type_num 的內建物件容器中，使物件對 POBJ_FOREACH 巨集可見。libpmemobj 為容器操作提供了一種機制，允許透過內建物件集合進行疊代，可以尋找特定物件，也可以對給定類型的每個物件執行特定操作，但是軟體不可以對內建物件容器中的物件的順序進行任何假設。

持久記憶體物件疊代介面如範例 4-23 所示。

範例 4-23 持久記憶體物件疊代介面

```
1.  //pmemobj_first函數返回記憶體池pop中的第一個物件
2.  PMEMoid pmemobj_first(PMEMobjpool *pop);
3.  // pmemobj_next函數返回記憶體池中的下一個物件
4.  PMEMoid pmemobj_next(PMEMoid oid);
5.
6.  // POBJ_FIRST巨集從記憶體池中返回第一個類型是type的物件
7.  POBJ_FIRST(PMEMobjpool *pop, TYPE)
8.  // POBJ_FIRST_TYPE_NUM巨集從記憶體池中返回第一個類型號是type_num的物件
9.  POBJ_FIRST_TYPE_NUM(PMEMobjpool *pop, uint64_t type_num)
10. // POBJ_NEXT巨集返回與oid引用的物件類型相同的下一個物件
11. POBJ_NEXT(TOID oid)
12. // POBJ_NEXT_TYPE_NUM巨集返回與oid引用的物件具有相同類型號的下一個物件
13. POBJ_NEXT_TYPE_NUM(PMEMoid oid)
14.
15. //4個巨集提供了一種更方便的方式來遍歷內部集合,對每個物件執行特定的操
    //作。POBJ_FOREACH巨集對持久記憶體池pop中儲存的每個已分配物件執行特定操
    //作。它遍歷所有物件的內部集合,依次為varoid的每個元素分配一個控制碼
16. POBJ_FOREACH(PMEMobjpool *pop, PMEMoid varoid)
17. // POBJ_FOREACH_TYPE巨集對持久記憶體池pop中儲存的與var類型相同的每個已
    //分配物件執行特定操作。它遍歷指定類型的所有物件的內部集合,依次為var的
    //每個元素分配一個控制碼
18. POBJ_FOREACH_SAFE(PMEMobjpool *pop, PMEMoid varoid, PMEMoid nvaroid)
19. //POBJ_FOREACH_SAFE和POBJ_FOREACH_SAFE_TYPE巨集的工作方式與POBJ_FOREACH
    //和POBJ_FOREACH_TYPE巨集類似,只是在對物件執行操作之前,它們透過分別將
    //下一個物件分配給nvaroid或nvar的方式來保留該集合中的下一個物件的控制
    //碼,允許在遍歷集合時安全刪除選定的物件
20. POBJ_FOREACH_TYPE(PMEMobjpool *pop, TOID var)
21. POBJ_FOREACH_SAFE_TYPE(PMEMobjpool *pop, TOID var, TOID nvar)
```

12.libpmemobj 將一個佇列持久化

上述的 libpmemobj 介面可以用來將一個先進先出的佇列寫入持久記憶體，以保證資料的持久化、一致性和可恢復性。傳統的應用將佇列持久化，往往透過日誌的方式將所有的操作寫入記憶體裝置或將記憶體的快照寫到硬碟裝置中，但是應用需要考慮資料的一致性。

如圖 4-10 所示，該佇列包含一個管理節點，該節點包含 head 和 tail 兩個變數，用來指向整個佇列的頭和尾。如果佇列為空，那麼佇列的頭和尾都指向空；如果佇列只有一個節點，那麼佇列的頭和尾指向同一個節點。每個節點都包含具體的值，這裡的值可以是字串或其他的資料結構，每個節點還包含指向下一個節點的指標 next。對這個佇列的主要操作包括入列、出列和顯示。入列是指將新節點插入佇列的尾部，出列是指將佇列的頭節點從佇列中彈出，顯示是遍歷佇列的所有節點並輸出所有節點的值資訊。

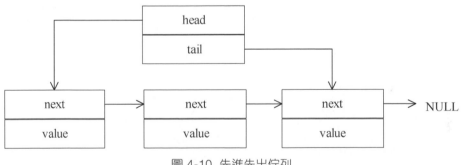

圖 4-10　先進先出佇列

使用 libpmemobj 將圖 4-10 所示的先進先出佇列寫入持久記憶體中，如範例 4-24 所示。

範例 4-24 使用 libpmemobj 實現持久化佇列

```
1.  #include <libpmemobj.h>
2.  #include <cstdio>
3.  #include <cstdlib>
4.  #include <iostream>
5.  #include <unistd.h>
6.  #include <sys/stat.h>
7.
8.  #define CREATE_MODE_RW (S_IWRITE | S_IREAD)
9.  //持久化佇列的layout，其中，根節點是struct queue，節點是struct queue_node
10. POBJ_LAYOUT_BEGIN(pmem_que);
11. POBJ_LAYOUT_ROOT(pmem_que, struct queue);
12. POBJ_LAYOUT_TOID(pmem_que, struct queue_node);
13. POBJ_LAYOUT_END(pmem_que);
14. //檢查檔案是否存在
15. static inL int  file_exists(char const *file)  {
16.         return access(file, F_OK);
17. }
18.
19. //定義了持久記憶體的佇列操作，主要包含3個主要的操作：插入新的節點、刪除
    //一個節點和顯示佇列中所有節點的資料
20. typedef enum que_op{
21.   ENQUE,
22.   DEQUE,
23.   SHOW,
24.   MAX_OPS,
25. }que_op_e;
26.
27. //定義struct queue_node，每一個queue_node中包含一個int類型的資料和一個指
    //向下一個節點的指標next
28. struct queue_node {
29.   int value;
30.   TOID(struct queue_node)  next;
31. };
```

```
32.
33.    //定義了根節點struct queue，根節點中包含整個queue的頭節點指標head和尾節
       //點指標tail
34.    struct queue {
35.      TOID(struct queue_node) head;
36.      TOID(struct queue_node) tail;
37.    };
38.
39.    //將使用者輸入的指令引數字字串轉換成操作枚舉變數，方便枚舉操作
40.    const char * ops_str[MAX_OPS]={"enque","deque","show"};
41.    que_op_e parse_que_ops(char * ops)
42.    {
43.      int i;
44.      for(i=0;i<MAX_OPS;i++)
45.      {
46.        if(strcmp(ops_str[i],ops)==0) {
47.            return (que_op_e)i;
48.        }
49.      }
50.      return MAX_OPS;
51.    }
52.
53.    //定義了持久記憶體中的全域根變數
54.    TOID(struct queue) pmem_queue;
55.
56.    //定義了持久化佇列的插入操作，插入操作是事務操作，如果插入成功，則事務完
       //成佇列更新；如果插入中途失敗或遇到斷電的情況，則事務中斷，在重新啟動之
       //後會恢復進行插入操作前的佇列。使用TX_BEGIN和TX_END表示在此之間的所有操
       //作都是事務操作
57.    void queue_enque(PMEMobjpool *pop, int value)
58.    {
59.      TX_BEGIN(pop) {
60.        TOID(struct queue_node) head=D_RW(pmem_queue)->head;
61.        //使用TX_ADD將根節點的內容做一個快照，並保存在持久化的撤銷日誌中
62.        TX_ADD(pmem_queue);
```

```
63. //使用TX_NEW事務分配一個節點的空間，並建構新的節點，事務性的記憶體分配在
    //事務中，不會直接將分配空間的中繼資料保存到持久記憶體中，而是將對中繼資
    //料的操作保存到重做日誌中
64.    TOID(struct queue_node) newnode= TX_NEW(struct queue_node);
65.    D_RW(newnode)->value=value;
66.    D_RW(newnode)->next=TOID_NULL(struct queue_node);
67.
68.   if(TOID_IS_NULL(head)) {
69.       //如果持久化佇列中沒有任何節點，那麼根節點的頭指標和尾指標都指向
          //新的節點
70.       D_RW(pmem_queue)->head=newnode;
71.       D_RW(pmem_queue)->tail=newnode;
72.    }
73.    else
74.    {
75.       //如果持久化佇列中有節點，那麼將新的節點插入佇列的尾部
76.       D_RW(tail)->next=newnode;
77.       D_RW(pmem_queue)->tail=newnode;
78.    }
79.   }TX_END
80. }
81.
82. //定義持久化佇列的出列操作，出列操作是將佇列頭部的節點彈出刪除，輸出佇列
    //頭節點的值。出列操作
    //是事務操作，使用TX_BEGIN和TX_END來表示中間的所有操作是事務操作
83. int queue_deque(PMEMobjpool *pop, int * value)
84. {
85.   TX_BEGIN(pop) {
86.     TOID(struct queue_node) head=D_RW(pmem_queue)->head;
87.     TOID(struct queue_node) tail=D_RW(pmem_queue)->tail;
88.     //使用TX_ADD將根節點的內容做一個快照，並保存在持久化的撤銷日誌中
89.     TX_ADD(pmem_queue);
90.
91.     if(TOID_IS_NULL(head)) {
92.       //如果持久化佇列的頭為空，那麼彈出操作失敗，事務中斷
```

```
93.    return -1;
94.   }
95.   else
96.   {
97.     //如果持久化佇列的頭存在,則輸出頭節點的值
98.     *value=D_RO(head)->value;
99.     //將根節點的頭指標更新到頭節點的下一個節點
100.    D_RW(pmem_queue)->head=D_RO(head)->next;
101.      //如果原來的佇列中只有一個節點,此時要更新根節點的尾指標
102.    if(TOID_EQUALS(head,tail))
103.        D_RW(pmem_queue)->tail=D_RO(tail)->next;
104. //將彈出的頭節點空間透過TX_FREE釋放,TX_FREE是事務的記憶體釋放操作,
     //TX_FREE將對中繼資料的操作保存到重做日誌中
105.    TX_FREE(head);
106.     }
107.   }TX_END
108.   return 0;
109. }
110.
111. //遍歷持久化佇列中的所有節點,獲得所有節點的值。由於所有的操作都是讀
     //取操作,所以顯示持久化佇列不是事務操作
112. int queue_show()
113. {
114.   TOID(struct queue_node) head=D_RO(pmem_queue)->head;
115.   if(TOID_IS_NULL(head)) return -1;
116.
117.   while(!TOID_IS_NULL(head))   {
118.     std::cout<<D_RO(head)->value<<std::endl;
119.     head=D_RO(head)->next;
120.   }
121.   return 0;
122. }
123.
124. //判別持久化佇列的參數和使用方式
125. int main(int argc, char * argv[])
```

```
126.    {
127.      if(argc<3) {
128.        std::cerr << "usage:" << argv[0] << "file-name [enque
          [value]|deque|show]" << std::endl;
129.        exit(0);
130.      }
131.      const char * path=argv[1];
132.    //持久記憶體池可能因SDS feature出現創建失敗的情況，可以透過以下兩行
       //程式將SDS feature關閉
133.      int sds_write_value = 0;
134.      pmemobj_ctl_set(NULL, "sds.at_create", &sds_write_value);
135.
136.    //持久記憶體池的管理。如果持久記憶體檔案已經存在，使用pmemobj_open，
       //否則使用pmemobj_create來獲得持久記憶體池
137.      PMEMobjpool *pop;
138.      if (file_exists(path) != 0) {
139.        pop=pmemobj_create(path，POBJ_LAYOUT_NAME(pmem_que)，
          PMEMOBJ_MIN_POOL，CREATE_MODE_RW);
140.      } else {
141.        pop=pmemobj_open(path，POBJ_LAYOUT_NAME(pmem_que));
142.      }
143.
144.    //獲得持久化佇列的根節點
145.    pmem_queue= POBJ_ROOT(pop, struct queue);
146.
147.    //解析使用者輸入的命令，對持久化佇列進行入列、出列和顯示操作
148.      que_op_e ops=parse_que_ops(argv[2]);
149.      switch(ops) {
150.        case ENQUE:
151.          queue_enque(pop，atoi(argv[3]));
152.          break;
153.        case DEQUE:
154.          int val;
155.          if(queue_deque(pop, &val)!=-1)
156.            {
```

```
157.        std::cout<<"deque:"<<val<<std::endl;
158.      }
159.      break;
160.    case SHOW:
161.      queue_show();
162.      break;
163.    case MAX_OPS:
164.      std::cerr << "unknown ops"<<std::endl;
165.      break;
166.    }
167.
168.    //關閉持久記憶體池
169.    pmemobj_close(pop);
170.  }
```

編譯執行上述範例，操作過的佇列始終保存在持久記憶體中，即使中途
斷電也不會出現任何資料一致性的問題（為了讓程式簡單，上述範例使
用的是一個整數值），而且通電之後會恢復到最近的一致性的狀態。

4.4.4 libpmemblk 和 libpmemlog 函數庫

libpmemblk 實現了一個持久記憶體常駐的區塊陣列，所有區塊都是大小
相同的，其中，每個區塊是根據電源故障或程式中斷進行原子更新的。

libpmemlog 用於持久化記錄 log 檔案，採用 append 的方法記錄。

4.4.5 libpmemobj-cpp 函數庫

libpmemobj 的目標是在不修改編譯器的情況下，實現持久記憶體程式設
計模型的全部功能。它不是特別完善，也不容易使用。下一步是利用高
階語言的特性來創建一個更友善、更不易出錯的介面。libpmemobj-cpp
的整體目標是將修改集中到資料結構上，而非程式上。

libpmemobj-cpp 需要 C++11 相容編譯器，因此，GCC 和 Clang 的最低版本分別為 4.8 和 3.3。pmem::obj::transaction::automatic 需要的版本為 C++17，所以需要一個更新的版本，即 GCC 61 或 CLAN 3.7。

libpmemobj-cpp 是 libpmemobj 的 C++ 語 言 支 援，其 主 要 概 念 和 libpmemobj 完全一致，但是在使用方式上，libpmemobj-cpp 符合 C++ 的語法要求，使用起來比 libpmemobj 方便很多，可以透過原始程式碼編譯安裝 libpmemobj-cpp。

由 於 libpmemobj-cpp 是 基 於 libpmemobj 開 發 的，其 很 多 的 概 念 和 libpmemobj 相似，這裡將以清單的方式描述 libpmemobj-cpp 的介面，如表 4-1 所示，libpmemobj 包括了事務分配、原子分配、駐留持久記憶體屬性、持久化直接智慧指標、持久記憶體事務管理、持久記憶體鎖及持久記憶體池等。

表 4-1 libpmemobj-cpp 的介面

介面類型	介面
事務分配	#include <libpmemobj++/persistent_ptr.hpp> peristent_ptr<T> pmem::obj::make_persistent<T>(Args &&... args) void pmem::obj::delete_persistent<T>(peristent_ptr<T> &ptr)
事務陣列分配	#include <libpmemobj++/make_persistent_array.hpp> peristent_ptr<T[]> pmem::obj::make_persistent<T[]>(Args &&... args) void pmem::obj::delete_persistent <T[]>(peristent_ptr<T[]> &ptr)
原子分配	#include <libpmemobj++/make_persistent_atomic.hpp> peristent_ptr<T> pmem::obj::make_persistent_atomic<T>(Args &&... args) void pmem::obj::delete_persistent_atomic<T>(peristent_ptr<T> &ptr)
原子陣列分配	#include <libpmemobj++/make_persistent_array_atomic.hpp> peristent_ptr<T[]> pmem::obj::make_persistent_atomic<T[]>(Args &&... args) void pmem::obj::delete_persistent_atomic<T[]>(peristent_ptr<T[]> &ptr)

介面類型	介面
駐留持久記憶體屬性	#include <libpmemobj++/p.hpp> template<typename T> class pmem::obj::p< T >
持久化直接智慧指標	#include <libpmemobj++/persistent_ptr.hpp> peristent_ptr<T> pool<T>::root()
持久記憶體事務流程	#include <libpmemobj++/transaction.hpp> void transaction::run(pool_base& pool, std::function<void()> tx, ...)
持久記憶體鎖	#include <libpmemobj++/mutex.hpp> class pmem::obj::mutex #include <libpmemobj++/shared_mutex.hpp> Class pmem::obj:: shared_mutex
持久記憶體池	#include <libpmemobj++/pool.hpp> pool<T> pool<T>::open(const std::string &path, const std::string &layout)

1. libpmemobj-cpp 介面

如果已經正確安裝了 libpmemobj-cpp 函數庫，那麼標頭檔會預設安裝在程式可以正確找到路徑的位置。當正確引用了 Libpmemobj-cpp 的一系列標頭檔和 libpmemobj-cpp 的函數庫之後，就可以使用 libpmemobj-cpp 的介面了。

根據表 4-1 可知，libpmemobj 包括多個介面，這裡透過一個範例來使用這些介面，如範例 4-25 所示。

範例 4-25 libpmemobj-cpp 介面的使用

```
1.  #include <fcntl.h>
2.  //libpmemobj-cpp的相關標頭檔
3.  #include <libpmemobj++/make_persistent.hpp>
4.  #include <libpmemobj++/make_persistent_array.hpp>
5.  #include <libpmemobj++/make_persistent_atomic.hpp>
6.  #include <libpmemobj++/make_persistent_array_atomic.hpp>
```

```
7.  #include <libpmemobj++/mutex.hpp>
8.  #include <libpmemobj++/persistent_ptr.hpp>
9.  #include <libpmemobj++/p.hpp>
10. #include <libpmemobj++/pext.hpp>
11. #include <libpmemobj++/pool.hpp>
12. #include <libpmemobj++/shared_mutex.hpp>
13. #include <libpmemobj++/transaction.hpp>
14.
15. //使用namespacepmem::obj
16. using namespace pmem::obj;
17. void  libpmemobjcpp_example()
18. {
19. //定義compound_type資料結構，其中包含一個p<int>的變數some_variable、
    //一個p<double>的變數some_other_variable、一個預設的建構元數及
    //set_some_variable成員函數。所有帶p<T>的變數都會被儲存到持久記憶體中
20.     struct compound_type {
21.         compound_type() : some_variable(0), some_other_variable(0)
22.         {
23.         }
24.         void  set_some_variable(int val)
25.         {
26.             some_variable = val;
27.         }
28.         p<int> some_variable;
29.         p<double> some_other_variable;
30.     };
31.
32. //在記憶體池根物件資料結構中包含兩個p<int>的陣列（some_arry 和
    //some_other_array）、一個p<double>的變數（some_variable）、兩個駐留持久
    //記憶體的鎖（pmutex和shared_pmutex），以及持久化直接智慧指標
    // （comp_array和comp）
33.     struct root {
34.         mutex pmutex;
35.         shared_mutex shared_pmutex;
36.         p<int> some_array[42];
```

```
37.        p<int> some_other_array[42];
38.        p<double> some_variable;
39.        persistent_ptr<compound_type[]> comp_array; //array
40.        persistent_ptr<compound_type> comp; //
41.    };
42.
```

43. //持久記憶體池管理。pool<root>::create創建一個根物件資料結構是root的記憶
//體池，返回一個記憶體池物件控制碼pop

```
44.   auto pop = pool<root>::create("poolfile", "layout", PMEMOBJ_MIN_POOL);
45.
```

46.   // pool<root>::open打開一個已存在的記憶體池，返回記憶體池控制碼pop。
//如果記憶體池不存在，則返回NULL

```
47.    // pop = pool<root>::open("poolfile", "layout")
48.    //透過pop.root()獲得記憶體池根物件自動指標root_obj
49.    auto root_obj = pop.root();
50.
```

51. //持久化基本操作介面

52. //直接修改根物件中的成員some_variable，這個變數在持久記憶體中，為了保證
//資料更新到持久記憶體介質中，需要呼叫pop.persist基本操作介面將資料持
//久化

```
53.    root_obj->some_variable = 3.2;
54.    pop.persist(root_obj->some_variable);
55.
```

56. //呼叫基本操作介面pop.memset_persist將根物件中的some_array初始化

```
57.    pop.memset_persist(root_obj->some_array, 2, sizeof(root_obj->
          some_array));
```

58. //呼叫基本操作介面pop.memcpy_persist將根物件中的some_array複製到
//some_other_array中

```
59.    pop.memcpy_persist(root_obj->some_other_array,root_obj->some_array,
          size of(root_obj->some_array));
60.
```

61. //make_persistent_atomic原子分配root_obj->comp，呼叫過程會呼叫
//compound_type的構造函數並使用參數來初始化compound_type的成員變數

```
62.   make_persistent_atomic<compound_type>(pop, root_obj->comp, 1, 2.0);
```

63. // delete_persistent原子釋放root_obj->comp的空間並呼叫compound_type的

```
     //析構函數
64.    delete_persistent<compound_type>(root_obj->comp);
65.
66. //使用make_persistent_atomic<compound_type[]>去分配root_obj->comp_array
     //陣列，其中，陣列的大小可以由函數的參數指定
67.    make_persistent_atomic<compound_type[]>(pop, root_obj->comp_array, 20);
68. //定義一個大小為42KB的compound_type陣列變數arr
69.    persistent_ptr<compound_type[42]> arr;
70. //給陣列變數arr分配持久記憶體，使用make_persistent_atomic<compound_
     //type[42]>，無須在參數中指定大小。陣列的分配使用預設的建構元數，不能從
     //參數中指定初始化值
71.    make_persistent_atomic<compound_type[42]>(pop, arr);
72. //釋放陣列變數root->comp_array及arr的記憶體空間
73.    delete_persistent_atomic<compound_type[]>(root_obj->comp_array, 20);
74.    delete_persistent_atomic<compound_type[42]>(arr);
75.
76. //持久記憶體典型的交易處理流程
77. try {
78. //transaction::run是一個類似閉包的事務介面，pop是記憶體池控制碼，中間的
     //匿名函數是std::function<void ()>類型
79.    transaction::run(pop,
80.      [&] {
81. //匿名函數用來執行一個事務的程式
82. //在事務中更新root_obj->some_variable，libpmemobj-cpp會自動備份原來的值
     //到撤銷日誌中，以保證事務在中斷後可以導回之前的值（3.2）
83.      root_obj->some_variable = 3.5;
84.
85. //事務記憶體的分配和釋放，root_obj->comp在事務內部使用make_persistent
     //分配記憶體，使用delete_persistent釋放記憶體。記憶體的中繼資料操作會保存
     //在重做日誌中，以保證在事務提交時，元數據真正被保存到持久記憶體中
86.      root_obj->comp = make_persistent<compound_type>(1, 2.0);
87.      delete_persistent<compound_type>(root_obj->comp);
88.      root_obj->comp = make_persistent<compound_type[]>(20);
```

```
89.      auto arr1 = make_persistent<compound_type[3]>();
90.      delete_persistent<compound_type[]>(root_obj->comp_array, 20);
91.      delete_persistent<compound_type[3]>(arr1);
92.
93.      //在事務的內部使用原子分配和釋放函數，事務會退出，並可能導致資料
         //變得不一致
94.      make_persistent_atomic<compound_type>(pop, root_obj->comp, 1, 1.3);
95.      delete_persistent_atomic<compound_type>(root_obj->comp);
96.      make_persistent_atomic<compound_type[]>(pop, root_obj->
         comp_array, 30);
97.      delete_persistent_atomic<compound_type[]>(root_obj->comp_array,
         30);
98.   },
99.    //提供這個事務需要的鎖，以保證各個事務的隔離性
100.     root_obj->pmutex, root_obj->shared_pmutex);
101.     } catch (pmem::transaction_error &) {
102.  //如果在事務中引發異常，則會中止該事務，鎖在事務的整個持續時間內保持
      //不變，它們在作用域的末尾被釋放，因此在catch區塊中，它們已經被解鎖。
      //如果清除操作需要存取關鍵節中的資料，則必須再次手動獲取鎖
103.     }
104.
105.  //在事務之外呼叫持久記憶體事務分配和釋放函數會出現異常
      //transaction_scope_error
106.    auto comp_var = make_persistent<compound_type>(2, 15.0);
107.    delete_persistent<compound_type>(comp_var);
108.    auto arr1 = make_persistent<compound_type[3]>();
109.    delete_persistent<compound_type[3]>(arr1);
110.
111. //pop.close關閉持久記憶體池pop
112.    pop.close();
113. //pool<root>::check檢查持久記憶體的一致性，如果錯誤，則返回-1；如果
     //檔案一致，則返回1；如果檔案不一致，則返回0
114.    pool<root>::check("poolfile", "layout");
115. }
```

2. libpmemobj-cpp 將一個佇列持久化

使用 libpmemobj-cpp 實現一個先進先出的持久化佇列，如範例 4-26 所示，其實現方式可以參照範例 4-24，這裡不再詳細説明。

範例 4-26 使用 libpmemobj-cpp 實現一個先進先出的持久化佇列

```
1.  #include <cstdio>
2.  #include <cstdlib>
3.  #include <iostream>
4.  #include <string>
5.
6.  #include <libpmemobj++/make_persistent.hpp>
7.  #include <libpmemobj++/p.hpp>
8.  #include <libpmemobj++/persistent_ptr.hpp>
9.  #include <libpmemobj++/pool.hpp>
10. #include <libpmemobj++/transaction.hpp>
11.
12. enum queue_op {
13.     PUSH,
14.     POP,
15.     SHOW,
16.     EXIT,
17.     MAX_OPS,
18. };
19.
20. struct queue_node {
21.     pmem::obj::p<int> value;
22.     pmem::obj::persistent_ptr<queue_node> next;
23. };
24.
25. struct queue {
26.     void  push(pmem::obj::pool_base &pop, int value)
27.     {
28.         pmem::obj::transaction::run(pop, [&] {
29.             auto node = pmem::obj::make_persistent<queue_node>();
```

```
30.            node->value = value;
31.            node->next = nullptr;
32.
33.            if (head == nullptr) {
34.                head = tail = node;
35.            } else {
36.                tail->next = node;
37.                tail = node;
38.            }
39.        });
40.    }
41.
42.    int  pop(pmem::obj::pool_base &pop)
43.    {
44.        int value;
45.        pmem::obj::transaction::run(pop, [&] {
46.            if (head == nullptr)
47.                throw std::out_of_range("no elements");
48.
49.            auto head_ptr = head;
50.            value = head->value;
51.
52.            head = head->next;
53.            pmem::obj::delete_persistent<queue_node>(head_ptr);
54.
55.            if (head == nullptr)
56.                tail = nullptr;
57.        });
58.
59.        return value;
60.    }
61.
62.    void  show()
63.    {
64.        auto node = head;
```

```
65.          while (node != nullptr) {
66.              std::cout << "show: " << node->value << std::endl;
67.              node = node->next;
68.          }
69.
70.          std::cout << std::endl;
71.      }
72.
73. private:
74.      pmem::obj::persistent_ptr<queue_node> head = nullptr;
75.      pmem::obj::persistent_ptr<queue_node> tail = nullptr;
76. };
77.
78. const char *ops_str[MAX_OPS] = {"push", "pop", "show", "exit"};
79.
80. queue_op  parse_queue_ops(const std::string &ops)
81. {
82.      for (int i = 0; i < MAX_OPS; i++) {
83.          if (ops == ops_str[i]) {
84.              return (queue_op)i;
85.          }
86.      }
87.      return MAX_OPS;
88. }
89.
90. int  main(int argc, char *argv[])
91. {
92.      if (argc < 2) {
93.          std::cerr << "usage: " << argv[0] << " pool" << std::endl;
94.          return 1;
95.      }
96.
97.      auto path = argv[1];
98.      auto pool = pmem::obj::pool<queue>::open(path, "queue");
99.      auto q = pool.root();
```

```
100.
101.    while (1) {
102.        std::cout << "[push value|pop|show|exit]" << std::endl;
103.
104.        std::string command;
105.        std::cin >> command;
106.
107.        // parse string
108.        auto ops = parse_queue_ops(std::string(command));
109.
110.        switch (ops) {
111.            case PUSH: {
112.                int value;
113.                std::cin >> value;
114.
115.                q->push(pool, value);
116.
117.                break;
118.            }
119.            case POP: {
120.                std::cout << q->pop(pool) << std::endl;
121.                break;
122.            }
123.            case SHOW: {
124.                q->show();
125.                break;
126.            }
127.            case EXIT: {
128.                pool.close();
129.                exit(0);
130.            }
131.            default: {
132.                std::cerr << "unknown ops" << std::endl;
133.
134.                pool.close();
```

```
135.                    exit(0);
136.              }
137.          }
138.      }
139.  }
```

▶ 4.5 持久記憶體和 PMDK 的應用

4.5.1 PMDK 函數庫的應用場景

PMDK 作為持久記憶體最重要的程式設計函數庫，使用者可以根據自己的需求、痛點和開發的難度選擇適當的函數庫以改造應用，阿里巴巴已經將持久記憶體應用在其生產環境中[3]。

如表 4-2 所示，libpmem 可以保證資料的持久化，但不能保證資料的一致性和資料的可恢復性；libmemkind 可以分配持久記憶體，可以由應用控制熱資料和冷資料存放的位置；libpmemobj、libpmemobj-cpp、libpmemlbk 及 libpmemlog 都可以實現資料的 ACID 事務性，由於事務需要維護、撤銷和重做日誌，所以系統性能的負擔也很大。

基於 PMDK 各個程式設計函數庫的特點，對 PMDK 的應用場景有以下一些建議。

（1）在改造應用之前，直接將所有的堆積資料分配在持久記憶體中，如果延遲時間和吞吐可以滿足應用的需求，那麼對應用改造的空間較大。

3　漢冰. 非揮發性記憶體在阿里生產環境的首次應用：Tair NVM 最佳實踐複習，2018.
　　https://102.alibaba.com/detail?id=165.

如果持久記憶體每次存取的延遲時間累加都不能滿足應用的需求，那麼可以將經常存取的資料結構、中繼資料放到 DRAM 中，將較大且存取次數較少的使用者資料放入持久記憶體中。

（2）如果將所有的堆積資料分配在持久記憶體中，延遲時間和吞吐可以滿足應用的需求，那麼可以進一步考慮使用事務性滿足應用對資料一致性和快速恢復的需求。

（3）事務性對於系統性能的負擔的需求非常大，如果應用對資料的一致性沒有強制性要求，那麼可以利用 libpmemobj 的非事務介面保證資料的可恢復性。

（4）libpmemobj 適用於較為平坦的資料結構，所以對複雜的資料結構而言，libpmemobj 的系統性能負擔較大，可以加入一些映射層，將複雜的資料結構映射為較為平坦的資料結構，然後對較為平坦的資料結構使用 libpmemobj 來持久化資料。

為了利用好持久記憶體的 AD 模式滿足各種應用的需求，可能需要單獨考慮每個應用，但這也為應用利用持久記憶體滿足各種可能的需求提供了更高的可能性。

表 4-2 PMDK 使用場景和須知

PMDK 持久庫	描　述	使 用 須 知
libpmem	提供底層的函數庫，主要給應用提供最優的資料持久化的方式，幫助應用實現資料的持久化，無須應用對各種平台、各個指令程式設計	只 提 供 底 層 API（memcpy 等），應用需考慮資料斷電的原子性、一致性，如 pmem_memcpy_persist（mystring，"Hello，World!"）；　一但斷電，mystring 中的資料就可能不是 "Hello，World!"

PMDK 持久庫	描　述	使 用 須 知
libmemkind	提供持久記憶體的分配介面	可以控制將熱資料放入記憶體中，將冷資料放入持久記憶體中，這個函數庫本身不提供持久化的任何特性
libpmemobj libpmemblk libpmemlog libpmemobj-cpp	事務物件的分配和儲存	主要透過 undo/redo log 提供原子性的記憶體分配；寫入各種大小的資料並保證其一致性和原子性。libpmemblk、libpmemlog 透過一些更優的方式來保證資料的一致性，可以快速恢復資料

4.5.2　pmemkv 鍵值儲存框架

pmemkv 是一個針對持久記憶體最佳化過的鍵值儲存框架。pmemkv 為語言綁定和儲存引擎提供了不同的選項。pmemkv 使用 C/C++ 編寫，同時可以綁定其他的高階程式設計語言，如 Java、Node.js、Python 和 Ruby。它有多個儲存引擎，每個引擎都針對不同的用例進行了最佳化，在實現和功能上有所不同。

（1）持久性。這是在資料保存和性能之間進行的一種權衡：持久性引擎保存其內容，並且保證在電源故障或應用崩潰的情況下資料的安全性，但速度較慢；揮發性引擎的速度較快，但僅在資料庫關閉（或應用程式崩潰、電源故障發生）之前保留其內容。

（2）併發引擎在多執行緒工作負載中提供了不同程度的讀寫可伸縮性。併發引擎支援非阻塞檢索，並且支持高度可伸縮的更新。

（3）鍵排序。排序引擎支援在替定鍵值的上下進行檢索，在性能上，相對於非排序引擎，排序引擎的負擔更大。

持久性引擎通常使用 libpmemobj-cpp 和 PMDK 的其他函數庫來實現。在本節中，只對 cmap 引擎進行基本介紹。cmap 是一個持久性併發引擎，由 hashmap 支援，允許從多個執行緒中同時呼叫 get、put 和 remove 等鍵值操作函數，使用此引擎儲存的資料是持久的，且可以在當機和斷電的情況下保證資料的一致性。在內部，cmap 使用 libpmemobj- cpp 函數庫中的持久併發 hashmap 和持久字串，持久字串用作鍵和值的類型。此外，cmap 需要 tbb 和 libpmemobj-cpp 的支援，它是 pmemkv 的預設引擎。

範例 4-27 所示為 pmemkv 使用 cmap 引擎的範例，完整的範例請參考官方文件。

範例 4-27 pmemkv 使用 cmap 引擎的範例

```
1.  #include <cassert>
2.  #include <cstdlib>
3.  #include <iostream>
4.  // libpmemkv.hpp是pmemkv的標頭檔，一旦正確安裝了libpmemkv，標頭檔會預設
    //安裝在程式可以正確找到路徑的位置。正確地連結pmemkv函數庫和libpmemobj-
    //cpp函數庫就可以使用pmemkv
5.  #include <libpmemkv.hpp>
6.
7.  #define LOG(msg) std::cout << msg << std::endl
8.  //pmem::kv是pmemkv的名字空間，可以簡化程式中類別的使用
9.  using namespace pmem::kv;
10.
11. const uint64_t SIZE = 1024UL * 1024UL * 1024UL;
12.
13. int main(int argc, char *argv[])
14. {
15.     if (argc < 2) {
16.         std::cerr << "Usage: " << argv[0] << " file\n";
17.         exit(1);
```

```
18.       }
19.
20.   //創建cmap的配置，對於cmap引擎必須指定3個屬性：path值存放檔案；
      //force_create如果是0，那麼使用上面指定的檔案，如果是1，則強制創建檔案；
      //size，只有當force_create等於1時，size才會被使用，size最小是8MB
21.       LOG("Creating config");
22.       config cfg;
23.       status s = cfg.put_string("path", argv[1]);
24.       assert(s == status::OK);
25.       s = cfg.put_uint64("size", SIZE);
26.       assert(s == status::OK);
27.       s = cfg.put_uint64("force_create", 1);
28.       assert(s == status::OK);
29.
30.       //新建一個pmem::kv:db的實例，一個pmemkv的資料庫
31.       db *kv = new db();
32.       assert(kv != nullptr);
33.       //kv->open帶有兩個參數，即引擎和配置，表示綁定cmap引擎打開pmemkv
          //資料庫
34.       s = kv->open("cmap", std::move(cfg));
35.       assert(s == status::OK);
36.
37.       // kv->put("key1", "value1")在pmemkv資料庫中加入一個鍵值對
38.       s = kv->put("key1", "value1");
39.       assert(s == status::OK);
40.
41.       size_t cnt;
42.       //kv->count_all得到資料庫中鍵值對的數目
43.       s = kv->count_all(cnt);
44.       assert(s == status::OK && cnt == 1);
45.
46.       // kv->get("key1", &value)透過鍵從資料庫中讀出值
47.       std::string value;
48.       s = kv->get("key1", &value);
49.       assert(s == status::OK && value == "value1");
```

```
50.
51.     kv->put("key2", "value2");
52.     kv->put("key3", "value3");
53.     // kv->get_all遍歷資料庫的每一個鍵值對，並透過一個callback函數來處理
        //資料庫中的鍵值對。在此例中，callback函數是一個匿名函數，用於將鍵值
        //對的中鍵輸出
54.     kv->get_all([](string_view k, string_view v) {
55.         LOG("  visited: " << k.data());
56.         return 0;
57.     });
58.
59. // kv_remove將透過鍵在資料庫中刪除一個鍵值對。kv->exists透過key去判斷一
    //個鍵值對是否存在於資料庫中
60.     s = kv->remove("key1");
61.     assert(s == status::OK);
62.     s = kv->exists("key1");
63.     assert(s == status::NOT_FOUND);
64.
65.     LOG("Closing database");
66.     delete kv;
67.
68.     return 0;
69. }
```

如果想開發自己的 kv 引擎，可以在 pmemkv 的基礎上實現，詳細的開發方式請參考開放原始碼文件。

4.5.3 PMDK 在 Redis 持久化的應用

Redis 是一個非常流行的記憶體鍵值資料庫，其儲存的主要資料結構是使用 hashmap 實現的字典。每一個 dictEntry 都可以使用鍵計算 hash 值以獲得鍵和值在 hashmap 中儲存的位置，其中鍵是一個簡單的字串，而值比較複雜，有 5 種主要的類型，即 string、hash、list、set 和 zset。

如果使用 libpmemobj 持久化 Redis 整個資料庫包括的字典和資料，那麼重新啟動後在恢復資料時只需要將 db 的物件從持久記憶體中讀出，再給予值給 Redis server 就可以立即恢復業務，存取所有的資料。但是對字典資料結構的存取非常頻繁，如果將字典放到持久記憶體中，將大大增加資料存取延遲時間，使得性能無法滿足業務的需求。

可以將字典資料維護在 DRAM 中，將使用者的資料鍵和值維護在持久記憶體中，再透過平坦的鍵值對來維護使用者資料的持久化。如圖 4-11 所示，持久化的物件控制碼 keyoid 和 valueoid 被放在持久記憶體的鍵值對中。為了減少在刪除鍵值時去尋找整個鍵值對雙向鏈結串列，在鍵中保留了鍵值對的 kvpairoid，可以透過鍵快速找到在鍵值對結構中的物件，以便進行刪除和更新操作。

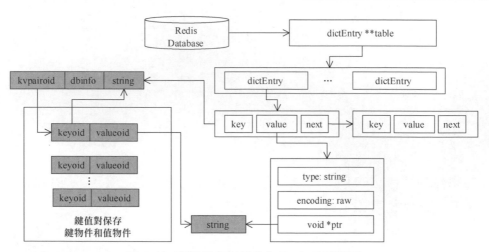

圖 4-11　利用 PMDK 持久化 Redis 字串類型

利用 PMDK 持久化 Redis 字串類型的核心虛擬程式碼如範例 4-28 所示，完整的程式請參考開放原始碼文件。

範例 4-28 Redis 字串類型持久化的核心虛擬程式碼

1. //持久記憶體分配
2. POBJ_LAYOUT_BEGIN(store_db);
3. POBJ_LAYOUT_ROOT(store_db, struct redis_pmem_root);
4. POBJ_LAYOUT_TOID(store_db, struct key_val_pair_PM);
5. POBJ_LAYOUT_END(store_db);
6.
7. //在需要維護的持久記憶體結構中，在鍵上會帶有pmHeader的資訊。在pmHeader
   //中，backreference用來指向鍵值對key_val_pair_PM的物件
8. typedef struct pmHeader {
9. //該鍵值對在database裡面
10.   int dbId;
11.   unsigned type:4;
12.   unsigned encoding:4;
13.   unsigned lru:LRU_BITS;
14.   PMEMoid   backreference;
15. }pmHeader;
16.
17. //下面的根節點可以透過PMEMOBJ_FOREACH_TYPE來獲得所有key_val_pair_PM的物
    //件，但考慮恢複時間，這裡還是使用雙向鏈結串列的方式將所有key_val_pair_
    //PM物件連接起來
18. struct redis_pmem_root {
19.   uint64_t num_dict_entries;
20.   TOID(struct key_val_pair_PM) pe_first;
21. };
22.
23. typedef struct key_val_pair_PM {
24.   PMEMoid key_oid;
25.   PMEMoid val_oid;
26.   TOID(struct key_val_pair_PM) pmem_list_next;
27.   TOID(struct key_val_pair_PM) pmem_list_prev;
28. } key_val_pair_PM;
29.
30. //pmemReconstruct重新啟動後可以從redis_pmem_root 中的pe_first開始遍歷所

```
       //有的key_val_pair_PM物件，然後將物件中的鍵和值添加到指定的資料字典中
31. int pmemReconstruct(void)
32. {
33.     TOID(struct redis_pmem_root) root;
34.     TOID(struct key_val_pair_PM) kv_PM_oid;
35.     struct key_val_pair_PM *kv_PM;
36.     dict *d;
37.     void *key;
38.     void *val;
39.     robj *val_robj;
40.
41.     //遍歷kv pair，將kv pair巨集的key和value加入對應的資料庫中
42.     root = server.pm_rootoid;
43.     for (kv_PM_oid = D_RO(root)->pe_first; TOID_IS_NULL(kv_PM_oid) == 0;
             kv_PM_oid = D_RO(kv_PM_oid)->pmem_list_next){
44.         key = pmemobj_direct(D_RO(kv_PM_oid)->key_oid);
45.         val = pmemobj_direct(D_RO(kv_PM_oid)->val_oid);
46.         pmHeader *header= (pmHeader *) (key - sizeof(pmHeader) -
    sdsHdrSize(((sds)key)[-1]));;
47.         d = server.db[header->dbId].dict;
48.
49.         val_robj = createObjectPM(header->type, val);
50.         val_robj->encoding = header->encoding;
51.         val_robj->lru = header->lru;
52.
53.         (void)dictAddReconstructedPM(d, key, (void *)val_robj);
54.     }
55.     return C_OK;
56. }
57.
58. //initPersistentMemory啟動Redis server時可以判斷記憶體池是否已經存在，
    //如果存在，則需要pmemReconstruct恢復資料
59. void initPersistentMemory(void) {
60.     ...
61.     server.pm_pool = pmemobj_create (…)
```

```
62.     if (server.pm_pool == NULL) {
63.         server.pm_pool = pmemobj_open (…);
64.         server.pm_rootoid = POBJ_ROOT (…);
65.         pmemReconstruct();
66.     } else {
67.         server.pm_rootoid = POBJ_ROOT (…);
68.         root = pmemobj_direct(server.pm_rootoid.oid);
69.         root->num_dict_entries = 0;
70.     }
71.     ...
72. }
73.
74. //pmemAddToPmemList將key物件和value物件保存到key_val_pair_PM中，返回
    //key_val_pair_PM物件的oid。在函數中使用pmemobj_tx_alloc事務分配
    //key_val_pair_PM物件，使用pmemobj_tx_add_range將redis_pmem_root的快照
    //保存到撤銷日誌中，將新的鍵值對添加到鏈表的頭部，從而更新
    //key_val_pair_PM的頭指標pe_first
75. PMEMoid pmemAddToPmemList(void *key, void *val)
76. {
77.     PMEMoid key_oid;
78.     PMEMoid val_oid;
79.     PMEMoid kv_PM;
80.     struct key_val_pair_PM *kv_PM_p;
81.     struct redis_pmem_root *root;
82.
83.     key_oid=pmemobj_oid(key);
84.     val_oid=pmemobj_oid(val);
85.
86.     kv_PM = pmemobj_tx_alloc(sizeof(struct key_val_pair_PM),
        pm_type_key_val_pair_PM);
87.     kv_PM_p=(struct key_val_pair_PM *)pmemobj_direct(kv_PM);
88.     kv_PM_p->key_oid = key_oid;
89.     kv_PM_p->val_oid = val_oid;
90.     root = pmemobj_direct(server.pm_rootoid.oid);
91.
```

```
92.     kv_PM_p->pmem_list_next = root->pe_first;
93.     //事務操作，將新的kv pair放到鏈結串列的標頭上
94.     pmemobj_tx_add_range(server.pm_rootoid,0,sizeof(struct
        redis_pmem_root));
95.     if (!TOID_IS_NULL(root->pe_first)) {
96.         struct key_val_pair_PM *head = D_RW(root->pe_first);
97.         head->pmem_list_prev.oid=kv_PM;
98.     }
99.
100.     root->pe_first.oid= kv_PM.off;
101.    root->num_dict_entries+=1;
102.    return kv_PM;
103.  }
104.
105.  //在dbAddPM將鍵和值保存到資料庫的同時呼叫pmemAddToPmemList，將key物件
      //和value物件保存到key_val_pair_PM中。將key_value_pair_PM的oid添加到
      //pmHeader的backreference中
106.  void dbAddPM(redisDb *db, robj *key, robj *val) {
107.      PMEMoid kv_PM;
108.      PMEMoid *kv_pm_reference;
109.      pmHeader *keyHeader;
110.
111.      //創建key的字串，同時舉出鍵值對的參考指標
112.      sds copy = sdsdupPM(key->ptr, (void **) &kv_pm_reference);
113.      keyHeader = copy - sizeof(pmHeader) - sdsHdrSize(sdsReqType
         (sdslen(key->ptr)));
114.      keyHeader->dbId = db->id;
115.      keyHeader->encoding = val->encoding;
116.      keyHeader->type = val->type;
117.
118.      int retval = dictAddPM(db->dict, copy, val);
119.      //分配一個kv pair物件，將其保存為key的一部分，後面可以透過key找到
         //這個kv pair
120.      kv_PM = pmemAddToPmemList((void *)copy, (void *)(val->ptr));
121.      *kv_pm_reference = kv_PM;
```

```
122.
123.        serverAssertWithInfo(NULL,key,retval == C_OK);
124.        if (val->type == OBJ_LIST) signalListAsReady(db, key);
125.        if (server.cluster_enabled) slotToKeyAdd(key);
126.    }
127.
128.    //對Redis的loop進行事務管理,這樣對於pmemAddToPmemList的快照,在整個
        //loop中只需要做一次。如果快照的記憶體區域是固定的,即使呼叫多次
        //pmemobj_tx_add_range,也只會在撤銷日誌中記錄一次
129.    void aeMain_server(aeEventLoop *eventLoop) {
130.        eventLoop->stop = 0;
131.        while (!eventLoop->stop) {
132.            TX_BEGIN(server.pm_pool) {
133.                if (eventLoop->beforesleep != NULL)
134.                    eventLoop->beforesleep(eventLoop);
135.                aeProcessEvents(eventLoop, AE_ALL_EVENTS);
136.            }
137.            TX_END
138.        }
139.    }
```

由於鍵值對 key_val_pair_PM 物件會保留一個類型號,同時 libpmemobj
會負責將它們加入內部的容器中,因此可以透過 PMEMOBJ_
FOREACH_TYPE 來遍歷,這樣就不需要使用鏈結串列的方式來維護
了,並且可以避免在 pmemAddToPmemList 中對 root 物件進行快照,整
體的性能也會更好。

利用 PMDK 實現 Redis 字串類型的持久化,Redis 就不需要利用日誌將
所有的操作記錄在磁碟的 AOF（Append Of File）中。在恢復資料庫的
時候,無須重新執行 AOF 中的所有命令,而是將持久記憶體中的鍵值
資料快速地加入資料庫的字典中。當 Redis 利用日誌 AOF 實現持久化
時,將日誌保存在磁碟中,而磁碟往往是系統性能的瓶頸,使用 PMDK

的實現方式可以提升持久化的性能。在上述範例中，利用 libpmemob 持久化字串類型的資料性能可以達到 AOF 的 3.5 倍，但恢復的時間是 AOF 的 5 倍左右。

參考文獻

[1] https://software.intel.com/en-us/persistent-memory.

[2] http://pmem.io.

[3] https://nvdimm.wiki.kernel.org/.

[4] https://www.snia.org/pm-summit.

[5] https://github.com/intel/ipmctl.

[6] https://github.com/pmem/ndctl.

[7] https://github.com/pmem/pmdk.

[8] https://github.com/pmem/redis/tree/reserve_publish_poc.

持久記憶體性能最佳化

本章將介紹持久記憶體進行性能最佳化的知識系統、方法論、工具和案例分析。主要內容如下：第一，介紹與持久記憶體相關的配置選項和性能特點，包括常用性能指標與適用業務的特徵；第二，介紹持久記憶體的相關性能測評與基礎性能表現；第三，介紹常用性能最佳化方式與方法，以英特爾傲騰持久記憶體與至強 Cascade Lake 平台為例，分為平台配置最佳化、微架構選項最佳化、軟體程式設計與資料管理策略最佳化；第四，介紹性能監控與最佳化調整工具。

5.1 與持久記憶體相關的配置選項和性能特點

5.1.1 持久記憶體的常見配置選項與使用模式

以英特爾持久記憶體為例，持久記憶體有 3 種不同的容量選擇：128GB、256GB 和 512GB。在使用時，持久記憶體可以被配置成以下兩種模式。

- 記憶體模式：作為兩級記憶體模式，連接在同一個整合記憶體控制器上的 DRAM 會作為遠端持久記憶體的快取來工作，也稱為近端記憶體。在這種模式下，DRAM 作為持久記憶體在直接映射快取策略下的可寫回快取，其中，每個快取行 64 個位元組。由於並非所有的資料改動都會最終寫回持久記憶體，所以該模式並不能保證資料的持久化。此時的持久記憶體只能作為大容量揮發性記憶體暴露給作業系統和最終使用者使用。

- App Direct（AD）模式：作為一級記憶體模式，持久記憶體作為可持久化的存放裝置，可直接暴露給微處理器和作業系統使用。在這種模式下，持久記憶體和相鄰的 DRAM 都會被辨識為作業系統可見的記憶體裝置，並且作為連續位址空間的位址區域，作業系統或最終使用者可以直接使用持久記憶體。如第 4 章介紹的，使用者可以透過 PMDK 的程式設計模型規範對持久記憶體進行應用程式的程式設計。

在本章中，我們分別針對記憶體模式和 AD 模式下的性能特點與適用業務的特徵多作說明。

5.1.2 記憶體模式下的性能特點與適用業務的特徵

在記憶體模式下，應用程式相應的性能結果取決於兩點，一是應用程式的工作集（working set）相對於記憶體的大小比例；二是應用程式的性能受到記憶體頻寬與延遲時間的影響的程度。如圖 5-1 所示，當記憶體快取命中時，應用程式的資料會直接由記憶體快取返回微處理器的運算單元進行處理；而當記憶體快取未命中時，在引發記憶體快取未命中事件的同時，記憶體控制器會繼續向持久記憶體遠端記憶體請求資料並將其直接返回給微處理器的運算單元進行處理，同時會將記憶體快取中的資料更新。

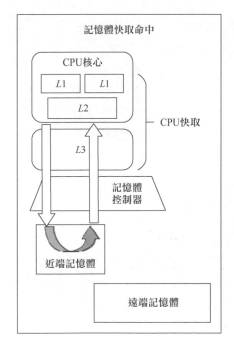
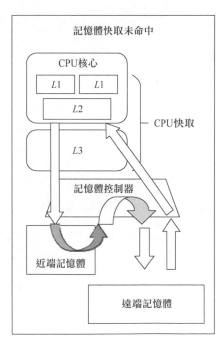

圖 5-1 記憶體模式下的記憶體快取命中原理

對於頻寬敏感類型的應用，其得到的頻寬是除去管理快取未命中的成本之後的近端記憶體的頻寬。微處理器的頻寬由以下因素主導。

■ 當記憶體快取命中率較高時，取決於 DRAM 通道的使用率。

■ 當記憶體快取命中率較低時，受限於持久記憶體的頻寬。

對於延遲時間敏感類型的應用，其吞吐性能受限於延遲時間增加和相應的每筆指令執行的週期數（Cycles Per Instruction，CPI）的增加所帶來的影響。

與此同時，系統組態的不同也會對記憶體性能造成明顯的影響，如 DRAM 的容量大小、DRAM 和持久記憶體配置數目的比例等。配置的 DIMM 記憶體容量越大，相應的系統記憶體頻寬也會越高。

在記憶體模式下，即使是同樣的 DRAM 容量，應用程式也會因不同的特點而具有不同的性能。與業務相關的性能特徵通常反映在硬體性能指標上，這些指標可以透過一些性能監控工具獲得，具體工具可參考本章 5.4 節。其中，與持久記憶體相關的硬體性能指標如下。

■ 持久記憶體總頻寬（3DXP_memory bandwidth Total）：記錄了應用程式執行時期使用的所有持久記憶體的頻寬整理，通常以 Mbit/s 或 Gbit/s 來統計，也可以再細分為持久記憶體讀取頻寬統計（3DXP_read bandwidth）與持久記憶體寫入頻寬統計（3DXP_write bandwidth），而持久記憶體的理論頻寬值可以參考 5.2.1 節。

■ 持久記憶體操作佇列長度（3DXP avg entries in RPQ/WPQ）：記錄了應用程式執行時期記憶體通道中操作佇列的平均長度。每個記憶體通道都可以統計裝置使用時操作佇列的長度，一般分為讀取操作佇列（RPQ）與寫入操作佇列（WPQ）。基於操作佇列的統計功能可以獲得與持久記憶體的記憶體頻寬使用大小直接相關的指標。操作佇列的長短意味著對持久記憶體的記憶體頻寬的使用飽和程度，飽和程度越高則意味著應用程式受到記憶體頻寬限制的影響越大。

■ 記憶體快取命中率／未命中率（Near Memory Cache Hit Rate/Miss Rate）：

記錄了應用程式在記憶體模式下快取的命中或未命中的比例。當快取命中時，應用程式的讀取操作將擁有和 DRAM 一樣的延遲時間性能，而當應用程式的資料在記憶體模式中未命中時，延遲時間性能將包括 DRAM 的延遲時間和持久記憶體的存取延遲時間。一般來說，較高的記憶體快取命中率代表較好的本地集中存取特性，也意味著其性能更接近於 DRAM 的性能。

在平台最大記憶體配置下，即在 12 條 DRAM 模組與 12 條持久記憶體模組的配置下，透過模擬業務存取記憶體壓力的工具 MLC（Memory Latency Checker），不同頻寬需求與記憶體快取未命中率下的業務獲得的記憶體頻寬如圖 5-2 所示。當設定的 40 個業務執行緒併發讀取記憶體時，不同頻寬需求的業務在不同的記憶體快取未命中率下的性能會各不相同。舉例來說，◆ 曲線代表記憶體頻寬需求為 16Gbit/s 的業務，即使記憶體快取未命中率不斷上升，也可以獲得滿足性能要求的頻寬，這樣的業務在不同的記憶體快取未命中率下對性能的影響都比較小。對於中等頻寬需求的業務（ ★ 40Gbit/s），也可以獲得滿足性能要求的頻寬。而高頻寬需求的業務（ ▲ 110Gbit/s）則更容易因記憶體快取未命中率的不同而使業務的性能受到影響。

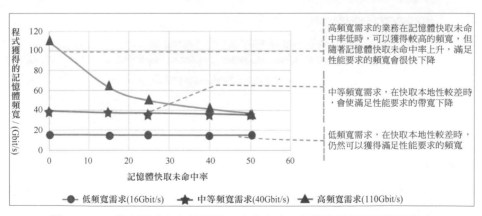

圖 5-2　不同頻寬需求與記憶體快取未命中率下的業務獲得的記憶體頻寬

一般來説，適用於記憶體模式的應用程式應該擁有較高的記憶體快取命中率，其記憶體存取的分佈可以大於 DRAM 的容量，但其熱點的工作集應該小於 DRAM 的容量，即擁有較好的資料本地性。如圖 5-3 所示，此時程式的性能會在存取熱資料時和 DRAM 存取一樣；而在存取冷資料時，可以透過持久記憶體裝置獲得比目前任何 SSD 裝置的延遲時間都要小的性能，這樣的業務特徵非常適合從持久記憶體大容量的特性中得到益處。而當業務應用的資料無法完全載入近端記憶體（DRAM），但當程式需要存取一個較大的記憶體空間時，程式的性能會受到一定程度的影響。

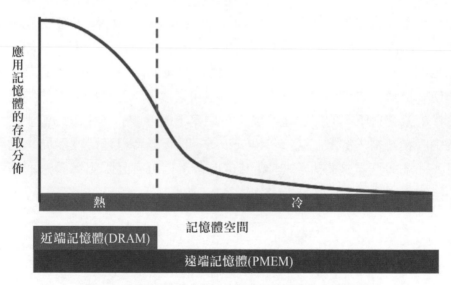

圖 5-3 對記憶體模式友善的業務記憶體存取分佈特徵

當然，除了工作集大小與 DRAM 和持久記憶體的比例這些特徵，適用於記憶體模式的特徵表現還包括一些其他的指標，如記憶體頻寬平均使用率較低、程式的讀取操作數量大於寫入操作數量、比較小的熱資料工作集（如資料庫等 I/O 類型的業務）、程式的記憶體存取與熱資料的存取更多分佈在 DRAM 快取中等，擁有這些特徵的業務都比較適合使用持久記憶體的記憶體模式。

另外，建議常用的分析還包括記憶體消耗容量分析與記憶體存取和動態記憶體物件的分析，這些業務程式特性分析可以透過 Intel VTune Amplifier 工具來完成，更多細節可以參考 5.4 節的工具和方法介紹。

5.1.3 AD 模式下的性能特點與適用業務的特徵

在 AD 模式下，持久記憶體和與其相鄰的 DRAM 都會被辨識為可按位元組定址的存放裝置。按區域配置好的持久記憶體可以提供持久化的連續位址空間，直接映射到系統的物理位址上，供作業系統和應用程式使用。同時，把持久記憶體作為使用者可按位元組定址使用的記憶體位址，也避免了在程式操作一般的區塊儲存裝置時，按照 4KB 分頁大小存取的額外負擔。這樣對於 AD 模式下的持久記憶體，程式可以透過位址映射直接存取記憶體或呼叫 PMDK 的函數庫來實現資料的存取邏輯，最終得到比 SSD 磁碟更好的存取性能。

如圖 5-4 所示，相較於傳統的 DRAM 存取，作業系統在分頁快取（page cache）故障時會產生缺頁異常（page fault），從而進一步觸發磁碟存取來預先讀取取檔案。而程式在 AD 模式下，由於 DAX 的直接存取機制，並不需要先透過 DRAM 存取，再由分頁快取故障時產生的缺頁異常來觸發對存放裝置的存取，而是可以將持久記憶體作為記憶體裝置，按位元組定址的方式直接進行資料載入，從而獲得更好的存取延遲時間性能。

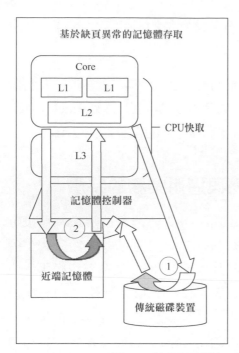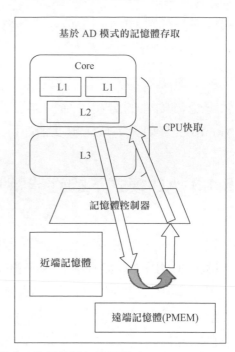

圖 5-4　持久記憶體 AD 模式下的記憶體存取原理

持久記憶體擁有較低的存取延遲時間，大大加速了存取與處理儲存在磁碟中的資料的性能。為了更好地使用持久記憶體的 AD 模式，常見的使用方式包括以下幾種。

（1）基於容量的優勢，將程式的部分資料從原本的 DRAM 中轉移至持久記憶體中。同時可以支持更大的資料集、更多的用戶端和執行緒數等。此時，如果將程式的冷資料和熱資料進行分層，其中，被頻繁存取和修改的熱資料被放置在 DRAM 中，而只讀取資料或存取與修改頻率次之的溫熱資料被放置在持久記憶體中。經過這樣的資料放置策略最佳化後，通常可以實現比較理想的性能。

（2）基於更低存取延遲時間的優勢，可以將應用的部分資料從傳統磁碟（如 HDD、SSD）上移動至持久記憶體裝置中。一般情況下，在將多個持久記憶體裝置配置成交織（Interleave）存取方式時，會獲得比磁碟組更低的延遲時間與更高的頻寬性能。這時最簡單的使用方式就是 Storage over AD（SoAD）模式，透過載入檔案系統的方式來使用和存取持久記憶體。這樣可以透過檔案系統的 DAX 模式，無須對任何軟體程式進行修改，同時避免了傳統分頁快取資料的複製帶來的負擔，可以直接受益於低延遲時間裝置帶來的性能優勢。而透過額外的軟體程式設計最佳化，也可以將指定的資料從磁碟上移動至持久記憶體中。這樣，原來程式基於區塊的存取方式就變成基於位元組存取的方式，利用直接存取的優勢減少了額外操作不必要的資料區塊帶來的負擔。

與記憶體模式類似，在持久記憶體的 AD 模式下，程式會因不同的業務特點而具有不同的性能。與業務相關的性能特徵通常反映在以下硬體性能指標上，其中，持久記憶體總頻寬指標和持久記憶體操作佇列長度指標與在持久記憶體的記憶體模式下的指標是一致的。

■ 持久記憶體總頻寬（3DXP_memory bandwidth Total）指標。
■ 持久記憶體操作佇列長度（3DXP avg entries in RPQ/WPQ）指標。
■ 磁碟裝置的 I/O 等待時間（I/O wait time）指標：透過對 I/O 流量和使用率進行分析，確定應用程式的性能瓶頸為磁碟 I/O 操作，利用持久記憶體作為更快的持久化存放裝置來緩解磁碟相關的性能問題。

除了以上硬體性能指標，透過使用特定工具（如 Intel VTune Amplifier 工具和 Intel PIN 工具）也可以表現系統程式的軟體特徵。對程式執行動態二進位存取指令分析後，適用於 AD 模式的應用程式最好具有以下軟體特徵。

■ 記憶體存取的順序與隨機讀寫的模式（sequential and random read/write pattern）：持久記憶體在不同的讀寫模式下，所能提供的具體頻寬性能資料可以參照 5.2.1 節。當業務的資料存取特徵是循序存取的佔比大於隨機存取時,會更好地發揮持久記憶體在循序存取模式下能提供較大頻寬的性能優勢。

- 同時向記憶體寫入的執行緒數(thread memory write contention):一般來說,當記憶體滿配的平台的同一顆微處理器上擁有 8 個執行緒同時寫入時,可以達到持久記憶體的最大性能值,所以推薦業務同時寫入的執行緒數目不要超過 8 個。

- 磁碟區塊的讀寫峰度與偏度(kurtosis and skewness read/write block):以 4KB 分頁大小的磁碟區塊讀寫為例,從統計意義上來說,用峰度和偏度可以表示統計方式下記憶體存取的集中程度。偏度代表操作資料的大小範圍,而峰度意味著寫入操作的集中程度。讀寫操作的統計偏度越接近 0,則存取越趨向正態分佈,而峰度越高則意味著存取的集中程度越高。一般來說,應用對資料存取的峰度越高越好,表示頻繁和集中存取的資料可以被存放到持久記憶體中。

▶ **5.2** 持久記憶體的相關性能評測與基礎性能表現

5.2.1 不同持久記憶體配置與模式下的基礎性能表現

持久記憶體會根據不同的功耗使用上限來最佳化產生的功耗 / 性能比,如英特爾第一代傲騰持久記憶體可以支援每根記憶體模組 12 瓦特到 18 瓦特,可以以 0.25 瓦特為顆粒單位進行配置,如 12.25 瓦特、14.75 瓦特和 18 瓦特。一般來說,更高的功耗設定會得到更好的基礎性能。另外,在同樣的功耗設定下,不同的記憶體存取模式也會對最終性能產生不同的影響。如表 5-1 所示,在單一持久記憶體模組上,不同的資料長度,如連續 4 個快取行(256 個位元組)與單一隨機快取行(64 個位元組),在不同的讀寫操作比例下會得到不同的性能。

表 5-1　英特爾第一代傲騰持久記憶體的性能資料細節

資料存取顆粒	存 取 類 型	持久記憶體模組	頻　　寬
256 位元組（4×64 位元組）	讀	256GB，18 瓦特	8.3 Gbit/s
256 位元組（4×64 位元組）	寫		3.0 Gbit/s
256 位元組（4×64 位元組）	2 讀 1 寫		5.4 Gbit/s
64 位元組	讀		2.13 Gbit/s
64 位元組	寫		0.73 Gbit/s
64 位元組	2 讀 1 寫		1.35 Gbit/s

與 DRAM 類似，在系統上配置多條持久記憶體時，系統的頻寬也會成比例增加。而基於連續的 4 個快取行（256 個位元組）的存取操作能最大限度地利用記憶體微控制器的緩衝區來獲得最大的記憶體頻寬。

5.2.2　記憶體模式下的典型業務場景

本節介紹一個在持久記憶體的記憶體模式下，Redis 業務性能成本提升的場景。Redis 作為一個開放原始碼的高性能鍵值（key-value）儲存系統，廣泛應用於資料庫、快取和訊息中介軟體中。相對於完全執行在 DRAM 中，Redis 執行在持久記憶體上仍然能保持 1ms 以下的延遲時間。圖 5-5 展示了在不同的容量要求下，執行 Redis 的虛擬機器實例相對於完全用 DRAM 記憶體配置得到的系統的成本節省率。

圖中的每一個虛擬機器內都部署了一個 Redis 和 Memtier benchmark 的實例。小數點曲線 表示 90GB 容量單位的虛擬機器（記憶體模式可以使用更大容量的虛擬機器）在增大整機的記憶體容量之後，在保證虛擬機器內 Redis 的延遲時間性滿足 1ms 的 SLA 的條件下，能容納的最大的虛擬機器的數目。星型曲線 表示 45GB 容量單位的虛擬機器在業務壓力較低時，在同樣的條件下可以容納的最大的虛擬機器數目，以模擬最大吞吐的場景。當曲線越過虛線時，宿主機上分配的虛擬機器數目會高於微處理器的核心數目。此時，系統的瓶頸會出現在微處理器的計算核心上，而非記憶體的容量上。如果此時繼續增加虛擬機器的數目，那麼會對其他非記憶體的性能產生影響。最終，在這個場景中，我們可以將單機記憶體容量由 384GB 擴展到 6TB，最高能節省 30% 的系統成本。

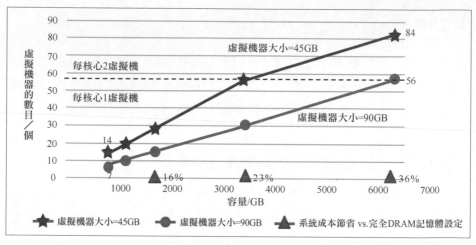

圖 5-5　持久記憶體模式下 Redis 的使用案例

5.2.3 AD 模式下的典型業務場景

本節會介紹在持久記憶體的 AD 模式下，SAP HANA（以下簡稱 HANA）的業務資料如何重新架構的設計方案[1]。在最初發佈的 HANA 版本上，按照功能的區別，OLTP 最大支援的記憶體容量為 756GB/ 微

1　Mihnea Andrei. SAP HANA Adoption of Non-Volatile Memory. Proceedings of the VLDB Endowment，2017，10(12):1754.

處理器，OLAP 最大支援的記憶體容量為 256GB/ 微處理器 [2]。而在 SAP HANA 2.0 SPS03 版本之後，就開始支援持久記憶體，在 2018 年，其最大記憶體容量達到 1.5TB/ 微處理器。目前，HANA 已經可以支援的記憶體容量達到了 4.5TB/ 微處理器，已經是原來的數倍多。作為全球第一個全面支援並最佳化了持久記憶體使用方案的大類型資料庫平台，讓我們來看一下 HANA 的軟體架構是如何利用底層硬體的優勢來達到最佳的性能與成本收益的。

和大多數應用程式一樣，HANA 也是透過作業系統來管理和分配所需要的記憶體空間的。不同的是，HANA 更傾向於在記憶體首次分配完成之後，將更加最佳化的空間管理策略放在程式中自行管理。這樣的做法對類似於 HANA 的記憶體中資料庫來說十分常見，只有這樣，才可以針對軟體邏輯進行更深層次的最佳化，而這也為 HANA 使用持久記憶體的 AD 模式打下了基礎。

如圖 5-6 所示，在 HANA 的軟體架構中，有一個叫列存主體（column store main）的資料結構。該結構會針對可壓縮的資料目標進行相應的最佳化，是 HANA 中穩定且非揮發性的資料模組。列存主體一般包括整個資料庫中超過 90% 的資料，表示針對列存主體在持久記憶體上進行的最佳化非常有意義。而在使用過程中，即使當資料庫表的變動超過一定程度，資料的管理邏輯已經將這些操作合併的情況下，列存主體的變化也非常有限。並且，對大多數資料庫表來說，改動操作的合併行為每天不會超過一次。基於以上特徵，HANA 中的列存主體成為最適合放置在持久記憶體中的資料結構。而這種將 Delta 差異、快取、中間結果集合，與行存等資料結構單獨存放在 DRAM 中進行寫入最佳化，而將

2　John Appleby. Optimizing SAP HANA Hardware Cost. Blogs.sap.com.2018.

與之對應的列存主體放置在持久記憶體中進行讀取最佳化的設計方案，非常契合 DRAM 和持久記憶體各自的性能特點。透過這樣的設計方案，HANA 可以將 DRAM 和持久記憶體配合使用，以最佳化性能。

由於將列存主體資料結構放置到了持久記憶體中，在應用程式重新開機的過程中，HANA 就不再需要從磁碟上重新載入資料。透過該方案，一個 6TB 資料量的 HANA 伺服器的重新啟動時間可以從原來的 50 分鐘縮短到 4 分鐘，重新啟動性能提升了 12.5 倍，大大滿足了客戶對於減少裝置維護階段或服務中斷的時間的要求。

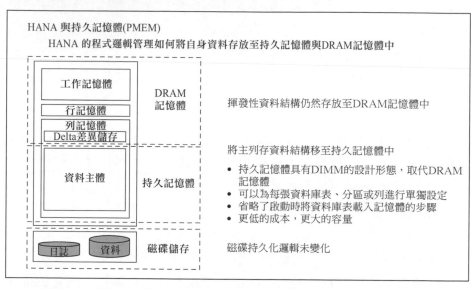

圖 5-6 持久記憶體的 AD 模式下 HANA 的使用方式

當然，除了 HANA 資料庫，還有很多其他 AD 模式下的業務程式重新設計與重構的應用場景，如針對 Redis、RocksDB 的最佳化等。更多細節可以參考後續的第 6 章與第 7 章，此處不再贅述。

5.3 常用性能最佳化方式與方法

5.3.1 平台配置最佳化

1）記憶體配置的推薦插法

目前以英特爾 Cascade Lake 至強系列平台和英特爾傲騰持久記憶體的使用為例,持久記憶體支援記憶體模式和 AD 模式,並且每個記憶體通道最多可以配置一條持久記憶體模組配合 DRAM 模組一起使用。另外,不同容量的持久記憶體模組無法在同一個平台上使用。

值得注意的是,針對業務的不同,記憶體存取和需求特徵會影響最優的平台配置,如資料集的大小、熱資料的大小、對記憶體頻寬的需求或讀寫操作的比例等。一般來説,對於 DRAM 與持久記憶體的容量和配置建議有以下幾點。

- 在同一個平台上,更多的持久記憶體模組的配置會對性能提升有更大的好處。如在英特爾 Cascade Lake 至強系列平台上,當一個微處理器配上 6 條持久記憶體模組時會獲得最大的記憶體頻寬性能。

- 在記憶體模式下,根據業務的不同,會得到相對於完全使用 DRAM 不同的性能,但整體來説,更大的 DRAM 容量比例意味著應用程式會獲得更接近 DRAM 的性能。根據經驗法則,持久記憶體和 DRAM 的容量比例應該是 4:1 或 8:1,但根據業務資料工作集大小的不同,可以進行適當調整。

2）記憶體模式下的支援業務優先順序的 NUMA 區域訂製最佳化

在記憶體模式下,由於 DRAM 作為快取採用的是直接映射策略,當需要保證優先順序業務的性能時,往往由於大容量的持久記憶體上有不同的業務記憶體需求,所以 DRAM 中的直接映射快取被逐出,從而影響到性能。NUMA 區域訂製最佳化的目的是保證高優先順序業務的性能，透過犧牲一些持久記憶體的容量來獲得和 DRAM 一樣的性能。具體實現如下所述。

如圖 5-7 所示，訂製化的 Linux 核心 NUMA 區域的更新程式可以為每個微處理器 Socket 創建多個 NUMA 區域，每個 NUMA 區域節點的大小和近端記憶體的容量大小是一樣的。這樣在同一個 NUMA 區域的應用程式所用到的位址就不會與自身所使用的任何記憶體位址的存取產生衝突，避免近端記憶體中的快取被逐出。

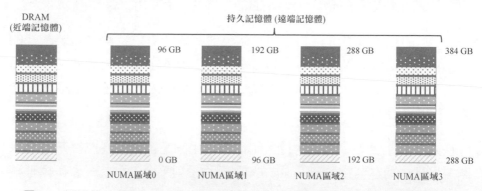

圖 5-7 透過使用訂製化的 Linux 核心 NUMA 區域的更新程式後的記憶體節點分配

具體細節如圖 5-8 和圖 5-9 所示，作業系統將可用的記憶體分配給不同優先順序的業務來使用，DRAM 作為近端記憶體也會被分為高優先順序業務的記憶體預留快取區域與普通業務的記憶體預留快取區域。如圖 5-9 所示，透過 OS 的記憶體分配策略，可以避免使用與第一個 NUMA 區域的高優先順序業務的記憶體預留快取區域所對應的其他 NUMA 區域的高優先順序業務區域，使第一個 NUMA 區域的高優先順序業務映射區域獨佔對應的 DRAM 中的快取區域，這樣，該區域使用的快取就不會被其他業務或程式逐出，從而使部分性能敏感的程式獲得最優的性能。

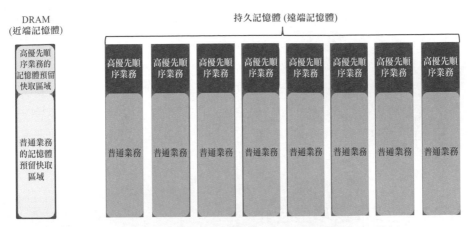

圖 5-8 分配不同優先順序的應用程式的記憶體預留快取區域

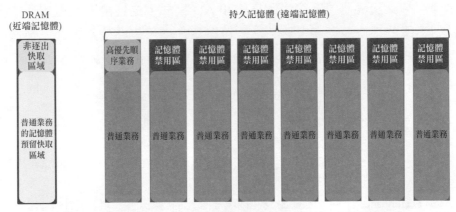

圖 5-9 高優先順序業務的記憶體預留快取區域獨佔 DRAM 的快取

上述方式屬於 Linux 核心下的非社區版本功能，對核心的更新程式和應
用程式的使用都有一定的要求，具體如下。

- 在 Linux 核心下訂製的 NUMA 區域更新程式和原生 NUMA 區域功能
  的區別。透過使用 Linux 核心下訂製的 NUMA 區域更新程式，每個
  微處理器節點會出現 4 ～ 8 個 NUMA 區域，並且每個 NUMA 區域都
  擁有該結點全部的微處理器核心。

■ 如何使用 numctl 工具來控制資源。當使用 numactl 時，如果不指定 membind 選項，NUMA 節點會被順序使用。由於持久記憶體的遠端記憶體被劃分為額外區域，所以每一個 NUMA 區域的實際可用記憶體要遠小於總記憶體，建議使用—preferred=<NUMA Node#> 的方式來指定需要優先使用的 NUMA 節點和記憶體。這樣，當使用完一個 NUMA 節點的記憶體後，仍然可以繼續使用其他 NUMA 節點的記憶體。

5.3.2 微架構選項最佳化

英特爾 Cascade Lake 至強系列平台提供了一系列的微架構選項來最佳化使用持久記憶體後在記憶體模式和 AD 模式下的性能。這些選項主要針對不同的系統組態和業務特徵，可以幫助使用者在使用持久記憶體時獲得最好的性能。針對持久記憶體的微架構最佳化選項如表 5-2 所示。

表 5-2 針對持久記憶體的微架構最佳化選項

微架構最佳化選項	配 置 建 議
CR QoS	建議透過開啟或關閉該功能，並針對不同的持久記憶體配置找到對應的選項（3 種策略），以評估其在不同應用場景和業務模式下對性能造成的影響
NVM Performance Setting	建議透過選擇針對頻寬最佳化的選項（預設項）或針對延遲時間最佳化的選項（2 種策略）來評估其在不同應用場景和業務模式下對性能造成的影響
IO Directory Cache	建議在記憶體模式或單路系統下選擇關閉 IODC（預設項） 建議在 AD 模式或大於雙路的系統下選擇 "Remote InvItoM and Remote WCiLF"（選項 5）
CR FastGo Configuration	建議開啟或關閉該功能（FastGo: 加速 Non Temporal 類型的寫入請求）來評估其在不同應用場景和業務模式下對性能造成的影響

微架構最佳化選項	配 置 建 議
Snoopy Mode for AD	建議在非 NUMA 最佳化的業務模式下評估 AtoS Enable 選項（預設項）與 AD Snoopy 模式選項（並且需要關閉 AtoS 選項與 IODC 選項）對性能造成的影響
Snoopy Mode for MM	建議在非 NUMA 最佳化的業務模式下評估 AtoS Enable 選項（預設項）與 MM Snoopy 模式選項（並且需要關閉 AtoS 選項與 hitme-cache 選項）對性能造成的影響

■ CR QoS（記憶體頻寬服務品質）。

伺服器平台在同樣的記憶體硬體介面上實現 DDR 和 DDR-T 協定，這使得 DRAM 和持久記憶體可以同時共用資料通道，從而共用可用頻寬。而由於持久記憶體的記憶體頻寬小於 DRAM 的記憶體頻寬，且持久記憶體的請求延遲時間大於 DRAM 的請求延遲時間，所以在同時擁有多個獨立的應用共用系統時，來自持久記憶體的較低的頻寬與較慢的請求會影響並延遲時間記憶體控制器上 DRAM 的記憶體請求，從而對記憶體頻寬服務品質造成影響。

針對以上問題，在英特爾 Cascade Lake 至強系列平台上，會提供 CR QoS 的最佳化調整選項，確保系統上 DRAM 的記憶體頻寬不會因為一些併發業務對持久記憶體頻寬的使用而明顯下降。其原理是透過對持久記憶體頻寬飽和程度的檢測找到產生這些持久記憶體請求的微處理器核心，透過帶寬限流來有效地控制持久記憶體的頻寬請求。值得注意的是，限流的物件僅針對產生持久記憶體頻寬請求的微處理器物理核心，而限流的顆粒也是在微處理器物理核心等級而非超執行緒等級。

對單處理程序的應用程式來説，將按照業務邏輯生成對特定記憶體類型的資料請求。其中，DRAM 的資料請求很可能受到前面提交的持久記憶體請求的依賴限制。在這種情況下，透過限制持久記憶體的請求速度來確保 DRAM 的性能水準得到的收益十分有限。但在多個獨立的應用程式共用系統的情況下，如在虛擬機器租賃等多租戶的場景中，CR QoS 的最佳化選項則會更加適用，針對 CR QoS 的配置細節如表 5-3 所示。

表 5-3 針對 CR QoS 的配置細節

配 置 細 節	說 明
PMEM QoS Disabled（預設項）	關閉功能
PMEM QoS Profile 1	針對每顆 CPU 4 條或 6 條持久記憶體 DIMM 的最佳化配置
PMEM QoS Profile 2	針對每顆 CPU 2 條持久記憶體 DIMM 的最佳化配置
PMEM QoS Profile 3	針對每顆 CPU 1 條持久記憶體 DIMM 的最佳化配置

參考 BIOS 的選項路徑：Socket Configuration　Memory Configuration NGN Configuration　CR QoS。

■ NVM Performance Setting（DDR/DDRT 主模式切換）。

由於 DDR 與 DDR-T 協定是共用通道頻寬的設計，任何一種協定類型的請求都可能影響整體系統的可用記憶體頻寬和載入延遲時間。由於 DRAM 發出的每個命令延遲時間是不變的，DDR 協定為了最小化協定的負擔，對請求的回應是按照請求的相應順序返回的。另一方面，相較於 DRAM，持久記憶體有存取延遲時間更高且不完全一致的特點，在設計持久記憶體控制器時額外支援了請求的無序回復的功能，以調配 DDR-T 協定的要求。鑑於這種區別，記憶體控制器會要求在處理持久記憶體資料時進行特殊的「授權」，以方便共用資料匯流排。但同時，過多的「授權」與模式的切換本身也會對使用性能造成一定程度的影響。

因此，記憶體控制器本身為了權衡載入延遲時間與頻寬效率，會支持對不同的操作類型（如讀取資料和寫入資料等）進行批次處理，以避免頻繁的資料匯流排上的模式切換和周轉次數影響性能。當最佳化配置策略偏向於 DRAM 請求時，記憶體控制器可以在一段時間內延遲時間持久記憶體的回應以創建一組 DRAM 回應。這為最小化 DRAM 的存取延遲時間並確保良好的 DRAM 頻寬創造了有利的條件。但在高記憶體頻寬被佔用的情況下，這種對 DRAM 的偏好會對持久記憶體的回應造成嚴重的延遲時間損失。這時，儘量均衡 DDR 與 DDR-T 的請求更有利於最佳化整體的頻寬性能。綜上所述，記憶體控制器可以根據記憶體頻寬的佔用情況，在進行 DDR 與 DDR-T 存取模式的切換時提供不同的優先請求策略，如表 5-4 所示。

表 5-4　針對 DDR/DDR-T 存取模式切換的配置細節

配 置 細 節	說　　明
BW Optimized（預設項）	DDR 記憶體與持久記憶體的 DDR-T 頻寬最佳化策略
Latency Optimized	DDR 記憶體的延遲時間最佳化策略

參考 BIOS 的選項路徑：Socket Configuration　Memory Configuration NGN Configuration　NVM Performance Setting。

- I/O Directory Cache。

由於 I/O 的寫入操作通常需要組合多個操作指令來滿足將一個快取行從所有的 Cache Agent 中無效化的需求，然後透過一個 writeback 操作指令將更新的資料放置在記憶體或本地微處理器的三級快取中。如果將目錄資訊存放在記憶體中，通常對目錄狀態資訊的查詢和更新需要引入多次記憶體的存取，因此，英特爾至強平台處理器在每個核心特別為遠端微處理器的 I/O 寫入操作提供了一個多記錄目錄快取的實現，稱為對於 I/O 目錄快取的最佳化（IODC）。IODC 將這些目錄資訊快取在專門的 IODC 結構中，以減少對記憶體的存取需求和對 CPU 互聯匯流排的需求，加快記憶體的讀寫速度，並提升了程式的整體性能。在多路系統持久記憶體的 AD 模式配置下,透過開啟 IODC 功能可以專門最佳化存取遠端微處理器的記憶體節點的性能,其具體原理是減少對記憶體目錄的存取頻寬需求,以提高對遠端微處理器的非臨時性寫入操作(Non-Temporal Write, NTW,即繞過處理器快取的寫入操作)的頻寬性能。在持久記憶體的記憶體模式或單路系統中則建議關閉該選項,針對 I/O 目錄快取的配置細節如表 5-5 所示。

表 5-5 針對 I/O 目錄快取的配置細節

配置細節	說明
Disabled(預設項)	建議在持久記憶體的記憶體模式或單路系統下選擇關閉 IODC(預設項)
Remote InvItoM Hybrid Push	N/A
Remote InvItoM Alloc Flow	N/A
Remote InvItoM Hybrid Alloc Non Alloc	N/A
Remote InvItoM and Remote WCiLF	建議在持久記憶體的 AD 模式或多路系統下選擇 "NT write to remote socket optimization using IODC"

參考 BIOS 的選項路徑:Socket Configuration UPI Configuration UPI General Configuration IO Directory Cache。

- CR FastGo Configuration。

針對 FastGo 功能的開關提供了是否在持久記憶體上針對 NTW 操作頻寬進行最佳化的選項。

透過關閉 FastGo 功能選項,微處理器的資料處理部分會支援在 DRAM 上調整為更短的 NTW 操作類型的佇列。這樣可以從另一方面更好地支援持久記憶體資料的序列化,提高持久記憶體可用的記憶體頻寬。當非臨時類型的資料存取較多時,建議關閉 FastGo 功能來最佳化 DDR-T 場景,針對 FastGo 功能的配置細節如表 5-6 所示。

表 5-6 針對 FastGo 功能的配置細節

配置細節	說明
Auto	=option 1，關閉 FastGo 功能，最佳化 DDR-T 場景
Default	Enables FastGO
Option 1	Disables FastGO
Option 2	N/A
Option 3	N/A
Option 4	N/A
Option 5	N/A

參考 BIOS 的選項路徑：Socket Configuration Memory Configuration NGN Configuration CR FastGo Configuration。

■ Snoopy Mode for AD/MM。

持久記憶體下的 Snoopy 模式提供兩種場景的最佳化，分別針對 AD 模式與記憶體模式。一般來說，Snoop 機制是用來同步不同的微處理器之間快取一致性的一種機制。目錄機制（Directory）透過將遠端微處理器節點的一些資訊快取在本地 Socket 節點而避免了快取同步所需要的 Snoop 帶來的延遲時間負擔。另一方面，目錄機制需要不斷地尋找與更新快取的目錄資訊，從而增加了對記憶體頻寬的需求。這些額外的記憶體頻寬存取對 DRAM 的影響並不大，但是對持久記憶體相對有限的頻寬容量來說，其性能有繼續最佳化的空間。

因此，在開啟該功能時，在非 NUMA 最佳化的業務場景中，目錄更新機制會避免在持久記憶體上生效，從而幫助節省持久記憶體的頻寬，提高 DDRT 頻寬限制的業務的整體性能。值得注意的是，雖然 Snoopy 模式節省了對持久記憶體的寫入頻寬，但最終會導致更大的記憶體存取延遲時間。對某些對延遲時間敏感的業務來說，這是一個需要權衡的選項。

最終，在開啟 Snoopy 模式時，系統會避免在 AD 模式下的持久記憶體上使用目錄機制，從而透過對遠端節點進行 Snoop 來保持快取一致性。不過在該模式下，目錄機制仍然會在存取 DRAM 時生效。在記憶體模式下，系統會避免對遠端記憶體（持久記憶體）使用目錄機制，而是透過對遠端節點進行 Snoop 來保持快取一致性。在該模式下，目錄機制會在存取近端記憶體時生效。另外，在 AD 模式下或 MM 模式下使用 Snoopy 選項，仍然需要額外配置關閉 AtoS 選項。在記憶體模式下使用 Snoopy 選項，需要關閉 hitme-cache 選項；在 AD 模式下使用 Snoopy 選項，則需要關閉 IODC 選項，如表 5-7 所示。

參考 BIOS 的選項路徑：*Socket Configuration UPI Configuration UPI General Configuration Stale AtoS（Directory State Optimization Feature）。

表 5-7 針對記憶體模式與 AD 模式的 Snoopy 的配置細節

配置細節	說　明
記憶體模式 Snoopy	在 NUMA 最佳化的業務場景中建議關閉； 在非 NUMA 最佳化的業務模式下建議評估 AtoS Enable 選項（預設項）與 AD 模式 Snoopy 選項（並且需要關閉 AtoS 選項與 IODC 選項）對性能造成的影響
AD 模式 Snoopy	在 NUMA 最佳化的業務場景中建議關閉； 在非 NUMA 最佳化的業務模式下建議評估 AtoS Enable 選項（預設項）與 MM 模式 Snoopy 選項（並且需要關閉 AtoS 選項與 hitme-cache 選項）對性能造成的影響

參考 BIOS 的選項路徑：Socket Configuration Memory Configuration NGN Configuration Snoopy mode for AD | Snoopy mode for 2LM。

5.3.3 軟體程式設計與資料管理策略的最佳化

基於持久記憶體的軟體程式設計可以透過資料管理和放置策略等最佳化手段來提升應用性能。

■ 當發現應用的性能受制於持久記憶體的記憶體頻寬時，可以透過監控記憶體頻寬和微處理器性能的一些相關指標找到程式對應的熱點函數來進行訂製最佳化。這些性能事件與特定記憶體物件的指標或原始程式碼的連結可以用作性能最佳化的基礎。可以將較熱的資料放到 DRAM 中，將較冷的資料放到持久記憶體中，將真正冷的資料放到更大、更慢的存放裝置中。這樣既實現了資料的分層，還能充分利用系統的資源。在這種場景下直接存取持久記憶體，對於延遲時間敏感型的應用可以獲得相對於記憶體模式更加穩定的延遲時間性能。

■ 在儲存 I/O 變成系統的瓶頸時，可以利用 DRAM 或持久記憶體作為系統 I/O 的快取來加速 I/O 的性能。在一些資料密集型的場景中，DRAM 的空間較小，往往不能有效擴展快取容量，而持久記憶體基於容量大、非揮發性的特點可以有效增加快取的容量，並提升性能。

如圖 5-10 所示，Redis 的持久化操作日誌 AOF 對於磁碟的壓力成為瓶頸就是一個具體的例子：在大量寫入壓力的情況下，為了保證資料的持久化，需要在每一行寫入操作指令後立刻呼叫 fsync，以保證所有的操作立刻持久化到磁碟中（fsync 磁碟的寫入操作的最小單位是 4KB），這樣磁碟的 I/O 就是整個系統的性能瓶頸。這時，利用持久記憶體作為一個持久化的快取，不需要在每一行寫入操作指令之後呼叫 fsync，這樣大大降低了磁碟的寫入 I/O 壓力，而持久記憶體緩衝區中沒有被刷入磁碟的資料仍然可以從持久記憶體中獲得，從而可以保證所有的資料持久化。

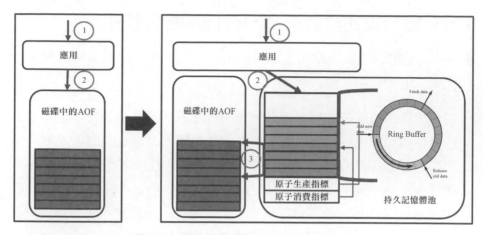

圖 5-10 持久記憶體加速磁碟的寫入操作

（1）資料產生並要求應用將資料持久化。

（2）應用在寫入資料到磁碟的同時，將資料寫入持久化 Ring Buffer（環狀緩衝區）中。持久記憶體還維護了 Ring Buffer 讀寫管理所需的 8B 的原子生產指標和 8B 的原子消費指標，用於確保原子操作，並在寫入時更新原子生產指標。

（3）當 Ring Buffer 中的資料足夠多時，應用呼叫 fsync/fdatasync，將資料刷入磁碟，當 fsync 返回後，更新原子消費指標。

因為持久記憶體可以在使用者態透過微處理器的 load/store 指令進行造訪，無須系統呼叫，所以應用程式透過將日誌寫入持久記憶體中的 Ring Buffer，可以減少對 fsync 的呼叫，提升資料持久化的性能。當系統斷電時，磁碟中的 AOF 檔案加上持久記憶體 Ring Buffer 中的殘留資料，就是完整的 AOF 日誌資料。關於此專案的具體實現，可以參考 Github 網站上關於 pmem-redis 的開放原始碼專案。

5.4 性能監控與最佳化調整工具

隨著持久記憶體的產品化應用，如何更好地開發和最佳化基於混合記憶體系統的軟體以獲得最佳的性能成為軟體開發者非常關心的問題。此時，對應用軟體的軟體和硬體一體化最佳化調整來説，性能監控和最佳化調整工具就顯得尤其重要。本節介紹幾個常用的針對持久記憶體的工具與軟體，包括 Memory Latency Checker、Performance Counter Monitor 和 VTune Amplifier。

5.4.1 Memory Latency Checker

Memory Latency Checker（MLC）是用來測量在不同的系統負載時的記憶體延遲時間和頻寬的工具，也可以提供一些選項專門測量一些訂製微處理器核心到快取和記憶體系統的延遲時間和頻寬。

由於現代的微處理器包含複雜的硬體指令和資料預先存取功能，為了防止這些功能對性能結果造成影響，MLC 在執行時期，一般會先將這些微處理器的預先存取功能關閉，在執行完畢後再將其打開。這樣，就要求 MLC 在執行的系統上擁有管理員的許可權，可以控制微處理器預先存取功能的打開和關閉。Windows 平台提供了簽名的驅動用於存取控制預先存取功能的相應暫存器。

MLC 可以測量不同記憶體頻寬負載下的資料存取延遲時間。MLC 創建了多個執行緒用來生成負載（負載生成執行緒），即盡可能地生成更多的記憶體引用。此時另一個延遲時間測量執行緒（latency thread）進行相關的資料讀取操作，這個執行緒會遍歷一個由記憶體指標串聯的陣列，其中，每一個指標的位址都會指向下一個指標，這樣就創建了連續的記憶體讀取操作，而其中每次讀取花費的平均時間就是帶負載時的延遲時間性能指標。透過向負載生成執行緒的存取注入延遲時間，可以調整負載強度，從而得到在不同的負載強度下的延遲時間性能指標。

執行時期，每個負載生成執行緒會綁定在一個微處理器邏輯核心上執行。舉例來說，在啟用超執行緒的 10 核心系統時，MLC 創建 18 個負載生成執行緒並保留物理核心來執行延遲時間執行緒。每個負載生成執行緒可以針對快取層級生成不同程度的讀寫配置。同時，每個執行緒分配一個緩衝區用於讀取，並分配另一個獨立的緩衝區用於寫入（任何執行緒之間都沒有共用資料）。透過設定不同大小的快取參數，可以確保資料的讀取可以由任意的快取或記憶體來提供。另外，還有一些選項可以控制負載生成執行緒的數量、每個執行緒使用的快取大小、在哪裡分配它們的記憶體、讀寫的比例，以及循序串列取或隨機存取等。

不使用任何參數呼叫 MLC 會測量一系列內容，使用參數則可以指定特定任務。

1. ./mlc --latency_matrix

輸出本地和遠端微處理器互相存取的記憶體延遲時間。

```
Measuring idle latencies (in ns)...
          Numa node
Numa node        0        1
     0        74.0    132.7
     1       130.8     72.7
```

2. ./mlc --peak_injection_bandwidth

輸出在不同讀寫速率下本地記憶體存取的峰值記憶體頻寬。

```
Measuring Peak Injection Memory Bandwidths for the system
Bandwidths are in MB/sec (1 MB/sec = 1,000,000 Bytes/sec)
Using all the threads from each core if Hyper-threading is enabled
```

```
Using traffic with the following read-write ratios
ALL Reads        :        222712.0
3:1 Reads-Writes :        205190.3
2:1 Reads-Writes :        203040.4
1:1 Reads-Writes :        193667.4
Stream-triad like:        186007.1
```

3. ./mlc --bandwidth_matrix

輸出本地和交換 Socket 的記憶體頻寬。

```
Measuring Memory Bandwidths between nodes within system
Bandwidths are in MB/sec (1 MB/sec = 1,000,000 Bytes/sec)
Using all the threads from each core if Hyper-threading is enabled
Using Read-only traffic type
                Numa node
Numa node           0        1
     0         111644.1   33788.4
     1          33773.0  111533.7
```

4. ./mlc --loaded_latency

輸出有負載的平台的記憶體延遲時間。

```
Measuring Loaded Latencies for the system
Using all the threads from each core if Hyper-threading is enabled
Using Read-only traffic type
Inject  Latency Bandwidth
Delay   (ns)    MB/sec
==========================
 00000  250.55  222808.3
 00002  250.48  222730.4
 00008  250.43  222761.3
 00015  249.85  223134.2
 00050  246.72  223378.9
 00100  244.74  223242.8
```

```
00200    130.96    197616.1
00300    104.28    135975.6
00400    100.45    102973.8
00500     98.66     82897.8
00700     98.63     59698.9
01000     90.33     42220.3
01300     87.46     32724.9
01700     85.19     25256.2
02500     83.00     17460.5
03500     82.34     12710.1
05000     82.14      9138.1
09000     81.98      5430.2
20000     81.43      2878.8
```

5. ./mlc --c2c_latency

輸出平台的快取至快取間資料傳輸時在 hit/hitm（讀取命中未修改 / 修改過的快取行）時的延遲時間。

```
Measuring cache-to-cache transfer latency (in ns)...
Local Socket L2->L2 HIT  latency        48.9
Local Socket L2->L2 HITM latency        48.9
Remote Socket L2->L2 HITM latency (data address homed in writer socket)
                    Reader Numa Node
Writer Numa Node      0         1
            0         -       110.1
            1       110.3       -
Remote Socket L2->L2 HITM latency (data address homed in reader socket)
                    Reader Numa Node
Writer Numa Node      0         1
            0         -       172.2
            1        73.0       -
```

6. ./mlc -e

輸出不修改預先存取器設定的測試結果。當使用 -e 參數時，MLC 在所有測量中都不會修改硬體預先存取器。這個參數適用於虛擬機器內部測試（無法修改宿主機功能的場景）。

7. ./mlc -X

當使用 -X 參數時，每個核心只有一個超執行緒（hyperthread）用於所有的頻寬測試，否則這個核心的所有執行緒都會被用於頻寬測試。

5.4.2 Performance Counter Monitor

Performance Counter Monitor（PCM）提供了基於 C++ 的範例程式與工具，評估英特爾至強處理器中的資源使用率的統計資訊，並基於這些資料獲得提升性能的最佳化方案。

PCM 的工具集中包含的 pcm-memory.x 工具可以專門針對記憶體存取的流量進行統計與監控，該工具會統計每一個記憶體通道中針對記憶體產生的讀和寫的記憶體頻寬，並將其整理為系統等級的記憶體存取頻寬資訊。

命令範例：

```
sudo ./pcm-memory.x -pmm [Delay]/[external_program]
```

參數：

- pmm：監控持久記憶體的頻寬與記憶體模式下 DRAM 的快取命中率。
- Delay：可以把 Delay 或一個外部程式作為參數傳遞給主程序執行。如果 Delay 的值被設定為 5，那麼 pcm-memory.x 對記憶體頻寬的統計會以 5s 為時間間隔進行輸出。pcm-memory.x 的預設輸出是以 1s 為時間間隔的統計結果。

- external program：如果外部程式是一個指令稿或應用，那麼 pcm-memory.x 會在外部程式指令稿或應用執行完畢後進行輸出。

```
|-------------------------------------||-------------------------------------|
|--          Socket  0          --||--          Socket  1          --|
|-------------------------------------||-------------------------------------|
|--   Memory Channel Monitoring   --||--   Memory Channel Monitoring   --|
|-------------------------------------||-------------------------------------|
|-- Mem Ch  0: Reads (Mbit/s):3.79 --||-- Mem Ch 0: Reads (Mbit/s): 2.79--|
|--        Writes(Mbit/s):    1.64 --||--        Writes(Mbit/s):    1.51 --|
|--     PMM Reads(Mbit/s) : 1770.63 --||--   PMM Reads(Mbit/s) :    0.00 --|
|--     PMM Writes(Mbit/s) :    0.12 --||--   PMM Writes(Mbit/s) :    0.00 --|
|-- Mem Ch 1: Reads(Mbit/s):  4.53 --||-- Mem Ch 1: Reads (Mbit/s):2.76 --|
|--        Writes(Mbit/s):    1.67 --||--        Writes(Mbit/s):    1.32 --|
|--     PMM Reads(Mbit/s)  : 1770.57 --||--   PMM Reads(Mbit/s) :    0.00 --|
|--      PMM Writes(Mbit/s) :    0.34 --||--   PMM Writes(Mbit/s):    0.00 --|
|-- Mem Ch 2: Reads (Mbit/s): 3.86 --||-- Mem Ch 2: Reads(Mbit/s): 2.60 --|
|--        Writes(Mbit/s):    1.69 --||--        Writes(Mbit/s):    1.39 --|
|--     PMM Reads(Mbit/s) :    0.00 --||--   PMM Reads(Mbit/s):    0.00 --|
|--      PMM Writes(Mbit/s):    0.00 --||--    PMM Writes(Mbit/s):    0.00 --|
|-- Mem Ch 3: Reads (Mbit/s): 3.00 --||-- Mem Ch 3: Reads(Mbit/s): 2.20 --|
|--        Writes(Mbit/s):    1.34 --||--        Writes(Mbit/s):    0.84 --|
|--     PMM Reads(Mbit/s) : 1770.63 --||--   PMM Reads(Mbit/s):    0.00 --|
|--      PMM Writes(Mbit/s):    0.13 --||--    PMM Writes(Mbit/s):    0.00 --|
|-- Mem Ch 4: Reads(Mbit/s):  2.92 --||-- Mem Ch 4: Reads(Mbit/s): 2.28 --|
|--     Writes(Mbit/s):       1.32 --||--        Writes(Mbit/s):    0.84 --|
|--     PMM Reads(Mbit/s):  1770.63 --||--   PMM Reads(Mbit/s):    0.00 --|
|--     PMM Writes(Mbit/s):    0.13 --||--    PMM Writes(Mbit/s):    0.00 --|
|-- Mem Ch 5: Reads(Mbit/s):  3.16 --||-- Mem Ch 5: Reads(Mbit/s): 2.10 --|
|--        Writes(Mbit/s):    1.42 --||--        Writes(Mbit/s):    0.73 --|
|--     PMM Reads(Mbit/s):     0.00 --||--   PMM Reads(Mbit/s):    0.00 --|
|--      PMM Writes(Mbit/s):    0.00 --||--    PMM Writes(Mbit/s):    0.00 --|
|-- NODE 0 Mem Read(Mbit/s): 21.26 --||-- NODE 1 Mem Read(Mbit/s): 14.73 --|
```

```
|-- NODE 0 Mem Write(Mbit/s): 9.07 --||-- NODE 1 Mem Write(Mbit/s): 6.64 --|
|-- NODE 0 PMM Read(Mbit/s):7082.46--||-- NODE 1 PMM Read (Mbit/s): 0.00 --|
|-- NODE 0 PMM Write(Mbit/s):  0.72--||-- NODE 1 PMM Write(Mbit/s): 0.00 --|
|-- NODE 0.0 NM read hit rate:0.99 --||-- NODE 1.0 NM read hit rate:0.93 --|
|-- NODE 0.1 NM read hit rate:1.02 --||-- NODE 1.1 NM read hit rate:0.91 --|
|-- NODE 0 Memory (Mbit/s):7113.51 --||-- NODE 1 Memory (Mbit/s):  21.36 --|
|----------------------------------||----------------------------------|
|----------------------------------||----------------------------------|
|--       System DRAM Read Throughput(Mbit/s):      35.99         --|
|--       System DRAM Write Throughput(Mbit/s):     15.71         --|
|--        System PMM Read Throughput(Mbit/s):    7082.46         --|
|--       System PMM Write Throughput(Mbit/s):       0.72         --|
|--            System Read Throughput(Mbit/s):    7118.45         --|
|--           System Write Throughput(Mbit/s):      16.43         --|
|--          System Memory Throughput(Mbit/s):    7134.88         --|
|----------------------------------||----------------------------------|
```

PCM 提供了監控處理器內部性能事件的能力。透過處理器內部的性能監控單元（PMU）可以獲得處理器內部更精確的資源使用狀態。該工具與現有的一些性能擷取框架（如 PAPI[3] 和 Linux Perf）的不同之處在於：PCM 不僅支援計算核心（Core）的性能事件，也支援最新的英特爾平台的非計算核心（Uncore）中單獨的 PMU 提供的性能事件。其中 Uncore 部分的性能監控包括處理器中的快取記憶體、整合的記憶體控制器、透過 QPI（Quick Path Interconnect）與平台上的其他處理器或 I/O Hub 連接的高速互聯部分等。簡單來說，可以支援以下微處理器的性能事件。

3　Terpstra D，Jagode H，You H，et al. Collecting Performance Data with PAPI-C. Tools for High Performance Computing. 3rd. Berlin: Springer，2009:157-173.

- Core：instructions retired、elapsed core clock ticks、core frequency、 L2 cache hits and misses、L3 cache misses and hits（including or excluding snoops）。
- Uncore：bytes read from memory controller（s）、bytes written to memory controller（s）、data traffic transferred by the Intel QPI links。

這些性能指標提供了對平台性能觀察的介面，甚至可以用來快速、即時地定位底層性能的瓶頸問題。這是和 5.4.3 節介紹的 VTune Amplifier 不一樣的使用方式，因為 VTune Amplifier 主要對應用程式和系統進行性能分析而非即時監控。

5.4.3 VTune Amplifier

VTune Amplifier（以下簡稱 VTune）性能分析套件是一個針對 32 位元和 64 位元 x86 平台進行性能分析和診斷的商用軟體，它包括圖形化的使用者介面（GUI），以及針對 Linux 和 Windows 作業系統的命令行使用介面。對開發者來説，VTune 也可以用來分析應用程式的程式熱點、演算法最佳化和系統的性能瓶頸等。VTune 中的性能分析功能大多可以同時支援英特爾和 AMD 的 x86 平台的執行，但只有英特爾的微處理器才支援一些基於硬體取樣進行分析的高級功能。

使用 VTune 的記憶體存取分析功能可以分析程式是否能從持久記憶體的使用中獲得收益，還可以獲得一些常用的最佳化指導建議，具體步驟如下。

1. 確定應用程式的記憶體存取足跡

透過執行 VTune 中的記憶體使用分析（Memory Consumption Analysis）軟體，可以追蹤應用程式所有的記憶體分配請求。分析結果中會顯示取

樣過程中的記憶體使用情況，同時得到 VTune 的最大記憶體存取足跡
分析介面，如圖 5-11 所示，應用程式的記憶體消耗為圖形介面時序圖
中 Y 軸上的最高值，大小約為 1GB。

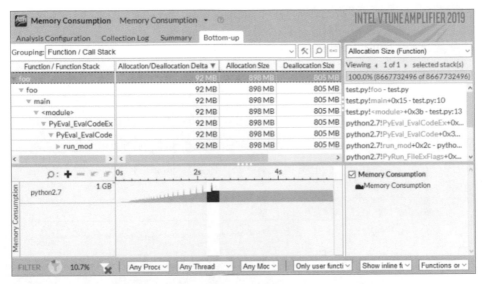

圖 5-11　VTune 的最大記憶體存取足跡分析介面

要從持久記憶體的使用中獲得收益，應用程式應該擁有滿足對大容量
記憶體的需求的使用特徵，其記憶體的使用足跡應該接近（如 90% 左
右）或大於系統的可用記憶體。考慮到在有限的實體記憶體資源中，作
業系統或其他系統處理程序也會消耗一定數量的記憶體容量，所以當目
標應用程式和其他的系統佔用的記憶體接近總記憶體容量時，就可以推
測，該應用非常適合執行在使用持久記憶體的場景下。

另外一方面，如果從應用程式在記憶體資源擴展的趨勢或直接修改程式
的邏輯方面進行分析，在更大的記憶體容量下，當應用性能得到提升
時，即使現有記憶體容量暫時滿足了程式的需求，也可以繼續參照以下
幾點來繼續進行最佳化。

2. 確定應用程式的工作集大小

透過對應用程式的記憶體足跡進行分析，可以瞭解記憶體使用的容量大小，但仍然無法獲知記憶體使用的頻率。透過對工作集大小進行分析，可以掌握應用程式經常使用和存取的記憶體物件的資訊。

透過執行 VTune 中的記憶體存取分析（Memory Access Analysis）軟體，選擇「分析動態記憶體物件」選項之後，可以從如圖 5-12 所示的 VTune 的應用程式工作集大小分析介面中得到應用程式分配的所有記憶體物件、佔用的記憶體大小（括弧中的數字），以及對應的 Load 與 Store 的操作數目。這些物件的整理結果就是該應用程式的資料工作集大小。當然，界定是否在資料工作集中的判斷標準由開發者自己來定。

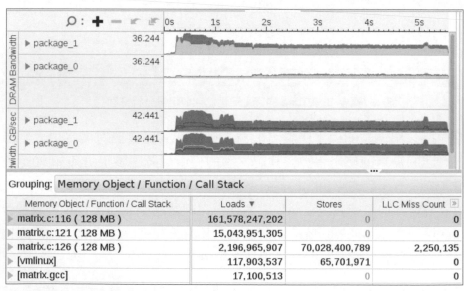

圖 5-12 VTune 的應用程式工作集大小分析介面

3. 設計系統的最佳記憶體比例配置

透過應用程式工作集大小資訊，結合對成本與性能要求的權衡，可以確定系統中合理的 DRAM 與持久記憶體的分配比例。一般來説，透過配置足夠的快取工作集大小的記憶體（基於 Load 和 Store 操作的記憶體熱物件），剩餘的大容量持久記憶體就可以覆蓋應用程式剩餘的使用需求。

一般來説，在確定系統上的 DRAM 與持久記憶體的配置比例之後，建議先嘗試使用持久記憶體的記憶體模式。此模式不需要對任何軟體進行修改，應用程式會自動將持久記憶體視為可定址的系統記憶體來使用。這時應用程式的工作集可以被 DRAM 快取，而剩餘的其他記憶體請求則會在持久記憶體上被分配，而非向磁碟進行讀寫。

4. 為確定的記憶體配置進行應用程式的最佳化

除了記憶體模式，持久記憶體還可以被配置成 AD 模式，這樣使用者可以根據程式設計決定記憶體物件應該分配在 DRAM 中，還是持久記憶體中。而決定分配的策略就顯得非常重要，因為這和能獲得的程式性能密切相關。通常情況下，這樣的分配需要透過相應的 API 和函數庫函數來完成，具體的方法可以參考 PMDK 函數庫和 libmemkind 函數庫。

透過對應用程式物件的三級快取未命中等性能事件進行監控，可以將快取未命中事件最多的物件分配至 DRAM 中，以確保它們擁有相對於持久記憶體來説較低的記憶體存取延遲時間。而剩餘的物件由於擁有較低的三級快取未命中率，可能在記憶體需求過大的時候，透過分配函數被分配到持久記憶體中。透過這樣的最佳化，可以確保最近常存取的物件被放置到離微處理器最近的路徑上（DRAM 中），而不經常存取的物件則可以利用額外的持久記憶體。最後把剩餘的較冷的或不經常使用的資料放置在硬碟中，透過這樣的方式，仍然可以獲得不錯的性能收益。

另外一個需要考慮的因素是應用程式記憶體物件的 Load 和 Store 的比例。因為針對持久記憶體讀取操作的性能要遠高於寫入操作。透過 Load 和 Store 的比例來確定應用程式物件的讀寫比例之後，可以將讀取操作更多的物件分配至持久記憶體中，而將寫入操作更多的物件分配至 DRAM 中。

最終，針對記憶體結構進行最佳化後，應用程式的性能表現仍然會與業務自身的特點密切相關，而設計熱資料、溫資料和冷資料的組成並沒有固定的比例，但透過將以上原則作為使用持久記憶體的基礎，程式開發人員可以繼續透過 VTune 完成對完整系統的分析和最佳化調整。更多的方法和資料讀者可以自行搜索與參考 VTune 官方網站。

持久記憶體在資料庫中
的應用

大部分資料庫應用對記憶體容量的需求較大，由於系統輸
送量受限於網路頻寬，記憶體頻寬並非性能瓶頸，所以
資料庫應用可以使用頻寬略低但容量更大的持久記憶體，使工
作負載容納更大的資料集。同時，相比於 DRAM，持久記憶
體還支援資料持久性，這可以作為資料庫應用的獨特優勢。本
章分別介紹了在 Redis 和 RocksDB 中使用持久記憶體的具體
方式。

▶ 6.1 Redis 概況

Redis 作為一個高性能、低延遲時間的快取資料庫,被廣泛應用在遊戲、視訊、新聞、導航、金融等各個領域,其根本原因是 Redis 將所有的資料都存放於記憶體中,而記憶體擁有著磁碟難以比擬的頻寬和延遲時間。Redis 是一個鍵值資料庫,其中,鍵是一個簡單的字串,而值比較複雜,值有 5 種主要類型:string、hash、list、set 和 zset。

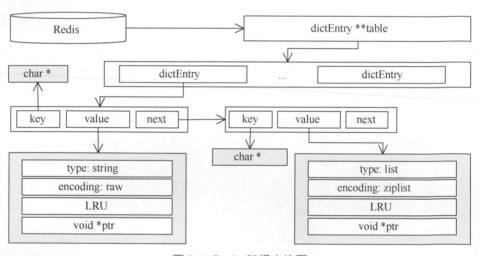

圖 6-1 Redis 架構方塊圖

如圖 6-1 所示,Redis 資料庫的主要資料結構是字典(dict),其實現需要使用雜湊表。每一個 dictEntry 都使用鍵計算雜湊值以獲得鍵值對在雜湊表中儲存的位置,如果雜湊衝突,就用鏈結串列的方式將衝突的鍵值對透過單在鏈結串列連接在同一個 dictEntry 中。在讀取設定值時,需要計算鍵的雜湊值,以獲得值在雜湊表中的位置,在記憶體中以雜湊表的方式儲存資料可以減少搜索延遲時間,還能夠達到微秒級的資料存取。如果衝突增加,即單一 dictEntry 鏈結串列長度過長,搜索和讀取設定值的時間就會增加，此時需要透過擴展雜湊表的機制來減少雜湊衝突。Redis 還提供了冷備（如 RDB 機制）、主備（如多副本機制）及 AOF（Append Only File）等功能，以滿足 Redis 的資料持久化和恢復功能。

Redis 不只是一個簡單的鍵值儲存，實際上它支援各種類型的資料結構。表示，在傳統的鍵值儲存中，將字串鍵連結到字串值，但是在 Redis 中，該值不侷限於簡單的字串，還可以容納更加複雜的資料結構。

Redis 可以利用上述的 RDB、多副本、AOF 等機制進行持久儲存，由於記憶體容量較小，因此這些方式只能用來儲存較少的資料。由於現代業務資料量巨大，所以 Redis 主要作為快取業務以減少熱資料存取延遲時間，而資料的儲存往往借助於資料庫來保證。對於資料庫和 Redis 快取的同步一般有下列幾種方式。

（1）有改動時先修改資料庫，然後將資料插入 Redis，這樣資料就永遠不會遺失。當應用需要讀取資料時，先從 Redis 中讀取資料，如果資料缺失，則從資料庫中獲取資料。

（2）有改動時先修改資料庫，當應用需要讀取資料時，如果資料不在 Redis 快取中，則將資料從資料庫中讀出，寫入 Redis 快取中。和第一種方式相比，這種方式不會在修改資料庫後立即將資料寫入 Redis 快取中。

（3）有改動時先修改 Redis 快取中的資料，然後在業務空閒的時候，批次地將資料同步到資料庫中，但是這樣無法保證資料安全。

6.2 使用持久記憶體擴展 Redis 記憶體容量

現今的 DDR4 記憶體的容量的增長趨勢緩慢，但處理器的核心數越來越多，處理能力也越來越強，較小的記憶體容量無法充分發揮處理器的能力，造成了資源的浪費。

持久記憶體給 Redis 帶來了新的價值，持久內存單根容量大、性價比高，可以透過執行更多的 Redis 實例來充分釋放單機處理器的能力，縱向擴展單機業務能力。相對於使用多台伺服器橫向擴展業務，縱向擴展業務還可以減少多台伺服器間的管理負擔，降低運行維護成本。整體而言，透過持久記憶體來擴充記憶體，可以大大降低業務的總成本（Total Cost of Ownership，TCO）。

如果將 Redis 作為儲存，利用持久記憶體可以儲存更多的資料。而對於快取的業務，快取中的資料越大，快取命中率（hit rate）就越高，從而整體的性能就越好。但是大容量快取也帶來了一個挑戰，即如果斷電或 Redis 當機，預熱整個快取資料需要很長的時間，業務的性能會受很大的影響。而持久記憶體提供了持久化的能力，在某些特別的場景下，可以快速恢復快取中的資料，而不必經過預熱的過程。

另外，持久記憶體的讀寫速度不均衡，讀的性能遠高於寫的性能，而 Redis 主要作為快取業務，資料預熱到快取中後主要進行讀取操作，只有從 Redis 中讀不到時，才會從資料庫中讀出，再寫入 Redis，所以持久記憶體對於讀多寫少的 Redis 是比較適用的。

6.2.1 使用持久記憶體擴充記憶體容量

持久記憶體可以配置成記憶體模式，DRAM 作為持久記憶體的快取，系統所見的記憶體空間是持久記憶體的大小，這樣可以為系統提供更大容量的記憶體。

Redis 作為一個讀多寫少的應用，往往使用 memtier-benchmark80/20 的讀寫比來測試，測試的命令為 "memtier_benchmark --ratio=1:4 -d 1024 -n <key_number> --key-pattern=G:G --key-minimum=1 --key-maximum=210000001 --threads=1 --pipeline=64 -c 3 --hide-histogram -s <server ip> -p <port>"。如表 6-1 所示，在保證 Redis 的 SLA（99% 延遲時間 <1ms）的情況下，持久記憶體的使用可以將處理器的使用率從 31% 提升到 83%，同時將實例數擴展為原來的 4 倍，而輸送量是 DRAM 的 2.67 倍。表 6-1 中的 Redis 值均為 1KB，Redis 實例均為 45.1GB，讀寫比均為 80% 讀，20% 寫，配置了 80GB 網路的雙路至強處理器。

表 6-1 多種配置下的 Redis 性能對比

配置	記憶體容量	實例數	使用記憶體 /TB	輸送量 / MOPS	99% 延遲時間 /ms	處理器使用率
DRAM	DRAM 768GB	14	0.66	4.68	0.54	31%
持久記憶體記憶體模式	持久記憶體 1TB DRAM 192GB	20	0.88	8.07	0.45	44%
持久記憶體記憶體模式	持久記憶體 1.5TB DRAM 192GB	28	1.23	10.71	0.48	59%
持久記憶體記憶體模式	持久記憶體 3TB DRAM 192GB	56	2.46	12.46	0.83	83%

某使用者使用持久記憶體的記憶體模式測試了在相同 Redis 實例數的情況下，100% 寫和 100% 讀的性能。其中，測試的環境是 24 核心 ×2 至強處理器，DRAM 記憶體為 768GB，持久記憶體（PMEM）的記憶體模式使用的是 192GB DRAM+8×128GB 的持久記憶體，執行 48 個 Redis 實例。如圖 6-2 所示，持久記憶體的 100% 寫入的輸送量性能非常接近 DRAM，在某些資料量較小的情況下，甚至要優於 DRAM，而在 99% 延遲時間方面，持久記憶體大概比 DRAM 要高 20% ～ 30%；持久記憶體的 100% 讀取的輸送量性能和 DRAM 幾乎相同，而在 99% 延遲時間方面，持久記憶體比 DRAM 約高 10%。

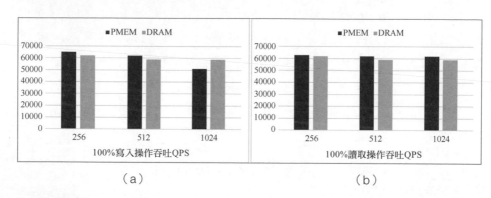

（a）　　　　　　　　　　　　　　　　（b）

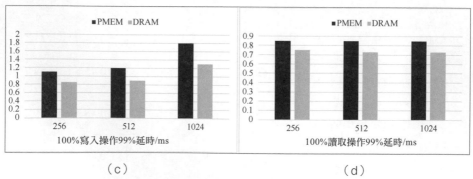

（c）　　　　　　　　　　　　　　　　（d）

圖 6-2　客戶的 Redis 使用持久記憶體模式的性能

6.2.2 使用 NUMA 節點擴充記憶體容量

在第 3 章中介紹了持久記憶體的 NUMA 節點，透過將持久記憶體連線通用的記憶體管理系統，應用程式可以完全透明地存取持久記憶體和 DRAM。如圖 6-3 所示，該實現方式可以為異質記憶體應用場景提供支援，在系統中存在較快的記憶體和較慢的持久記憶體。

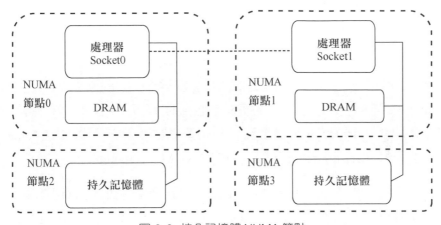

圖 6-3　持久記憶體 NUMA 節點

與前面的記憶體模式相比，應用可以同時存取 DRAM 和持久記憶體，充分使用系統的資源。但是應用需要進行一些改變以決定將什麼樣的資料放在持久記憶體中，將什麼樣的資料放在 DRAM 中，或者由 kernel 將熱資料移轉到 DRAM 中，而遷移冷資料到持久記憶體（冷／熱資料移轉的特性還在研究過程中）中。和持久記憶體的記憶體模式相同的是，NUMA 節點的方式不能實現資料持久化。

Redis 利用持久記憶體 NUMA 節點的實現方式，透過一些策略將 Redis 的資料分佈在各個記憶體節點上。

（1）Redis 中大的使用者資料放置到持久記憶體中，當持久記憶體空間不夠時，資料可以回落到 DRAM 中。

（2）程式、堆疊、資料索引預設放在 DRAM 中，當 DRAM 空間不夠時，索引資料可以回落到持久記憶體中。

預設的 NUMA 分配策略是將所有的資料優先放到 DRAM 中，如果 DRAM 空間不夠，再將資料回落到持久記憶體中。Redis 剛開始的性能是 DRAM 的性能，但當 DRAM 空間耗盡後，所有的資料（包括索引的資料）就只能放到持久記憶體中，所以其性能會下降很多。也可以透過動態調整 threshold 來決定將一些資料放到持久記憶體中，將另一些資料放到 DRAM 中，始終維持持久記憶體和 DRAM 的使用比例。

如圖 6-3 所示，持久記憶體連結的處理器核心是空。如果 NUMA Balance 打開，持久記憶體上的資料會自動回遷至 DRAM，所以需要透過關閉 NUMA Balance 來保證資料分佈策略的實施。可以透過 "echo 0 > /proc/sys/kernel/numa_balancing" 關閉 NUMA Balance。

利用上述策略和方法，只需要控制資料分佈到合適的記憶體節點上，就可以用較小的改動來擴展 Redis 的記憶體。由於持久記憶體也是一個 NUMA 節點，所以可以利用 MEMKIND 去控制兩種靜態的記憶體分配，MEMKIND_DEFAULT 用於 DRAM，而 MEMKIND_DAX_KMEM 用於持久記憶體。

其性能情況根據資料分佈的策略和 Redis 實例數的多少各有不同。將大於 64 位元組的資料放到持久記憶體下，使用 1024 位元組大小的值，每個處理器核心執行一個 Redis 實例，Redis 100% 讀取的性能在穩態下可以達到 DRAM 的 90% 以上。

在 4.4.2 節中，對於多執行緒或多處理程序的寫入，如果單純依賴處理器快取的踢出和替換策略，將有很多不連續的資料被踢到記憶體控制器的 WPQ 中。這樣會造成這些資料無法以連續的 256 位元組寫入持久記憶體媒體，減少寫入頻寬，所以在應用中需要經常主動呼叫更新操作，將連續的資料寫入 WPQ 中。

如果使用記憶體模式和 NUMA 節點模式，資料就不能利用持久記憶體的持久特性，但在性能方面基本可以滿足業務需求。

6.2.3 使用 AD 模式擴充記憶體容量

在 Redis 中使用持久記憶體的 AD 模式以擴充記憶體，持久記憶體以檔案的形式存在，透過 SNIA 程式設計模型中的 DAX-MMAP 方式直接存取持久記憶體。持久記憶體可以透過 MEMKIND 中的 PMEM 動態類別分配持久記憶體堆積。

和上述的持久記憶體 NUMA 節點在資料分佈的策略類似，使用 AD 模式需要考慮將資料放入持久記憶體還是 DRAM 中。在設計之初，Redis 只考慮使用 DRAM 的情況，所以有一些資料結構（如 ZIPLIST 結構）對持久記憶體來說並不友善，要獲得對所有的數值型態都友善的性能表現，就要對 Redis 的一些資料結構進行適當的修改。如表 6-2 所示，可以透過調整 Redis 現有的資料結構獲得在持久記憶體中更好的性能。

表 6-2 Redis 資料結構更新

值的類型	編碼方式	值指標資料類型及如何修改
STRING	RAW	SDS 和 Redis 字串類型，只有大於某個閾值的字串，才能放到持久記憶體中
	INT	INT，整形值轉為字串，不進行改動
	EMBSTR	較小的字串，Redis 設定長度限制 #define OBJ_ENCODING_EMBSTR_SIZE_LIMIT 44，可以不進行改動
HASH	HT	雜湊表，如果鍵和值超過設定的閾值，則放到持久記憶體中
	ZIPLIST	壓縮清單結構對持久記憶體不太友善，需要進行一些改動

值的類型	編碼方式	值指標資料類型及如何修改
SET	INTSET	整形集合，不進行改動
	HT	雜湊表，如果鍵和值超過設定的閾值，則放到持久記憶體中
ZSET	SKIPLIST	跳躍表，如果其中的鍵超過閾值，則將資料放到持久記憶體中
	ZIPLIST	壓縮清單結構對持久記憶體不太友善，需要進行一些改動
LIST	QUICKLIST	快速列表，不進行改動，其中，當它的節點是 ziplist 時，需要進行改動

在 Redis 3.0 及以前的版本中，list 是使用 linked list 實現的。linked list 的優勢是增刪性能非常好，但是其額外記憶體空間較大（為每一個元素都要創建一個 list node，包括 prev、next 指標，以及 value 欄位，當 value 本身很小時，額外空間的負擔非常明顯）。在 Redis 3.0 以後的版本中，list 的實現使用 quick list，而 quick list 是由 zip list 組成的，zip list 就是將多個元素很緊湊地存放在同一個 buffer 中。使用 zip list 是為了節省記憶體，Redis 用「時間」換「空間」。在 zip list 中，資料的變化可能會導致記憶體的重新分配和移動，這對於持久記憶體而言，代價是非常大的。所以對於這種資料結構，需進行以下改動。

（1）一開始將 zip list 存放在 DRAM 中，如果有一個較大的字串要加入 zip list，則將該字串存入持久記憶體，並在 zip list 中存入其指標，這樣大量的操作仍然是在記憶體中進行的。

（2）在 list 這個資料類型中，當 zip list 節點已滿時，Redis 會將整個 zip list 節點移至持久記憶體中。

考慮到性能，要儘量減少資料在持久記憶體中的移動和重新分配。可以考慮在 zip list 中加入一些頭尾資訊，不需要在頭尾數據彈出和存入操作時移動和重新分配記憶體，而是在不忙的時候進行一些清理工作。

由於持久記憶體的 AD 模式和 NUMA 節點模式都需要選擇一些資料放到持久記憶體中。如果應用程式寫入 Redis 的資料長度較小，那麼 DRAM 可能會先被寫滿，而此時持久記憶體還有剩餘空間，那麼只能將所有的資料放到持久記憶體中，在這種情況下，寫入的性能可能無法得到滿足。可以在 Redis 中將使用者資料放到持久記憶體中，然後統計出 DRAM 的記憶體使用量，如表 6-3 所示。

表 6-3　Redis 堆疊和資料索引所佔用的 DRAM 記憶體

結構類型	100 萬筆記錄需要使用的 DRAM / 位元組	平均每筆記錄需要使用的 DRAM / 位元組
string	94387584	94
dict	78388840	78
set	46388832	46
sorted set	99725984	99
list	2076568	20

假如記憶體容量 / 持久記憶體容量 =1/8，則字串類型有以下幾個特點。

（1）當使用者資料的平均值大於 800 位元組時，持久記憶體會先被寫滿，然後將所有資料都寫入 DRAM。

（2）當使用者資料的平均值小於 800 位元組時，DRAM 會被先寫滿，即 Redis 內部資料結構已經先將 DRAM 消耗完，此時只能將所有資料回落到持久記憶體中，性能可能會受到一定的影響。

因此，這種方案有一定的限制，對於一些使用者資料較大的場景更為適用，這樣可以充分利用系統的 DRAM 和持久記憶體資源。

6.3 使用持久記憶體的持久化特性提升 Redis 性能

Redis 持久化就是 Redis 可以把記憶體中的資料持久化到磁碟上面,在這種模式下,資料如果出現異常情況,是可以進行恢復的,而不需要在從資料庫中讀取的同時不斷預熱 Redis 的資料。此外,如果 Redis 可以將資料持久化,那麼可以將 Redis 用來儲存資料。

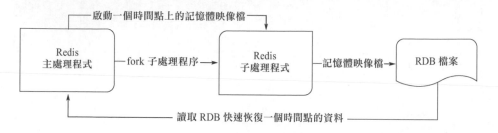

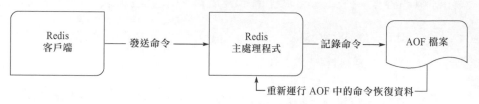

圖 6-4 Redis 的持久化方式

Redis 提供了兩種持久化方案,分別是 RDB(Redis Data Base)和 AOF(Append Only File)。如圖 6-4 所示,RDB 會在某個時間點把記憶體資料寫到一個暫存檔案裡,當保存好之後,Redis 會使用這個暫存檔案去替換上傳的持久化檔案。Redis 主處理程序將衍生一個子處理程序來保存此時的記憶體快照,同時主處理程序仍然可以服務於 Redis 用戶端的命令來執行讀寫操作。一旦系統崩潰或需要恢復特定時間的資料,

Redis 伺服器可以讀取 RDB 檔案並快速恢復資料庫。RDB 檔案的尺寸比較小，恢復資料比較快，但是 RDB 模式是間隔一段時間執行一次持久化操作的，如果在這段時間之內 Redis 出現了故障，那麼部分資料就會遺失。因此，這個方案更加適合在對資料要求不是很嚴格的情況下使用。

Redis 用戶端將命令發送到 Redis 伺服器，Redis 伺服器將命令記錄到 AOF 檔案中。這種模式透過日誌儲存，當需要恢復資料時，直接從記錄檔裡重放所有的操作。相對於 RDB 而言，AOF 比較可靠，資料遺失不會很嚴重，同時可以設定追加檔案的時間，如果設定成 1 秒，那麼最多損失 1 秒的資料。但是 AOF 檔案比 RDB 檔案大，且需要重放所有操作，相對而言，AOF 比較慢。AOF 模式在 Redis 裡預設是關閉的，如果要使用 AOF，需要在 Redis.conf 設定檔中配置 "appendonly yes" 進行開啟。AOF 同步資料的策略主要有 3 種，且這 3 種策略也需要在設定檔中進行配置。

（1）always，表示每筆記錄會立即同步到檔案中，雖然這樣不會導致資料遺失，但是磁碟的負擔比較大。

（2）everysec，表示每秒同步一次，是性能和資料安全的折中選擇，但出現故障時，還是會遺失 1 秒的資料。

（3）no，表示不顯示同步資料，交給作業系統處理，作業系統會檢查分頁快取裡面的情況，如果達到一定量，會進行同步，在這種情況下，資料遺失量由作業系統決定。

如果使用持久記憶體模式或 NUMA 節點模式，Redis 仍然使用現有的方式來進行資料持久化；如果使用持久記憶體 AD 模式，則可以利用持久記憶體的持久化特性來提升其持久化性能。

6.3.1 使用 AD 模式實現 RDB

Redis 的 RDB 需要 fork 一個子處理程序並依賴核心的 COW（Copy-On-Write）來儲存某個時間點的記憶體快照到磁碟中。在持久記憶體 SNIA 程式設計模型中，就是使用 DAX-mmap 的方式來存取持久記憶體的，由於應用直接操作持久記憶體，不經過核心的操作，所以持久記憶體中的資料無法依賴核心的 COW。

在 Redis 儲存某個時間點的記憶體快照的同時，如果主處理程序修改某些持久記憶體中的使用者資料，那麼這些修改就是子處理程序可見的，子處理程序會將更新的資料保存到磁碟中，或者子處理程序會保存主處理程序正在刪除的資料，從而會導致整個應用崩潰，如圖 6-5 所示。

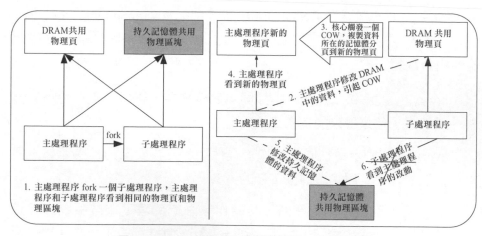

圖 6-5 Redis 在使用持久記憶體後 RDB 的問題

（1）主處理程序 fork 一個子處理程序，主處理程序和子處理程序看到相同的物理分頁和物理區塊。

（2）主處理程序修改 DRAM 中的資料，引起 COW。

（3）核心觸發一個 COW，複製資料所在的記憶體分頁到新的物理分頁。

（4）主處理程序看到新的物理分頁，而子處理程序看到原始的物理分頁，這樣子處理程序就可以保存這個時間點的 DRAM 的內容。

（5）主處理程序修改持久記憶體的資料。

（6）子處理程序看到主處理程序的改動，這會引起很多問題。

對於持久記憶體中的資料，如果主處理程序對資料進行刪除，在進行刪除操作的時候，需要由應用對資料進行複製，並在 RDB 結束的時候對複製過的資料進行清理。

如圖 6-6 所示，在 RDB 之前，系統中有資料 $D1$、$D2$、$D3$ 和 $D4$，其中，$D1$ 處於記憶體中間，所以 kernel 中的 COW 能夠正確的處理。而 $D2$、$D3$、$D4$ 在持久記憶體中，需要進行特別的處理。

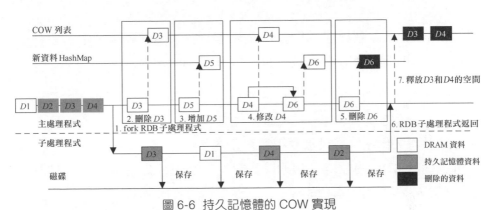

圖 6-6 持久記憶體的 COW 實現

（1）主處理程序 fork 一個子處理程序，子處理程序開始保存 $D1$、$D2$、$D3$、$D4$。

（2）在子處理程序保存資料的過程中，主處理程序刪除 $D3$。由於 $D3$ 不在新資料 HashMap 中，但在持久記憶體裡，即主處理程序的操作會被子處理程序看見，所以主處理程序不能將 $D3$ 刪除，而是將其加入 COW 列表中。

（3）在主處理程序中增加 $D5$，由於 $D5$ 是新加入的資料，在後續的操作中為了避免將 $D5$ 複製，將 $D5$ 加入新資料 HashMap 中。

（4）在主處理程序中修改 $D4$。$D4$ 在持久記憶體裡，但不是新增加的資料，主處理程序需要將 $D4$ 複製一份，在圖 6-6 中顯示把 $D4$ 複製到 $D6$，將 $D4$ 加入 COW 列表中，並將新的複製後的資料 $D6$ 放入 HashMap 中。

（5）主處理程序刪除 $D6$。$D6$ 在新資料 HashMap 中，此時將 $D6$ 從 HashMap 中移出並直接刪除。

（6）當 $D1$、$D2$、$D3$、$D4$ 已經保存到磁碟中後，RDB 子處理程序返回。

（7）當 RDB 子處理程序返回後，主處理程序將 COW 清單中的資料全部刪除，同時銷毀 COW 列表和新資料 HashMap。

透過上述描述可知，核心的 COW 是以分頁為單位的，即使主處理程序只修改了一個位元組的資料，COW 也會複製一個分頁並修改。而從應用中處理持久化資料，只需要複製真正的資料，減少了複製的內容，從而可以提升 RDB 的性能。當刪除資料時，應用只是將需要刪除的資料放入 COW 列表中延遲時間刪除，這樣性能的負擔很小。

持久記憶體透過 NUMA 節點的方式連線記憶體管理系統，持久記憶體中的資料就能利用核心的 COW 了。但在這種方式中，資料的複製是以分頁為最小單位的，即一個位元組的改動也需要複製一整個分頁，這樣的操作對 RDB 的性能影響比較大，需要客戶調整系統中各個 Redis 實例的 RDB 儲存的時機，避免同時進行 RDB 儲存對性能造成較大的影響。

6.3.2 使用 AD 模式實現 AOF

啟用 AOF 後，Redis 會把所有命令（唯讀命令和執行失敗的命令除外）
順序寫入一個尾碼為 aof 的磁碟檔案。高災難恢復性的代價是高昂的性
能負擔，AOF 引入了頻繁的磁碟操作，嚴重降低了 QPS 並增加了延遲
時間。但是持久記憶體可以大幅緩解這些問題。對已經存放在持久記憶
體上的值，AOF 檔案中只需要記錄該值在持久記憶體中的位址，而不
需要寫入其真實的字面額。舉例來說，假設向 Redis 發送一筆命令：

```
set alphabet ABCDEFGHIJKLMNOPQRSTUVWXYZabcdefghijklmnopqrstuvwxyz
```

如果使用社區版本的 Redis，則其會在 DRAM 中創建 key = alphabet，
以及 value = lABCDEFGHIJKLMNOPQRSTUVWXYZabcdefghijklmnop
qrstuvwxyz，並且在 AOF 檔案中寫入記錄 "set alphabet ABCDEFGHIJKL
MNOPQRSTUVWXYZabcdefghijklmnopqrstuvwxyz"。此時，社區版本的
Redis 啟用 AOF 後的儲存結構如圖 6-7 所示。

圖 6-7 社區版本的 Redis 啟用 AOF 後的儲存結構

如果使用持久記憶體，則其會在 DRAM 中創建 key = alphabet，而在持久記憶體中創建 value = ABCDEFGHIJKLMNOPQRSTUVWXYZabcdefghijklmnopqrstuvwxyz（假設持久記憶體映射到虛擬位址空間中的啟始位址是 0x7f0000，而該 value 的位址是 0x7f5678），並且在 AOF 檔案中寫入記錄 "set alphabet @5678"（其中，@5678 表示 value 在持久記憶體上的偏移量為 0x5678 的位址）。此時，持久記憶體 Redis 啟用 AOF 後的儲存結構如圖 6-8 所示。

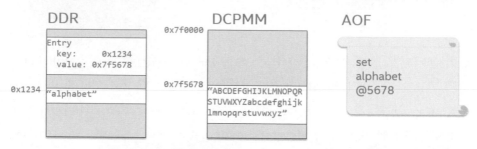

圖 6-8 持久記憶體 Redis 啟用 AOF 後的儲存結構

可見，在以上兩種情況中，記憶體系統的用量是一樣的，但是後者的磁碟用量大幅減少。而 AOF 模式下 Redis 的性能瓶頸正是在於寫入磁碟，因此，後者大幅降低了磁碟寫入量，從而減少了寫入磁碟的延遲時間，提高了系統的 QPS。在該最佳化方案中，AOF 中存放的是指標（雖然考慮到記憶體映射位址的不確定性而採用了偏移量，但是依舊可以將其看作廣義上的指標），故名為 PBA（Pointer-Based-AOF）。

PBA 雖然可以大幅提升 AOF 模式下的性能，但是需要先解決兩個問題才能正確工作：①過濾無效的指標；②保留有效的資料。以圖 6-8 為例，如果 Redis 後續收到命令：

```
del alphabet
```

那麼 key 和 value 都會被從記憶體中刪除。然而，由於 AOF 只能追加記錄 "del alphabet"，所以之前的 @5678 就成了無效的指標。那麼當 Redis 重新啟動後，在讀取到 AOF 中的 "set alphabet @5678" 命令時，如何判斷 0x5678 是否指向有效資料呢？如果透過某種方法判斷出 0x5678 指向有效資料，那麼又如何通知記憶體分配器（如 jemalloc）保留這一段記憶體，視之為已分配狀態，不可再分配出去呢？

對於第一個問題，即過濾無效的指標，Redis 在讀取 AOF 時，所有的 "@xxxx" 都被當作普通字串讀取，因此在重放 AOF 的過程中，並不涉及持久記憶體的存取。當 AOF 重放結束後，遍歷資料庫，把所有形如 "@xxxx" 的字串轉換成指標即可。如在上例中，在重放 AOF 時，先創建了 {key = alphabet, value = @5678} 的鍵值對（注意，其中的 value 是 DRAM 上的字串 @5678），而後遇到 del alphabet 時，該鍵值對就被刪除了。那麼在最後遍歷資料庫的階段，就不可能存取 0x5678 了。反之，如果某個 "@xxxx" 能夠「倖存」到重放 AOF 結束時，那麼可以斷定該位址一定有效。

對於第二個問題，即保留有效的資料，則是透過對 jemalloc 系統更新實現的。傳統的 malloc() 呼叫只接收一個 size 參數，但是系統更新的 jemalloc 提供了 malloc_at(size, addr) 介面，同時指定了長度和位址，使得 jemalloc 保留這一段記憶體，將其視為已分配狀態。透過 malloc_at() 保留的記憶體與透過 malloc() 分配的記憶體的狀態是一樣的，也可以透過 free() 釋放。在最後的遍歷資料庫的階段，對所有有效的位址呼叫 malloc_at()，就可以保證之前有效的資料所佔用的持久記憶體空間不會在後續執行 malloc() 時被分配出去。

▶ 6.4 RocksDB 概述及性能特性

RocksDB 是 Facebook 開放原始碼和維護的持久化鍵值（key-value）儲存程式庫，使用 C++ 實現，同時可以提供 Java API。它支持鍵值的增、刪、改、查等操作，這裡的查操作包括鍵值的單點尋找和範圍尋找。在 RocksDB 中，鍵和值可以是任意的位元組流，並且支援原子的讀和寫。

RocksDB 是基於 Google 開放原始碼的 LevelDB 建構的，而 LevelDB 是 Google 2006 年發佈的著名論文 Bigtable: A Distributed Storage System for Structured Data[1] 中描述的鍵值儲存系統的單機版實現，它的主要開發者之一是 Google 的傳奇工程師 Jeff Dean。RocksDB 在 LevelDB 的基礎上進行了很多的性能最佳化和功能擴展，被應用於各種應用程式。它既可以被直接連結到應用程式中負責資料儲存，如用於儲存 Apache Flink 的狀態管理資訊，作為 Hadoop Ozone 的底層鍵值儲存等，也可以延伸開發後作為關聯式資料庫服務程式的儲存引擎，如 MyRocks 就是使用 RocksDB 作為儲存引擎的 MySQL 版本的。目前，RocksDB 也被阿里巴巴、騰訊、今日頭條、Facebook 等公司廣泛應用於各種生產系統中。

RocksDB 的廣泛應用和它所具備的一些特性是直接相關的，下面列出了主要的幾方面。

---

1 https://static.googleusercontent.com/media/research.google.com/en//archive-/bigtable-osdi06.pdf.

（1）適用於對寫入吞吐和延遲時間有較高要求的場景。

RocksDB 的核心儲存演算法是 LSM 樹（6.5 節會進行較詳細的介紹），該演算法對寫入操作是非常友善的，因為在 LSM 樹中，所有的磁碟隨機寫入操作都會被轉換成順序寫入操作。硬碟的順序寫入的性能之所以遠遠優於隨機寫入的性能，是因為硬碟採用傳統的磁頭探針結構，而隨機寫入時則需要頻繁搜軌，這就嚴重影響了硬碟的寫入速度。而對於 SSD，雖然沒有了磁頭搜軌的負擔，但順序寫入的性能往往是隨機寫入的幾倍。隨機寫入會產生更多的不連續區塊，因此在 SSD 內部需要定期進行大量的垃圾回收操作，而垃圾回收的過程會額外佔用 SSD 的媒體讀寫頻寬，這樣真正可用於使用者資料的頻寬就變少了。

（2）適用於儲存太位元組（Terabyte）等級的資料。

在實際生產環境中，對於使用者數過億的網際網路應用系統，磁碟通常是成本比較大的硬體之一。相比於其他儲存引擎，RocksDB 的重要優勢是可以使用更少的磁碟空間儲存相同的資料，如在 Facebook 的環境中，RocksDB 相比 InnoDB 節省了約一半的磁碟空間 [2]。

RocksDB 能節省磁碟空間，可以極佳地控制寫入空間放大，主要是因為 LSM 樹的分層結構特性和它採用的各種資料壓縮策略。傳統的基於 B+ 樹的儲存引擎因為分頁碎片的問題，一般空間可以放大 1.5 ～ 2 倍，而基於 LSM 的演算法，可以控制空間放大倍數在 1.1 倍左右，所以能顯著節省存放裝置空間並延長存放裝置的使用壽命。因此，RocksDB 對那些需要儲存大量資料的使用者是很有吸引力的。

2　Yoshinori Matsunobu.InnoDB to MyRocks migration in main MySQL database at Facebook. (2017-5). https://www.usenix.org/sites/default/files/conference/protected-files/srecon17asia_slides_yoshinori.pdf.

（3）適用於多處理器核心的場景。

目前主流伺服器的 CPU 都包含越來越多的核心數目，如英特爾至強 8280 處理器中有 28 個物理核心。由阿姆達爾定律可知，程式性能的提升和處理器核心數目的增加並不一定呈線性關係，要使應用程式的性能隨 CPU 核心數目線性提升，需要使更多的程式邏輯可以並存執行。因此 RocksDB 在 LevelDB 的基礎上進行了很多最佳化工作來提升多核心下的併發性能，如各種鎖最佳化，實現了記憶體表的併發插入和多執行緒的合併操作等，從而使 RocksDB 能極佳地利用多核心的優勢。

（4）支援高效的單點尋找和範圍尋找。

所謂單點尋找是指在 RocksDB 中隨機獲取某一個鍵對應的值。相比 B+ 樹，LSM 樹的讀取性能不佔優勢，因為 LSM 是多層結構，一次讀取可能要按層搜索多個檔案，會帶來較高的讀取放大。為此，RocksDB 在專案實現上進行了很多的讀取最佳化使其讀取性能接近 B+ 樹。舉例來說，透過使用布隆篩檢程式，可以避免讀取那些不包含鍵的檔案；使用區塊快取（Block Cache）在記憶體中快取磁碟資料區塊可以減少磁碟讀取，以提升讀取性能，這在有熱點資料的情況下，收益尤其明顯。

同時，RocksDB 也支持高效的範圍尋找，因為磁碟檔案中的多個鍵值之間就是按照鍵來排序儲存的，因此可以較方便地讀取兩個鍵之間的內容。同樣，布隆篩檢程式和區塊快取也能提升範圍尋找的性能。

（5）配置靈活可調。

RocksDB 提供了豐富的執行配置參數，允許使用者根據自身硬體和軟體的配置環境進行調整並進行取捨。舉例來說，它可以設定記憶體表（MemTable）的大小和個數；可以設定區塊快取的大小和替換策略；可以設定後台合併（Compaction）、更新（Flush）執行緒的數目及策略等。透過這些豐富的設定，使用者可以在讀寫性能、讀寫放大和空間放大之間根據自己的需要找到一個平衡點。

▶ **6.5 RocksDB 的 LSM 索引樹**

儘管 RocksDB 在 LevelDB 上進行了很多最佳化，但是它的核心資料結構一直沒有改變過，就是 Bigtable 論文中提到的 LSM 樹。自從 The Log-Structured Merge-Tree(LSM-Tree)[3] 論文於 1996 年被發表後，LSM 樹就被廣泛應用於各種資料儲存系統，除了 Bigtable，它還用於 Dynamo、HBase、Cassandra、AsterixDB 等。雖然被稱作 LSM 樹，但它其實並不是嚴格的樹結構，更像是一種演算法的設計思想。

在資料儲存和檢索系統中，如何實現索引直接決定最終的性能。從本質上來說，索引就是增加額外的寫入操作和管理資料來提升系統中資料檢索的效率。目前，常見的索引結構有雜湊表、B+ 樹及 LSM 樹，下面簡單複習一下它們的特點。

（1）雜湊表。
- 支援增、刪、改、查操作，但不支援範圍尋找。
- 支持鍵值的插入及尋找，雜湊表的時間複雜度都是 $O(1)$，如果不需要有序地遍歷資料，雜湊表的性能最好。

（2）B+ 樹。
- 支援增、刪、改、查操作，並且支援範圍尋找，其插入和尋找性能較均衡。
- 透過 B+ 樹葉子節點之間的連接可以實現高效的範圍尋找。MySQL 的預設引擎 InnoDB 就是基於 B+ 樹實現的。

---

3 Patrick O'Neil, Edward Cheng, Dieter Gawlick, et al. https://www.cs.umb.edu/~poneil/lsmtree.pdf.

（3）LSM 樹。

■ 支援增、刪、改、查及範圍尋找操作，其插入操作快，但尋找性能一般。

■ LSM 樹透過避免磁碟隨機寫入的問題，大幅提升了寫入性能。但凡事有利有弊，LSM 樹和 B+ 樹相比，犧牲了部分讀取性能，不過在具體實現中可以透過一些方式來提升其讀取性能。

透過前面的對比可知，傳統的 B+ 樹在讀寫性能之間比較均衡，因此 B+ 樹或它的變種被廣泛應用於各種儲存產品中，然而當記憶體小於資料集時，大量的隨機寫入會使得插入和更新操作變得很慢。採用隨機寫入是因為在 B+ 樹中，寫入操作是原地（In-Place）更新資料的，如圖 6-9 所示，當需要把鍵 K_1 對應的值從 V_1 修改為 V_4 時，可以直接找到 V_1 的儲存位置並更新內容，這樣的操作方式對磁碟來說基本都是隨機寫入，不能極佳地利用磁碟的寫入性能。

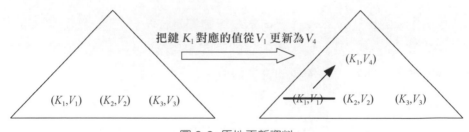

圖 6-9 原地更新資料

而 LSM 樹的基本設計思想就是把多個磁碟隨機寫入操作合併為順序寫入操作。它會把新的鍵值對 (K_1, V_4) 記錄到新的磁碟位置（Out-of-Place），而非直接修改 (K_1, V_1) 在磁碟中的內容。舉例來說，假設要修改 N 組離散的鍵對應的值，B+ 樹是找到這 N 組鍵值所在的磁碟位置，然後寫入新的值，這樣就進行 N 次隨機磁碟寫入。而 LSM 樹是把 N 組新的鍵值順序寫入磁碟的新位置，所以只進行一次順序寫入，因此 LSM 樹的寫入性能顯著優於 B+ 樹。

LSM 樹這種非原地更新資料的方式對使用者來說，資料寫入磁碟的新位置，寫入操作就完成了，但在 LSM 樹的實現中，必須有一種方式來合併新資料和老資料，因為如果一直持續生成新的檔案，不僅會造成磁碟空間容錯，也會降低讀取性能。對於這個問題，在 LSM 樹的相關論文中描述了一種實現方式，它把一棵邏輯上的樹分割成多層結構，每一層都是一棵 B+ 樹，並且越下面的層（層數越大）包含的樹越大，如圖 6-10 所示。

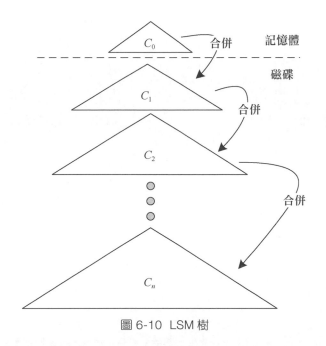

圖 6-10 LSM 樹

記憶體中的 C_0 保存了所有新寫入的鍵值對，剩餘的 $C_1 \sim C_n$ 都儲存在磁碟上。C_0 的 B+ 樹是儲存在記憶體裡而非儲存在磁碟中的，所以直接在 C_0 的 B+ 樹中執行插入、刪除或更新操作的代價都很小。但記憶體中的資料斷電會遺失，因此當收到一個鍵值的寫入請求時，它會先被順序寫入磁碟上的預寫式日誌（Write Ahead Log）中，再被插入 C_0 中，這樣，即使系統或程式發生異常，C_0 的資料也可以從預寫式日誌中恢復。

當 C_n 中的樹越來越大後，會把 C_n 的部分連續葉子節點的內容合併到 C_{n+1} 棵樹上，如圖 6-11 所示，這個過程就是合併。為什麼需要合併呢？因為隨著小樹越來越多，讀取操作就需要查詢更多的樹，這會導致讀取性能越來越差，因此需要在適當的時候對磁碟中的小樹進行合併，將多棵小樹合併成一棵大樹。透過合併還可以刪除舊版本的鍵值，釋放空間。同時，一般儲存系統中的資料存取都有局部性，所以可以透過合併把冷資料沉澱到下層，提升讀取效率。基於這樣的實現，LSM 樹可以獲得不錯的讀取性能及優秀的寫入性能。

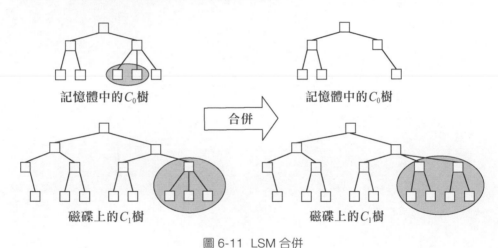

圖 6-11 LSM 合併

▶ 6.6 利用持久記憶體最佳化 RocksDB 性能

6.5 節介紹了 LSM 樹的基本概念，本節透過具體講解 RocksDB 的增、刪、改、查、範圍尋找等操作，以及主要的幕後工作來瞭解 LSM 樹在專案上是如何實現並最佳化的。圖 6-12 所示為 RocksDB 的基本架構，後續有很多內容會結合本圖來展開。

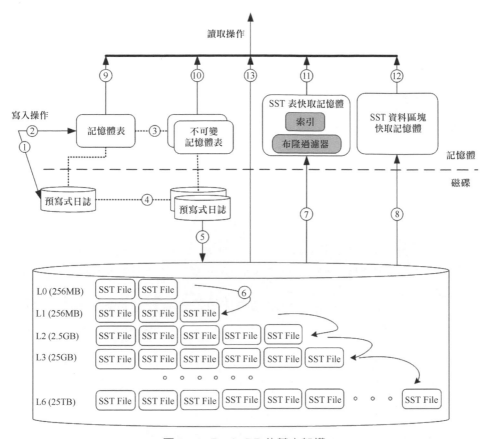

圖 6-12　RocksDB 的基本架構

先簡單介紹 RocksDB 中幾個主要模組的作用及一些相關的概念，再透過詳細介紹增、刪、改、查、範圍尋找等操作，以及主要的幕後工作，來理解在 RocksDB 的基本架構中，這些模組是如何一起工作，並實現一個基於 LSM 樹的儲存引擎的。

以下是 RocksDB 中的基本概念和術語。

- SST 檔案：SST（Sorted Sequence Table）是排好順序的資料檔案，在這些檔案中，所有鍵都是按照預先定義的順序組織的，一個鍵可以透過二分尋找法在檔案中定位。

- 記憶體表：在記憶體中儲存最新寫入的資料的資料結構，通常它會按一定順序組織這些鍵值對，常用跳表（Skip List）來實現記憶體表。

- 預寫式記錄檔：在 RocksDB 重新啟動時，預寫式記錄檔用於恢復還在記憶體表中，沒能及時寫入 SST 檔案的資料。

- 區塊快取：用於在記憶體中快取來自 SST 檔案的熱資料的資料結構。

- 更新：將記憶體表的資料寫入 SST 檔案的幕後工作執行緒。

- 合併：將相鄰兩層的多個 SST 檔案合併去重，生成多個新的 SST 檔案的幕後工作執行緒。

- 寫入阻塞（Write Stall）：當後台有大量更新或合併工作被積壓時，RocksDB 會主動控制寫入速度，確保更新和合併操作可以及時完成。

- 資料區塊（Data Block）：SST 檔案中用於儲存鍵值資料的區塊，預設大小是 4KB。

- 索引區塊（Index Block）：SST 檔案中的資料索引區塊，用於加快讀取操作。它會被組織成索引區塊的格式保存在 SST 檔案中。預設的索引區塊採用二分搜索索引。

- 篩檢程式區塊：SST 檔案中的篩檢程式區塊中包含篩檢程式生成的資料，布隆篩檢程式是常用的一種篩檢程式，用於快速判讀一個鍵是否在 SST 檔案中。

- 表快取（Table Cache）：用於快取 SST 檔案的索引區塊和篩檢程式區塊。

瞭解了以上基本概念後，再來看 RocksDB 對外提供的增、刪、改、查、範圍尋找等操作的實現，以及主要的幕後工作。

（1）增加一個鍵值。

首先把鍵值寫入預寫式日誌。如圖 6-12 中的步驟①，將一對鍵值寫入 RocksDB 時，會先將這筆操作記錄封裝到一個批次處理區塊（Batch）中（RocksDB 也支援把多個操作記錄放到同一個批次處理區塊中），然後把批次處理區塊添加到預寫式記錄檔的末尾。同一個批次處理區塊中的操作記錄不是全部執行成功，就是全部未執行，這樣可以保證原子性。預寫式日誌的主要作用是在發生機器硬體故障、核心崩潰或程式碼核心轉儲（Core Dump）等異常情況時，在重新啟動程式後，資料還能恢復到之前的一致狀態。在 RocksDB 中，寫入預寫式日誌有兩種方式。

① 預設方式是將其寫入預寫式日誌對應的分頁快取（Page Cache）中，再由作業系統定期把分頁快取的資料寫入磁碟檔案。

② 每次寫入操作後都呼叫 fsync，確保寫入的內容從分頁快取更新到磁碟檔案中。

第一種形式避免了頻繁呼叫 fsync 帶來的負擔，可以獲得較好的性能，但可能會導致資料遺失，因為在異常情況下，分頁快取中的資料可能會遺失，從而導致預寫式日誌中遺失了部分最新寫入的資料。因此在一些不能容忍有任何資料遺失的場景下，如金融行業的資料儲存，需要採用 fsync 的方式。

寫入完預寫式日誌後把鍵值寫到記憶體表中。如圖 6-12 中的步驟②，當將鍵值寫入預寫式日誌後，同樣的資料會被寫入記憶體表中。當完成以上兩步後，使用者的寫入操作就完成了，可以成功返回了。

記憶體表可以有多種實現方式，目前主要採用的是跳表資料結構，相比其他資料結構（如紅黑樹），跳表資料結構的實現相對簡單，並且可以提供 $O(\log n)$ 的插入和搜索性能。此外，RocksDB 還實現了無鎖跳表，可以在高併發多處理器核心環境下獲得更好的讀寫性能。

（2）刪除一個鍵值對。

RocksDB 中的刪除操作並不會直接找到並刪除磁碟中的相應鍵值，它只是寫入鍵的墓碑（Tombstone）標記，標記這個鍵被刪除了。從操作上看，它跟普通的寫入一樣，只是寫入值的內容不同，這裡可以把墓碑標記看作一個特殊的值。同樣，這筆記錄也是先寫入預寫式日誌，再寫入記憶體表，在後台合併時才會真正從磁碟上刪除那些有墓碑標記的鍵值。

那麼在後台執行真正的刪除操作前，怎麼保證讀取操作不會錯誤地讀到那些已經被標記為刪除的鍵值呢？這需要從兩方面保證：首先讀取操作都是從 LSM 樹最近的層級開始尋找的，所以會先讀到最新的內容，一旦讀到鍵的墓碑標記，就知道這個鍵是要被刪除的；其次，RocksDB 中有一個全域的序號，這個序號是以寫入 RocksDB 的先後順序遞增的，因此當一個鍵的墓碑標記和相同鍵的其他記錄存在同一層時，可以根據序號知道誰是最新的寫入操作，以此來判斷這個鍵值是否已被刪除。

（3）修改一個鍵值對的值。

RocksDB 不原地更新鍵值，所以它的修改操作跟新增鍵值操作一樣，就是把新的鍵值寫入，然後透過後台的合併操作把舊的鍵值刪除。

（4）尋找一個鍵對應的值。

如圖 6-12 中的步驟⑨、⑩、⑬所示，在 LSM 樹中，讀取請求會從最上層開始尋找鍵，如果沒找到，則繼續到下一層找，直到最底層。在 RocksDB 中，會先尋找記憶體表和不可變記憶體表（可能有多個，可配置），再逐層從 SST 檔案中尋找。從磁碟 SST 檔案中尋找鍵是磁碟 I/O 密集型的操作，如圖 6-12 中的步驟⑪、⑫所示，RocksDB 實現了表快取和區塊快取（在記憶體中快取 SST 檔案的內容），以加速讀取操作。

表快取中包含 SST 檔案的布隆篩檢程式和索引資訊。布隆篩檢程式可用於快速判斷待查找的鍵是否存在於對應的 SST 檔案中，以避免讀取那些不包含待查找的鍵的 SST 檔案。當鍵在這個 SST 檔案中時，再根據 SST 檔案中的索引資料找到這個鍵在 SST 檔案中所屬的資料區塊。如果沒有布隆篩檢程式和索引資訊，就只能在多個 SST 檔案中透過二分尋找來判斷鍵是否在檔案中，這樣會產生大量的無效的讀取 I/O。

區塊快取把最近存取過的 SST 檔案中的資料區塊用 LRU 的方式快取在記憶體中，這樣對於熱點資料，當配置了適當大小的區塊快取和表快取後，就可以完全避免磁碟讀取，從而直接從記憶體中獲取鍵值，極大地提高了讀取效率。

（5）尋找一定範圍內的鍵值。

RocksDB 中的資料在 SST 檔案中是按照鍵有序儲存的，並且同一層的 SST 檔案之間也是按鍵排序的（第 0 層比較特殊，多個 SST 檔案之間的鍵可能會有重疊）。因此在進行範圍尋找時需要尋找記憶體表及每一層 SST 檔案。這裡的邏輯比較複雜，如圖 6-13 所示，透過一個例子可以瞭解大概的過程。假設在 RocksDB 的記憶體表中，第 0 層和第 1 層中有 K_1、K_2、K_3 三組鍵值的多個版本，使用者請求返回從鍵 K_1 到 K_3 之間所有的記錄。先在每一層中找到位於 K_1 到 K_3 之間的最小的鍵，對於相同的鍵，返回上一層的鍵值，如圖 6-13 的第 1 步中，記憶體表和第 1 層都包含 K_1，但返回記憶體表的 (K_1, V_3)；然後如第 2 步和第 3 步所示，繼續在每一層中找下一個鍵，並返回最新的鍵值，直到鍵大於 K_3。

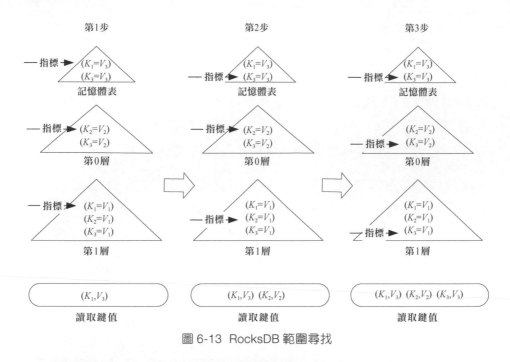

圖 6-13 RocksDB 範圍尋找

（6）幕後工作一：持久記憶體表到磁碟檔案。

在 RocksDB 6.2 版本中，預設記憶體表的大小是 64 百萬位元組，寫滿記憶體表後會把它和對應的預寫式日誌標記為不可寫入，再分配一個新的記憶體表和預寫式日誌，用於處理後續的插入和更新操作。同時，後台執行緒會把不可寫入的記憶體表的內容持久化到磁碟 SST 檔案中，當 SST 檔案寫滿後，可以刪除對應的不可寫入記憶體表及預寫式日誌，釋放磁碟和記憶體空間。

後台執行緒把不可寫入記憶體表刷入磁碟，因此只要有可寫入的記憶體表就基本不會發生阻塞或影響後續的寫入操作性能。從不可寫入記憶體表寫入磁碟的 SST 檔案都屬於第 0 層，這些 SST 檔案內部的鍵值是排序的，但 SST 檔案之間的鍵空間可能有重疊。

（7）幕後工作二：合併相鄰層的 SST 檔案。

隨著寫入的資料不斷增多，SST 檔案之間的鍵空間的重疊會越來越多，需要被刪除的鍵值也會越來越多。這樣會導致進行資料尋找時，所需的讀取磁碟次數大大增加，因此後台嘗試不斷對這些 SST 檔案進行合併。合併 SST 檔案的目的是減少空間放大，並提升讀取性能。合併時主要包括 3 方面的操作。

- 新版本的鍵值會覆蓋舊版本。
- 執行刪除鍵值的操作。
- 把鍵值逐漸向下層移動，這樣最新寫入的資料就會在上層。

預設 SST 檔案的大小是 64 百萬位元組，鍵值資料在檔案內部有序儲存。如圖 6-12 所示，SST 檔案在檔案系統中以分層的方式組織，從第 0 層到第 N 層，每層包含多個 SST 檔案，總容量逐層增大，預設下層容量是上層容量的 10 倍。

RocksDB 中的第 0 層比較特殊，多個 SST 檔案之間的鍵空間可能會有重疊，而從第 1 層開始，之後的每層 SST 檔案之間不會有鍵空間的重疊。當第 0 層的 SST 檔案數超過設定值後，找出第 1 層中所有與第 0 層的 SST 檔案有鍵空間重疊的檔案，然後與第 0 層的檔案一起執行合併操作，生成合併後的第 1 層的或多個檔案，同時刪除參與合併的第 0 層與第 1 層的相應檔案。

從第 1 層開始，SST 檔案之間不會有鍵空間的重疊，所以當本層的儲存容量超過設定的閾值後，會從本層選擇一個檔案，然後選中下一層中所有與本層檔案有鍵空間重疊的檔案進行合併操作。同樣，合併後的檔案會保存在下一層，並刪除那些參與合併的檔案。圖 6-14 所示為 RocksDB 合併。

圖 6-14　RocksDB 合併

6.6.1　RocksDB 的性能瓶頸

RocksDB 是基於 LSM 實現的優秀的儲存引擎，透過將隨機寫入請求轉換成順序寫入請求，它擁有了很好的寫入性能，但也因此引入了一些問題，如寫入放大、讀取放大和空間放大等。在各種儲存引擎的設計和最佳化中，如何在寫入放大、讀取放大和空間放大之間進行平衡和控制一直是一個核心問題。另外，在需要確保每個寫入操作都能及時落盤的場景中，RocksDB 在寫入完預寫式日誌後，必須執行耗時的 fsync 系統呼叫，把系統快取中的資料更新到磁碟上。這裡逐一探討這幾個問題，然後在下一節中，會提出使用英特爾傲騰持久記憶體來解決這些問題的方法，僅供讀者參考。

（1）讀取放大。
按照 RocksDB 官方的定義，讀取放大是指一次指定尋找所需的磁碟讀寫操作數目。如果一個讀取請求實際會觸發 N 次磁碟讀取操作，那讀取放大就是 N 倍。另外也可以從實際磁碟讀取的資料量的角度來理解讀放大。舉例來説，使用者讀取 1GB 資料，但實際從磁碟中讀取了 10GB 的資料，那讀取放大就是 10 倍。RocksDB 讀取操作從新到舊一層一層地進行尋找，直到找到想要的資料。假設目標鍵值在第 3 層的某個 SST 檔案中，並且前面的層次中沒有包含該鍵的新版本值，那麼為了讀出該鍵值，需要一路遍歷記憶體表、不可變記憶體表、第 0 層到第 2 層 SST 檔案，以及第 3 層的部分 SST 檔案。這樣操作不可避免地會引入讀取放大，不過 RocksDB 採用了區塊快取、布隆篩檢程式、後台合併等方式來減小讀取放大。

（2）寫入放大。

RocksDB 官方舉出的寫入放大定義是實際寫入磁碟的資料量與使用者期望程式寫入的資料量的比值。舉例來說，使用者寫入 1GB 的資料，最終統計有 N GB 的資料寫入磁碟，那麼寫入放大就是 N 倍。這裡不考慮 SSD 本身由於垃圾回收而導致的內部寫入放大，只觀察 RocksDB 邏輯引入的寫入放大。

透過後台不停地合併 SST 檔案，減少了讀取放大和空間放大，因為合併之後刪除了無效資料，節省了空間，也減少了讀取操作需要尋找的檔案數，但合併操作帶來了寫入放大的問題。除了合併操作會帶來寫入放大，寫入預寫式日誌也會引入 1 倍的寫入放大。

寫入放大帶來的負面影響也很明顯，會降低磁碟實際可用的寫入頻寬，縮短磁碟的使用壽命，還會影響讀寫性能並引起延遲時間波動。因為後台合併的速度受限於磁碟頻寬和處理器資源，如果不能及時處理寫入的資料，那麼當記憶體表空間不足時，RocksDB 會主動限制使用者的寫入請求，導致寫入性能下降。另外，如果合併使用了大量 CPU 資源和磁碟頻寬，也會導致讀取性能下降。

（3）系統呼叫 fsync 的負擔。

在寫入完預寫式日誌後，為了確保資料被真正持久化到磁碟中，需要呼叫 fsync。而 fsync 這個系統呼叫的負擔是比較大的，下面的範例程式和執行結果展示了在使用和不使用 fsync 的情況下的性能差異。在筆者的測試環境中，呼叫 fsync 後，性能下降到 10% 以下。當然，在實際程式中不可能只呼叫 fsync，大部分時間應該在執行業務邏輯，所以其性能影響不會這麼明顯，但這也是不可忽略的因素。

測試程式如下：

```c
#include <stdio.h>
#include <unistd.h>
#include <sys/types.h>
#include <sys/stat.h>
#include <fcntl.h>
int main()
{
    int written = 0;
    int fd = open("fsync.data", O_RDWR | O_CREAT, 0666);
    char buf[1024*4] = {'x'};
    while(written <= 1024*1024*1024) {
        written += write(fd, buf, sizeof(buf));
#ifdef USE_FSYNC
        fsync(fd);
#endif
    }
    close(fd);
}
```

執行不呼叫 fsync 的程式，耗時約 0.36 秒。

```
[root@pmem nvme0n1]# gcc -O2 -o fsync_test -Wall fsync_test.c
[root@pmem nvme0n1]# time ./fsync_test
real    0m0.364s
user    0m0.009s
sys     0m0.354s
```

執行呼叫 fsync 的程式，耗時約 4 秒。

```
[root@pmem nvme0n1]# gcc -O2 -o fsync_test -Wall fsync_test.c -DUSE_FSYNC
[root@pmem nvme0n1]# time ./fsync_test
real    0m4.025s
```

```
user     0m0.007s
sys      0m1.006s
```

6.6.2 持久記憶體最佳化 RocksDB 的方式和性能結果

持久記憶體是一種介於記憶體和 NVMe 之間的產品，具有低延遲時間、高吞吐、大容量、資料可持久化等特性。開發人員利用其低延遲時間、高吞吐、大容量的特性，使用它替代記憶體作 RocksDB 的區塊快取；利用其低延遲時間和資料可持久化的特性，嘗試把 RocksDB 的預寫式日誌保存到持久記憶體中；利用其低延遲時間、高吞吐和資料可持久化的特性，嘗試了鍵值分離的方案來緩解後台合併帶來的寫入放大。相關程式已在 GitHub 上開放原始碼，歡迎大家參閱並完善它。下面透過具體實現和性能測試資料來瞭解這 3 種最佳化方式，在驗證性能時，測試機器配置清單如表 6-4 所示。

表 6-4　測試機器配置清單

元件	型　號	數量
處理器	Intel(R) Xeon(R) Platinum 8268 CPU @ 2.90GHz	1
記憶體	DDR4 2666 MT/s，16GB	6
持久記憶體	2666 MT/s，128GB	4
磁碟	Intel S3700 或 Intel P4600	2
OS	Fedora 29	1
Kernel	4.20.6	1

1. 用持久記憶體替代記憶體作區塊快取

區塊快取把資料快取在 DRAM 中，是 RocksDB 提高讀取性能的一種方法。RocksDB 的使用者可以創建一個快取物件並指定它的容量大小。區塊快取儲存的是非壓縮資料區塊，使用者也可以設定另外一個區塊快取來儲存壓縮的資料區塊。讀取資料時在非壓縮區塊快取中尋找資料，如果沒有，再去壓縮資料區塊快取中尋找資料。一般在使用 Direct-IO 讀取檔案時，會使用壓縮資料區塊快取替代系統分頁快取。RocksDB 中有兩種快取的實現方式，分別為 LRUCache 和 ClockCache，預設使用 LRUCache，這兩種快取都會進行分片處理以降低鎖競爭負擔。

雖然持久記憶體的讀寫性能相比於記憶體還有一定的差距，但考慮到它的大容量特性，以及單位 GB 的價格遠低於記憶體的價格，所以預期使用持久記憶體作區塊快取是有收益的。

在 RocksDB v5.7.1 之前，如果使用持久記憶體替代記憶體作區塊快取，需要改動較多檔案中的記憶體分配和釋放程式，容易有遺漏或出錯。在 RocksDB v5.7.1 中引入了 MemoryAllocator 類別，它允許使用者為區塊快取定義自己的記憶體分配器。

在下列程式中，實現了基於 MemoryAllocator 的 DCPMMMemory Allocator，其中使用 memkind 函數庫負責管理持久記憶體的空間，主要使用了 3 個 memkind 的 API。

```
int memkind_create_pmem(const char *dir, size_t max_size, memkind_t *kind);
```

在上述程式的參數中，dir 指定一個掛載了持久記憶體的目錄；max_size 指定能使用的最大容量，如果設為 0，則表示不限制容量；kind 可以返回一個操作控制碼，作為分配和釋放函數的輸入參數。

返回值表示操作成功或操作失敗的錯誤碼。

```
void *memkind_malloc(memkind_t kind, size_t size);
void memkind_free(memkind_t kind, void *ptr);
```

memkind_malloc 和 memkind_free 的使用方式類似於 libc 的 malloc 和 free，唯一的區別是 memkind_malloc 和 memkind_free 需要指定 kind 控制碼。

```
class DCPMMMemoryAllocator : public MemoryAllocator {
 public:
  DCPMMMemoryAllocator(const std::string &path) {
    int err = memkind_create_pmem(path.c_str(), 0, &kind_);
    if(err) {
      char error_message[MEMKIND_ERROR_MESSAGE_SIZE];
      memkind_error_message(err, error_message, MEMKIND_ERROR_MESSAGE_SIZE);
      fprintf(stderr, "%s\n", error_message);
      abort();
    }
  }
  const char* Name() const override { return "DCPMMMemoryAllocator"; }
  void* Allocate(size_t size) override {
    return memkind_malloc(kind_, size);
  }
  void Deallocate(void* p) override {
    memkind_free(kind_, p);
  }
 private:
  memkind_t kind_;
};
```

有了 DCPMMMemoryAllocator 後，就可以在使用 RocksDB 的程式中應
用它了，以 db_bench 為例，在 tools/db_bench_tool.cc 的 NewCache 函
數中，如果定義了使用持久記憶體作區塊快取的巨集，則替換預設的記
憶體分配器來分配區塊快取。

```
std::shared_ptr<Cache> NewCache(int64_t capacity) {
  if (capacity <= 0) {
    return nullptr;
  }
  if (FLAGS_use_clock_cache) {
    auto cache =
      NewClockCache((size_t)capacity, FLAGS_cache_numshardbits);
```

```
    if (!cache) {
      fprintf(stderr, "Clock cache not supported.");
      exit(1);
    }
    return cache;
  } else {
    LRUCacheOptions lruOptions;
#ifdef BC_ON_DCPMM
    auto dcpmm_memory_allocator =
std::make_shared<DCPMMMemoryAllocator>(
                              FLAGS_dcpmm_block_cache_path);
    lruOptions.memory_allocator = dcpmm_memory_allocator;
#endif
    lruOptions.capacity = capacity;
    lruOptions.num_shard_bits = FLAGS_cache_numshardbits;
    lruOptions.strict_capacity_limit = false;
    lruOptions.high_pri_pool_ratio = FLAGS_cache_high_pri_pool_ratio;
    return NewLRUCache(std::move(lruOptions));
  }
```

為了驗證使用持久記憶體替換記憶體作區塊快取的效果，進行了以下測試。

（1）準備資料。

使用以下指令稿，透過隨機寫入灌入約 100GB 的資料集，鍵值大小分別為 32 位元組和 1024 位元組。

```
./db_bench --benchmarks="fillrandom"
  --enable_write_thread_adaptive_yield=false
  --disable_auto_compactions=false
  --max_background_compactions=32
  --max_background_flushes=4
  --threads=10
  --key_size=32
  --value_size=1024
```

```
--num=$((1000*1000*100))
--db=/mnt/s3700
--enable_pipelined_write=true
--allow_concurrent_memtable_write=true
--batch_size=1
--disable_wal=false
--sync=true
```

（2）讀取測試指令稿。

使用以下測試指令稿進行隨機讀取的測試，其中，use_direct_reads=true，以避免使用系統分頁快取。cache_size 變數的值分別為資料集大小的 20%、40%、60%、80% 和 100%。開放原始碼版 RocksDB 和測試版 RocksDB 如表 6-5 所示。

表 6-5　開放原始碼版 RocksDB 和測試版 RocksDB

開放原始碼版 RocksDB （使用 DRAM 作區塊快取）	測試版 RocksDB （使用持久記憶體作區塊快取）
./db_bench --benchmarks="readrandom,stats" --key_size=32 --value_size=1024 --db=/mnt/s3700 --histogram=true --disable_wal=false --reads=$((1000*1000*10)) --num=$((1000*1000*100)) --threads=100 --use_direct_reads=true --use_existing_db=true --cache_index_and_filter_blocks = true --cache_size=$cache	./db_bench --benchmarks="readrandom,stats" --key_size=32 --value_size=1024 --db=/mnt/s3700 --histogram=true --disable_wal=false --reads=$((1000*1000*10)) --num=$((1000*1000*100)) --threads=100 --use_direct_reads=true --use_existing_db=true --cache_index_and_filter_blocks = true --cache_size=$cache --dcpmm_block_cache_path=/mnt/pmem0

（3）讀取測試結果。

從圖 6-15 中可以看出，使用持久記憶體作區塊快取後，輸送量和 P99
延遲時間基本接近使用 DRAM 的情況，因此在持久記憶體比 DRAM 價
格更低的情況下，使用者可以透過使用持久記憶體替代 DRAM 來降低
成本，或者在同等價格下使用更大容量的持久記憶體來提升性能。

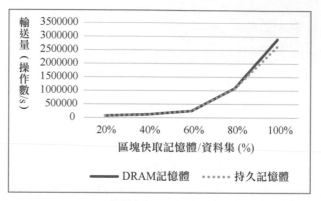

（a）分別使用 DRAM 記憶體和持久記憶體作區塊快取時的輸送量

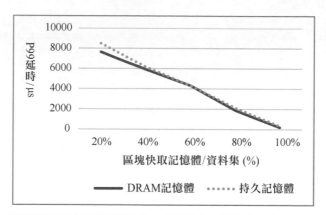

（b）分別使用 DRAM 記憶體和持久記憶體作區塊快取時的 P99 延遲時間

圖 6-15　RocksDB 區塊快取測試

2. 使用持久記憶體最佳化預寫式日誌的寫入性能

在 RocksDB 中寫入預寫式日誌有 3 種策略，不同的策略對當機後資料遺失的影響程度不同。

（1）每筆記錄都存入磁碟：性能影響大，但資料最安全。

在對資料安全要求很高的情況下，可以設定 WriteOptions::sync 為 true，這樣在每次寫入操作後會立即把日誌存入磁碟，具體實現如下所示。

```
bool need_log_sync = write_options.sync;
bool need_log_dir_sync = need_log_sync && !log_dir_synced_;
...
Status DBImpl::WriteToWAL(const WriteThread::WriteGroup& write_group,
                          log::Writer* log_writer, uint64_t* log_used,
                          bool need_log_sync, bool need_log_dir_sync,
                          SequenceNumber sequence) {
  ...
  if (status.ok() && need_log_sync) {
    ...
    for (auto& log : logs_) {
      status = log.writer->file()->Sync(immutable_db_options_.use_fsync);
      if (!status.ok()) {
        break;
      }
    }
    ...
  }
  ...
}
```

可見，如果配置了 sync=true，則在寫入日誌時會呼叫 sync 操作，最終會呼叫檔案系統的 fsync，確保資料存入磁碟。

（2）配置存入磁碟的閾值：性能一般，資料遺失可控。

使用者可以透過配置 DBOptions::wal_bytes_per_sync 的大小來減少呼叫 fsync 的頻率。舉例來說，當將 wal_bytes_per_sync 設定為 1MB 時，表示只有當未存入磁碟的資料大於 1MB 時，才會呼叫一次 fsync。

（3）由作業系統決定存入磁碟時機：性能最好，資料遺失最多。

作業系統中有較多因素會影響存入磁碟的時機，如使用者可以配置快取中的資料過期時間。

```
/proc/sys/vm/dirty_expire_centisecs
```

預設的資料過期時間值是 3000，單位是 1/100 秒，如果系統當機，可能會遺失 30 秒的資料。

透過以上分析可知，RocksDB 的使用者需要在性能和可容忍的資料遺失程度之間進行權衡，從中選擇一種策略。針對此問題，這裡實現了基於持久記憶體的預寫式日誌，避免了 fsync 的負擔，使使用者可以在不遺失資料的情況下獲得最佳的性能，具體實現如下。

```cpp
class DCPMMEnv : public EnvWrapper {
  ...
  Status NewWritableFile(const std::string& fname,
                             std::unique_ptr<WritableFile>* result,
                             const EnvOptions& env_options) override;
  Status DeleteFile(const std::string& fname) override;
  ...
}
Status DCPMMEnv::NewWritableFile(const std::string& fname,
                             std::unique_ptr<WritableFile>* result,
                             const EnvOptions& env_options) {
  if (!IsWALFile(fname)) {
    //對於非預寫式日誌，沿用預設的檔案操作類別
    return EnvWrapper::NewWritableFile(fname, result, env_options);
```

```
  }
  ...
  //透過記憶體映射的方式創建或打開預寫式日誌
  status = DCPMMWritableFile::Create(fname, &file, options.wal_init_size,
                                    options.wal_size_addition);
  ...
}
class DCPMMWritableFile : public WritableFile {
public:
  // this flag strictly requires the file system to be on DCPMM
  static const int MMAP_FLAGS = MAP_SHARED_VALIDATE | MAP_SYNC;
  static Status Create(const std::string& fname,
                       WritableFile** p_file,
                       size_t init_size, size_t size_addition) {
    ...
    int fd = open(fname.c_str(), O_CREAT | O_EXCL | O_RDWR);
    ...
    //內部會呼叫mmap
    return MapFile(fd, init_size, size_addition, p_file);
  }
  ...
}
```

以上程式實現了基於 EnvWrapper 的 DCPMMEnv 類別，會判斷操作的
檔案是否為預寫式日誌，如果是，就使用 DCPMMWritableFile 類別。
在 DCPMMWritableFile 中，使用 mmap 的方式打開記錄檔。同時，因
為持久記憶體使用 dax 檔案系統，所以在把資料複製到記錄檔所在的位
址空間後，只需要呼叫 clflush 類別指令把資料從處理器的快取刷入持
久記憶體就可以了，從而避免了呼叫 fsync 或 msync 的負擔。為了驗證
最佳化的效果，進行了以下測試。

（4）測試指令稿。
開放原始碼版 RocksDB 和測試版 RocksDB 如表 6-6 所示。

表 6-6 開放原始碼版 RocksDB 和測試版 RocksDB

開放原始碼版 RocksDB （fwrite+fsync 寫入 WAL）	測試版 RocksDB （mmap+clflush 寫入 WAL）
./db_bench --benchmarks="fillrandom" --disable_auto_compactions=true --max_background_flushes=4 --threads=100 --key_size=32 --value_size=1024 --num=$((1000*1000*100)) --db=/mnt/p4600 --enable_pipelined_write=true --allow_concurrent_memtable_write=true --batch_size=1 --disable_wal=false --sync=true	./db_bench --benchmarks="fillrandom" --disable_auto_compactions=true --max_background_flushes=4 --threads=100 --key_size=32 --value_size=1024 --num=$((1000*1000*100)) --db=/mnt/p4600 --enable_pipelined_write=true --allow_concurrent_memtable_write=true --batch_size=1 --disable_wal=false --sync=true --wal_dir=/mnt/pmem0 --dcpmm_enable_wal=true

（5）測試結果。

在上述測試中，為了觀察使用 mmap+clflush 的方式寫入預寫式日誌的
性能，禁用了 RocksDB 的後台自動合併操作，以避免合併帶來的干
擾。從圖 6-16 中可以看出，輸送量大約從 300 萬增加到了 400 萬。

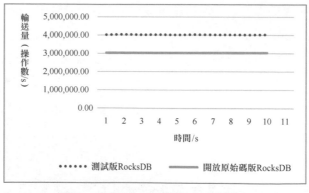

圖 6-16 RocksDB 預寫式日誌測試

3. 使用持久記憶體緩解寫入放大

RocksDB 的合併操作帶來了寫入放大，在很多場景下，系統中的磁碟 I/O 頻寬只有不到 1/10 是真正有效的頻寬，剩餘的頻寬都用於合併操作了。針對這個問題，學術界也提出了一些方案，如在 WiscKey: Separating Keys from Values in SSD-conscious Storage 論文中，把 SST 檔案裡的鍵和較大的值分開儲存。

- 把較大的值按照一定的結構保存在一個檔案中，每個值都有一個引用，這樣就可以根據引用找到值的內容。
- 在 SST 檔案中保存鍵和值的引用。

這種方式能減小寫放大是因為在合併過程中，不需要在多層之間移動完整的值的內容，只需要移動值引用即可，值引用通常只有十幾位元組，因此對於值比較大的情況，能減小寫放大。不過這種方案會引入新的寫入放大，當對應值檔案中有效的值的大小低於一定閾值後，需要進行垃圾回收的操作，以減小空間放大，但會帶來寫入放大。因此提出了利用持久記憶體的持久化和記憶體特性來改善鍵值分離，更好地控制寫入放大，同時不需要修改 RocksDB 的 API，從而使使用者程式更容易整合和測試。具體實現主要包含以下幾方面。

（1）值到值引用的轉換。

為了保持 RocksDB 的 API 不變，沒有選擇為值引用增加一種新的資料操作類型，而是在 WriteBatch::Put 中增加了處理邏輯，需要判斷值的大小，如果值大於閾值，則呼叫 KVSEncodeValue，把值轉換為值引用，否則仍使用原始值。在 KVSEncodeValue 函數中，使用 libpmemobj 從持久記憶體中分配空間，把值持久化複製到其中，再返回值引用。

```
if (KVSEnabled() && (value.size() >= thres) &&
    KVSEncodeValue(value, compress, &ref, &pact)) {
  b->act_.push_back(pact);
```

```
    PutLengthPrefixedSlice(&b->rep_, Slice((char*)(&ref), sizeof(ref)));
  } else {
    ref.hdr.encoding = kEncodingRawUncompressed;
    PutLengthHdrPrefixedSlice(&b->rep_, &(ref.hdr), value);
  }
```

因為在 Put 中已經把值轉換為值引用了,所以後續寫預寫式日誌時只需要寫入值引用,減小了寫入預寫式日誌帶來的一倍的寫入放大。同時,插入記憶體表的值也變小了,提高了記憶體表的插入性能。

(2)持久記憶體空間回收。

在進行合併操作時,需要判斷當前疊代器對應的鍵是否需要寫入新合併生成的檔案,對於不需要加入新合併生成的檔案的鍵值,如果是值引用,則需要釋放它使用的持久記憶體空間。因為合併後,被合併的檔案會被刪除,相應的值引用也會被刪除。如果值引用沒有被寫入新合併生成的檔案,那對應的持久記憶體空間就不再被應用程式引用,需要釋放空間。

過濾掉那些不需要加入新合併生成的檔案的鍵值的邏輯比較複雜,基本包括以下幾種:如果是一個 kTypeDeletion 類型的鍵,則不用寫入新合併生成的檔案;如果是一個舊鍵,並且它不屬於任何系統快照,則不用寫入新合併生成的檔案;如果一個鍵值設定了 TTL,並且時間過期了,它也不會寫入新合併生成的檔案。

相關程式主要在 CompactionIterator::NextFromInput() 函數中,疊代器會從需要被合併的檔案中找出每個鍵值,然後根據前面提到的條件來判斷是否需要寫入新合併生成的檔案。對於不再需要的值空間,使用下列程式進行釋放。

```
if (ikey_.type == kTypeValue) KVSFreeValue(value_);
//KVSFreeValue會檢查編碼類型,然後呼叫pmemobj_free釋放持久記憶體的空間
```

```
static void FreePmem(struct KVSRef* ref) {
  PMEMoid oid;
  oid.pool_uuid_lo = pools_[ref->pool_index].uuid_lo;
  oid.off = ref->off_in_pool;
  pmemobj_free(&oid);
  if (!dcpmm_is_avail_) {
    if ((dcpmm_avail_size_ += ref->size) > dcpmm_avail_size_min_) {
      dcpmm_avail_size_ = 0;
      dcpmm_is_avail_ = true;
    }
  }
}
void KVSFreeValue(const Slice& value) {
  auto* ref = (struct KVSRef*)value.data();
  if (ref->hdr.encoding != kEncodingRawCompressed &&
      ref->hdr.encoding != kEncodingRawUncompressed) {
    FreePmem(ref);
  }
}
```

（3）值引用到值的轉換。

在 DBImpl::GetImpl() 和 DBIter::value() 函數中，如果是值引用，需要
把其轉換成值。舉例來說，在 GetImpl 中，首先要判斷 Get 呼叫是否成
功及是否找到了鍵值，然後呼叫 KVSDecodeValueRef 把值引用轉換成
值。

```
sv->current->Get(read_options, lkey, pinnable_val, &s,
                 &merge_context, &max_covering_tombstone_seq,
                 value_found, nullptr, nullptr,
                 callback, is_blob_index);
if (s.ok() && value_found) {
  KVSDecodeValueRef(pinnable_val->data(), pinnable_val->size(),
                    pinnable_val->GetSelf());
  if (pinnable_val->IsPinned()) {
```

```
      pinnable_val->Reset();
    }
    pinnable_val->PinSelf();
  }
void KVSDecodeValueRef(const char* input, size_t size, std::string* dst) {
  assert(input);
  auto encoding = KVSGetEncoding(input);
  const char* src_data;
  size_t src_len;

  if (encoding == kEncodingPtrUncompressed ||
      encoding == kEncodingPtrCompressed) {
    // 編碼類型是值引用
    assert(size == sizeof(struct KVSRef));
    auto* ref = (struct KVSRef*)input;
    // 獲設定值在持久記憶體中的位址和長度
    src_data = (char*)pools_[ref->pool_index].base_addr +
               ref->off_in_pool + sizeof(struct KVSHdr);
    src_len = ref->size;
  }
  else {
    // 編碼類型是原始資料
    assert(encoding == kEncodingRawUncompressed ||
           encoding == kEncodingRawCompressed);
    assert(size >= sizeof(struct KVSHdr));
    // 去掉資料頭部的編碼資訊，得到原始資料
    src_data = input + sizeof(struct KVSHdr);
    src_len = size - sizeof(struct KVSHdr);
  }
  if (encoding == kEncodingRawUncompressed ||
      encoding == kEncodingPtrUncompressed) {
    // 對於非壓縮的資料，直接給予值返回
    dst->assign(src_data, src_len);
  }
  else
```

```
  {
    // 對於壓縮的資料，解壓後給予值返回
    assert(encoding == kEncodingRawCompressed ||
      encoding == kEncodingPtrCompressed);
    size_t dst_len;
    if (Snappy_GetUncompressedLength(src_data, src_len, &dst_len)) {
      char* tmp_buf = new char[dst_len];
      Snappy_Uncompress(src_data, src_len, tmp_buf);
      dst->assign(tmp_buf, dst_len);
      delete tmp_buf;
    } else {
      abort();
    }
  }
}
```

為了驗證鍵值分離的效果，進行了以下測試，開放原始碼版 RocksDB 和測試版 RocksDB 如表 6-7 所示。

（4）測試指令稿。

表 6-7 開放原始碼版 RocksDB 和測試版 RocksDB

開放原始碼版 RocksDB	測試版 RocksDB （鍵值分離最佳化 +WAL 最佳化）
./db_bench --benchmarks="fillrandom" --disable_auto_compactions=false --max_background_flushes=4 --max_background_compactions=32 --threads=100 --key_size=32 --value_size=1024 --writes=$((1000*1000)) --num=$((1000*1000*1000)) --db=/mnt/p4600	./db_bench --benchmarks="fillrandom" --disable_auto_compactions=false --max_background_flushes=4 --max_background_compactions=32 --threads=100 --key_size=32 --value_size=1024 --writes=$((1000*1000)) --num=$((1000*1000*100)) --db=/mnt/p4600

--enable_pipelined_write=true
--allow_concurrent_memtable_write=true
--batch_size=1
--disable_wal=false
--sync=true
--min_level_to_compress=1
	--enable_pipelined_write=true
	--allow_concurrent_memtable_write=true
	--batch_size=1
	--disable_wal=false
	--sync=true
	--min_level_to_compress=1
	--wal_dir=/mnt/pmem0
	--dcpmm_enable_wal=true
	--dcpmm_kvs_mmapped_file_fullpath= \
	  /mnt/pmem0/kvs_value
	--dcpmm_kvs_mmapped_file_size= \
	  $((1000*1000*1000*100)
	--dcpmm_compress_value=true

（5）測試結果。

從圖 6-17 中可知，測試版 RocksDB 的輸送量和 P99 延遲時間明顯優於開放原始碼版 RocksDB，並且振幅非常小。開放原始碼版 RocksDB 因為後台合併引入了寫入放大，阻塞了前臺的寫入請求，導致輸送量和 P99 延遲時間不穩定。

從以上測試結果可以看出，預寫式日誌和鍵值分離最佳化對 RocksDB 的寫入性能都有比較顯著的改進，而使用持久記憶體可以提供高性價比的區塊快取，尤其適用於需要較大讀取快取的場景。另外，以上 3 種最佳化方式可以根據需要隨意搭配使用，在目前的實現中，每個功能都可以在編譯時選擇是否引用，同時，每個功能還包含一些執行時期的設定參數，具體請參考 GitHub 中的 README 文件。

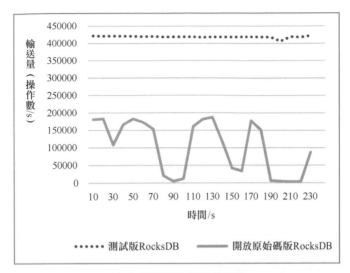

（a）隨機寫入測試輸送量

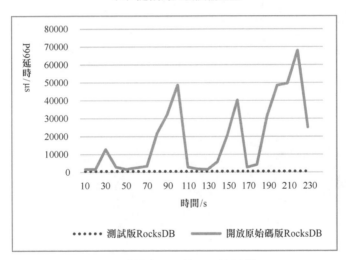

（b）隨機寫入測試P99延遲時間

圖 6-17 RocksDB 鍵值分離測試

持久記憶體在巨量資料中的應用

本章將深入探討持久記憶體助力巨量資料的一些應用場景。首先簡單說明整個巨量資料分析和人工智慧的技術堆疊，然後對不同的垂直技術領域具體分析相關的性能瓶頸及設計問題。透過引入持久記憶體的方案解決相應的技術瓶頸。透過相關的應用案例，希望使用者能夠對巨量資料分析和人工智慧領域有更深入的認識，同時進一步理解持久記憶體對巨量資料應用的意義。

7.1 持久記憶體在巨量資料分析和人工智慧中的應用概述

隨著巨量資料分析技術的變革，在各個層面都湧現出了各種框架，涵蓋計算儲存的各個維度。與此同時，巨量資料分析任務也有了轉變，從過去基於流式計算或批次處理計算的單一場景模式轉化為涵蓋從資料前置處理到資料分析再到人工智慧的完整資料處理鏈的形式。就巨量資料分析而言，分析計算引擎從早期的 Map Reduce 兩階段式模型演進到以 Apache Spark 為代表的基於有向無環圖的計算引擎，其對硬體的要求也從早期透過低配置的基於磁碟的機器組建的叢集演化為高性能的基於記憶體計算的叢集計算模型。特別是隨著計算規模的增長，越來越多的計算任務受限於記憶體容量和 I/O 等方面的瓶頸。針對這些業界的常見問題，英特爾推出了持久記憶體來對記憶體和儲存進行補充，對於記憶體而言，持久記憶體能夠最大限度地擴展其容量，而對於儲存而言，持久記憶體又帶來了吞吐和延遲時間上的性能提升。本章將介紹在巨量資料分析技術中，如何在不同層面、不同領域中使用持久記憶體來提升整體性能。

7.2 持久記憶體在巨量資料計算方面的加速方案

7.2.1 持久記憶體在 Spark SQL 資料分析場景的應用

OAP（Optimized Analytics Package）是由英特爾和百度聯合開發的用於加速 Spark SQL 的開放原始碼軟體。為最佳化 Spark SQL，OAP 主要提供了兩項功能：資料索引和來源資料快取。其中，來源資料快取需要消耗大量的記憶體，而這正是持久記憶體的優勢所在，本節主要介紹如何利用 OAP 和持久記憶體來加速 Spark SQL 的查詢任務。

1. Spark SQL 介紹

Spark Core 是 Spark 的核心模組，其對分散式資料集進行了抽象，被稱為彈性式資料集（Resilient Distributed Datasets，RDD），並提供基於 RDD 的程式設計介面。RDD 更像是一個可以分佈在不同機器上的 Java 物件陣列，它不關心每個物件的細節。Spark SQL 是建構在 Spark Core 上的用於處理結構化資料的模組，在 Spark SQL 中，對每個資料的每個欄位都進行了更詳細的描述，把資料抽象成了一個分散式的二維度資料表。這樣不僅可以更好地管理這些資料，也可以基於這些描述對資料做更多的計算最佳化。

相對於 Spark Core 模組提供的 RDD 程式設計介面，Spark SQL 提供了更友善的結構化程式設計介面 DataSet（DataFrame 是一種特殊的 DataSet）和 SQL，這兩種程式設計介面都是建構在 Spark SQL 查詢最佳化工具（Catalyst）上的。查詢最佳化工具會對使用者提交的程式進行解析，生成抽象語法樹 AST，然後透過一系列的最佳化操作，最終將操作應用到底層的彈性式資料集（RDD）上。圖 7-1 所示為 Spark 元件圖，結構化資料集是以 RDD 為基礎建構的，但是增加了更詳細的描述資訊，Spark 基於結構化程式設計介面建構了流計算 Structured Streaming、機器學習（MLlib）和圖型計算 GraphX 等模組。

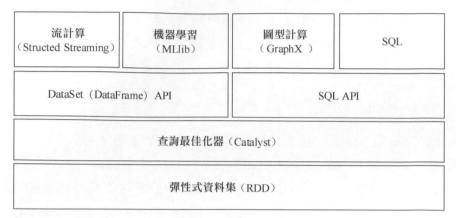

圖 7-1 Spark 元件圖

大多數 Spark SQL 查詢任務的流程如下。

（1）透過 spark-submit 指令稿提交 Jar 任務套件。
（2）向資源管理系統申請資源，啟動 Spark 的排程處理程序 Driver。
　　　Driver 向資源排程系統申請運算資源，並啟動計算處理程序。
（3）查詢敘述提交到 Spark 的查詢最佳化工具上，查詢最佳化工具進行
　　　解析、最佳化、轉換、查詢操作。
（4）讀取來源資料生成彈性式資料集 RDD，如從分散式檔案系統 HDFS
　　　中讀取資料生成 Hadoop RDD。
（5）將最佳化和轉換後的操作應用到彈性式資料集 RDD 上。
（6）返回或保存查詢結果。
（7）釋放資源。

當在 Spark 上進行即席查詢時，我們往往利用 Spark 叢集進行 SQL 查詢
服務，因此，Spark 的排程處理程序和計算處理程序會常駐執行。在即
席查詢過程中，一個查詢任務往往只需執行上述的（3）、（4）、（5）和
（6）四個步驟，因此減少了申請、釋放資源，以及啟動處理程序的時
間。

2. OAP 介紹

Spark SQL 查詢任務往往是從讀取資料開始的，因此來源資料讀取的性能直接影響著整個任務執行的效率。隨著分散式架構的演進，大型公司越來越多地採用將計算和儲存分離的架構，而中小型公司更多地執行在雲端環境中。在這些新型架構和雲端上作業中，往往只需要透過網路從遠端讀取來源資料，這為 Spark 的即席查詢帶來了新的挑戰。在百度的生產實踐中，他們發現即席查詢作業存在兩個特點。

（1）待查詢的資料很少會更新改動。
（2）查詢作業需要存取的資料中存在熱點資料。

針對以上兩個特點，英特爾在 OAP 裡設計和實現了兩個最佳化方法：減少不必要的資料讀取，這樣可以降低網路讀取來源資料帶來的性能影響；減少或避免不必要的存取，OAP 提供了索引功能，提供了依靠索引快速存取資料的能力。第一個最佳化方法在資料讀取端實現了一個LRU 的快取，透過快取資料將透過網路讀取資料轉換為從本地處理程序讀取資料。圖 7-2 所示為 OAP 的架構圖。

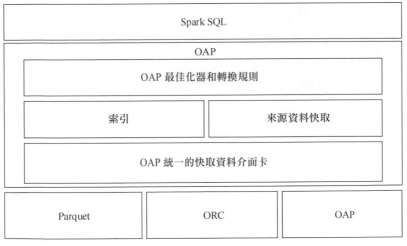

圖 7-2　OAP 的架構圖

來源資料是快取在計算處理程序中的，因此只有常駐處理程序才有效，而這也正符合即席查詢的特點。透過 Spark Thrift Server 或 Spark Shell 提供的服務可以實現排程處理程序 Driver 和計算處理程序常駐。OAP 實現了一個統一的快取資料介面卡，透過這個介面卡，可以讀取 Parquet、ORC 和 OAP 等列式儲存格式的資料並增加快取的功能，使快取的資料具有統一的資料格式。透過拓展 Spark 的查詢最佳化工具 Catalyst，可以在不改變現有程式的情況下使用這種快取功能，並且 Catalyst 會根據快取和索引進行相應的最佳化工作。在 OAP 中，可以只使用索引或來源資料快取，也可以將索引和來源資料快取結合使用，這些最佳化方法可以顯著降低透過網路讀取來源資料對即席查詢輸送量和延遲時間的影響。

3. 持久記憶體在 OAP 中的應用

OAP 快取的資料是儲存在 Spark 處理程序中的，與此同時 Spark 計算任務本身也需要很大的記憶體，所以對記憶體的需要也大大增加。持久記憶體可以提供更大的儲存空間這一特點正好滿足 OAP 和 Spark 對記憶體的需求。Spark SQL 的定位是基於 Spark 提供的一種分析型分散式系統的，主要用於處理 OLAP 業務。相比於傳統資料庫提供的 OLTP 業務處理，OLAP 業務需要處理的資料規模更大且計算任務更複雜。但是列式儲存格式的資料有著靈活的資料讀取和高壓縮比的特點，因此更適用於 Spark SQL 這種 OLAP 的業務處理。OAP 中的快取就是針對列式儲存格式設計的，在 OAP 中快取的最小的顆粒是指定數量或指定大小的一列資料，稱為 Fiber，該列資料具有相同的資料格式，因此可以很容易地計算出其所需要的記憶體空間，可以用一個 Java 陣列或連續的區塊來儲存。由於 Spark 是執行在 JVM 中的，將大量的資料快取在堆積內並進行 LRU 更新會導致較為嚴重的垃圾回收問題，所以 OAP 中的資料都儲存在 JVM 的堆積外（OFF_HEAP）。對記憶體，採用 Java 的

Unsafe 物件來分配和釋放堆積外的記憶體，而對持久記憶體，透過前面
介紹的 Memkind 在持久記憶體上分配和釋放非持久化的記憶體空間，
並且返回同屬於當前處理程序的位址空間。對於處理這些區塊來說，並
不需要關心它們是記憶體位址還是持久記憶體位址，這也簡化了實現
過程。如圖 7-3 所示，在每個 Spark 的計算處理程序中還維護了一個叫
FiberCacheManager 的物件，它維護了 Fiber 和持久記憶體位址或記憶
體位址的映射。

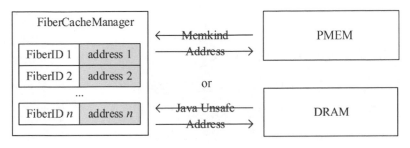

圖 7-3 FiberCacheManager 示意圖

每個 FiberCacheManager 都會透過心跳機制把已快取資料的資訊更新到
排程處理程序 Driver 中，在 Driver 中，透過一個叫 FiberSensor 的物件
維護每個計算處理程序中快取的資料。在 Driver 處理程序中進行任務排
程時，就可以參考這些已快取資料的分佈，盡可能地將計算任務排程到
已有快取資料的計算處理程序中進行任務處理。OAP 快取實現圖如圖
7-4 所示，每個計算任務都會首先嘗試從快取中讀取資料，如果命中則
讀取快取的資料，如果未命中則載入資料並更新快取，透過這種快取功
能可以極大地降低即席查詢讀取資料的時間。

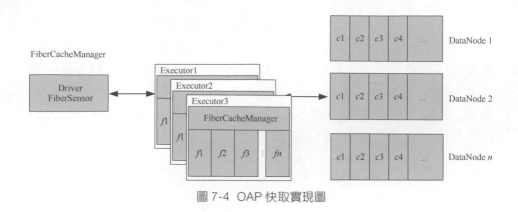

圖 7-4 OAP 快取實現圖

4. 持久記憶體在 OAP 中的應用

決策支援場景是用來測試 SQL 引擎性能的標準工具,決策支援場景提供了很多複雜的查詢敘述來測試 SQL 引擎性能。這裡選取了 9 筆需要讀取大量來源資料的查詢敘述(Query19、Query42、Query43、Query52、Query55、Query63、Query68、Query73、Query98),同時選擇相同價格的 DRAM 記憶體與持久記憶體來測試性能的提升。由於持久記憶體可以提供更大的記憶體空間,因此分別對比了 DRAM 記憶體與持久記憶體在以下三種場景中的表現:兩者都可以快取熱點資料;持久記憶體可以完全快取熱點資料,DRAM 記憶體只可以快取部分熱點資料;兩者都只可以快取部分熱點資料。上述測試分別對應的資料規模為 2TB、3TB 和 4TB,將 9 行敘述併發提交到 Spark ThriftServer 提供的 SQL 服務中來進行測試。

當資料規模為 2TB 時,9 筆 SQL 敘述需要的熱點資料都可以快取在持久記憶體和 DRAM 提供的儲存空間中,2TB 資料規模的測試結果如圖 7-5 所示。從 GEOMEN 來看,持久記憶體相較於 DRAM 記憶體慢了 33%。

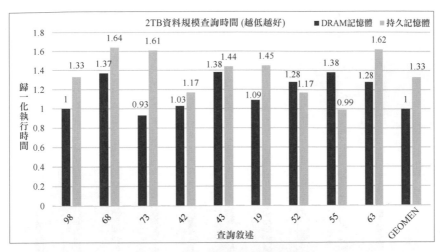

圖 7-5 2TB 資料規模的測試結果

當資料規模為 3TB 時，由於持久記憶體可以提供更大的儲存空間，所以所有的熱點資料都可以快取在持久記憶體中，這時從 GEOMEN 來看，持久記憶體的性能為 DRAM 記憶體的 8.59 倍，如圖 7-6 所示。

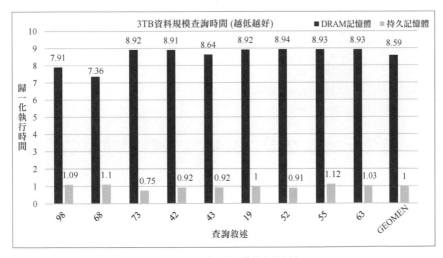

圖 7-6 3TB 資料規模的測試結果

當資料規模為 4TB 時，由於熱點資料已經大於兩者可以提供的儲存空間，因此它們都只能快取部分熱點資料，此時從 GEOMEN 來看，持久記憶體的性能為 DRAM 記憶體的 1.66 倍，如圖 7-7 所示。

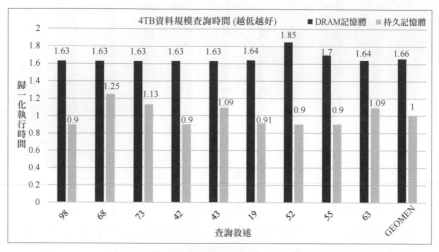

圖 7-7　4TB 資料規模的測試結果

持久記憶體分別選取了不同規模的資料來衡量其本身提供的大記憶體給即席查詢帶來的性能影響，從測試結果來看，即使相較於 DRAM 記憶體，持久記憶體的性能有所下降，但是在即席查詢中，大記憶體的優勢仍可以彌補下降的性能，甚至提供更優的性能。

7.2.2　持久記憶體在 MLlib 機器學習場景中的應用

MLlib 提供了常用機器學習演算法的實現函數庫，包括聚類分類演算法、回歸演算法、協作過濾演算法等，Spark MLlib 架構如圖 7-8 所示。使用 MLlib 來進行機器學習的工作非常簡單，通常只需要對來源資料進行處理，再呼叫相應的 API 即可實現。

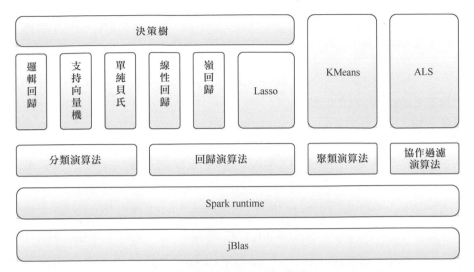

圖 7-8　Spark MLlib 架構

在此選擇 KMeans 演算法進行分析，因為 KMeans 演算法有比較明顯的讀寫階段，便於查看記憶體在各個階段的性能指標；另外在巨量資料叢集中，此演算法是很容易進行平行計算的。KMeans 是一種無監督的聚類演算法，正所謂「物以類聚，人以群分」，在大量的資料集中必然存在相似的資料點，從而可以將本身沒有類別的樣本聚集成不同的群眾（cluster）。KMeans 以其簡單的演算法思想、較快的聚類速度和良好的聚類效果而被廣泛應用。在推薦系統、垃圾郵件過濾和網路異常檢測等領域都可以看到 KMeans 的身影。

KMeans 演算法的主要步驟如下所示。

（1）選定 K 個中心點。選擇中心點的演算法有很多，此處採用隨機選取的方法。

（2）建構 cluster。對訓練集中的每個樣本點分別計算其到 K 個中心點的距離，並將其指配給離它最近的那個中心點 cluster。

（3）重新計算每個 cluster 的中心點。對屬於同一個 cluster 的所有樣本點，計算其平均值作為該 cluster 的新的中心點。

（4）根據新的 K 個中心點，重複步驟（2）和步驟（3），直至誤差小於指定閾值或達到疊代次數。

從巨觀上看，KMeans 聚類的過程可以分為兩個階段：第一個階段是把資料從外部載入進來；第二個階段是演算法實現的疊代階段。資料載入階段將資料從外部載入到計算節點的儲存系統中（DRAM、持久記憶體、硬碟），這個過程對應於把資料寫入相應的儲存媒體中，記憶體寫入頻寬（memory write bandwidth）和網路頻寬（network bandwidth）通常是這個階段的性能瓶頸。第二個階段對保存在儲存媒體中的資料進行疊代計算，根據 KMeans 的演算法特點可知，這個過程對應大量樣本資料的讀取計算，但並不需要更改這些樣本資料本身（寫入操作很少，雖然需要更新中心點，但中心點的數量通常較小，這部分操作可以忽略），CPU 的能力通常是這個階段的性能瓶頸。從 Kmeans 任務執行過程中可以明顯看出這兩個階段 CPU 的使用情況，如圖 7-9 所示。

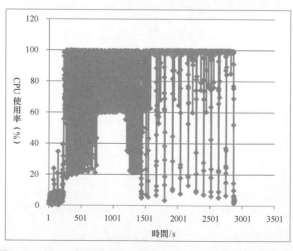

圖 7-9 KMeans 任務執行過程中 CPU 的使用情況示意圖

在 KMeans 演算法實現的過程中，如果資料樣本不能完全保存在記憶體中，會發生什麼情況呢？圖 7-10 和 7-11 所示為兩個資料集的執行情況，圖 7-10 中的資料集可以全部放入 DRAM 中，圖 7-11 中的資料集不能全部放入 DRAM 中。從 IO 請求數目可以看出，當資料不能全部放入 DRAM 中時，資料疊代計算過程中要不停地存取磁碟去讀取資料，原先保存在 DRAM 中的資料也要不停地溢寫到磁碟中，以騰出空間儲存新資料，每一輪疊代都要重複這個過程。

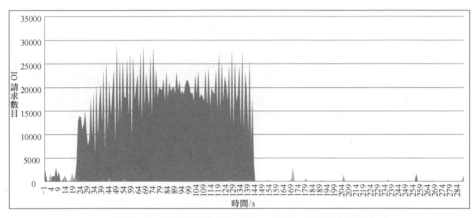

圖 7-10 資料全部存入 DRAM 時的 IO 請求數目

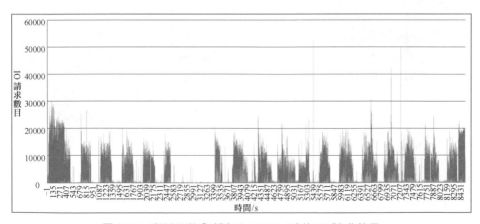

圖 7-11 資料不能全部存入 DRAM 時的 IO 請求數目

從實驗來看,資料集只增大了 3 倍,可是執行時間卻增加了 30 倍,垃圾回收時間與總執行時間的佔比從 15% 增加到 47%,約有一半的時間浪費在了垃圾回收上。由於記憶體不夠而導致的資料頻繁溢寫(spill)和垃圾回收使得執行時間急劇增長。傳統 DRAM 的單條容量範圍基本為 16 ～ 64GB,而持久記憶體目前可以提供 128GB、256GB 和 512GB 的單條容量,最大可以達到每顆微處理器 3TB 的容量。持久記憶體提供的巨量儲存很適合解決記憶體瓶頸問題。下面來看一看如何利用持久記憶體來加速 Spark 應用。

首先來看 Spark 的記憶體管理,自 Spark 1.6 之後引入了統一記憶體管理,包括了堆積內記憶體(on-heap memory)和堆積外記憶體(off-heap memory)兩部分。堆積內記憶體的分配釋放及引用關係都由 JVM 進行管理,記憶體使用嚴重依賴 JVM 的 GC;堆積外記憶體不在 JVM 內申請記憶體,而是呼叫 Java 的 Unsafe API 直接操作這部分記憶體,減少了不必要的記憶體負擔,也避免了頻繁的垃圾回收,提升了處理性能。

Spark 統一記憶體管理機制如圖 7-12 所示,邏輯上可以將其劃分為 4 個記憶體區域。

(1)儲存記憶體(Storage Memory)。主要用於儲存 Spark 的快取資料,如 RDD 的快取、廣播資料等。透過擴展這部分記憶體,可以將資料快取至持久記憶體中。

(2)執行記憶體(Execution Memory)。主要用於快取 shuffle、join、sort 和 aggregation 等計算過程產生的中間資料。

(3)使用者記憶體(User Memory)。用於儲存使用者自訂的資料結構或 Spark 內部的中繼資料。

（4）預留記憶體（Reserved Memory）。系統預留的記憶體，固定大小為 300MB。

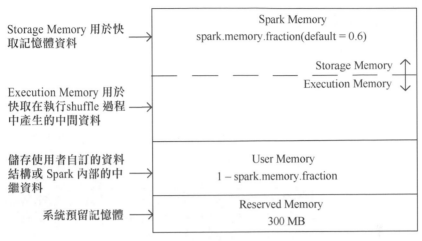

圖 7-12 Spark 統一記憶體管理機制

將持久記憶體配置為 AD 模式，採用跟堆積外記憶體類似的方式來擴展儲存記憶體，把資料快取到持久記憶體上。透過擴展儲存等級和統一記憶體管理機制中的 acquireStorageMemory() 等方法，可以指定將 RDD 快取到持久記憶體中，擴展一個名為 PMEM 的 StorageLevel 以將資料快取至持久記憶體中，具體程式如下所示。

```
object StorageLevel {
  val NONE = new StorageLevel(false, false, false, false, false)
  val DISK_ONLY = new StorageLevel(true, false, false, false, false)
  val DISK_ONLY_2 = new StorageLevel(true, false, false, false, false, 2)
  ...
  val OFF_HEAP = new StorageLevel(true, true, true, false, false, 1)
  val PMEM = new StorageLevel(true, true, false, true, false, 1)
```

下面針對 3 個資料集來查看不同快取策略下 KMeans 演算法的性能，如表 7-1 所示。

表 7-1 不同快取策略下 KMeans 演算法的性能

StorageLevel	資 料 集	測 試 結 果
堆積內記憶體（A）	資料可以快取進所有儲存方式中	堆積內記憶體的性能最好，因為在這種情況下，資料保存在堆積內記憶體中，不需要進行序列化和反序列化的操作。堆積外記憶體和持久記憶體的結果類似
堆積外記憶體（B）	資料集大小是 A 的 3 倍，資料不能完全放入堆積內記憶體，但能完全放入堆積外記憶體和持久記憶體中	堆積外記憶體和持久記憶體的結果類似，性能最好，資料集擴大了 3 倍，執行時間增長了 3 倍；堆積內記憶體的性能急劇惡化，執行時間增長了近 30 倍，絕對執行時間是堆積外記憶體和持久記憶體的 6 倍
持久記憶體（C）	資料集大小是 B 的 1.5 倍，資料不能完全放入堆積內記憶體和堆積外記憶體，但能完全放入持久記憶體中	持久記憶體的性能最好，執行時間增長了 1.5 倍；堆積外記憶體和堆積內記憶體的性能惡化，執行時間增長了 2 倍

從測試結果來看，當資料能被完全快取時，使用持久記憶體的性能與使用堆積外記憶體類似，執行時間呈線性增長；當堆積內記憶體和堆積外記憶體都不能完全保存資料時，其性能都會惡化，堆積內記憶體的惡化尤其嚴重，主要是資料頻繁地溢寫到磁碟和垃圾回收導致的。持久記憶體提供的巨量記憶體為巨量資料應用提供了真正的記憶體計算，如機器學習框架 H2O，如果資料超出記憶體容量就不能繼續進行計算任務，除非修改演算法，裁剪資料集或擴大計算叢集，而應用持久記憶體，無須進行任何修改就能處理更大的資料集。

另外，在使用持久記憶體的過程中，是否用 NUMA 綁定持久記憶體寫入操作對執行有較明顯的性能影響，進行 NUMA 綁定之後，甚至會帶來 2 倍的性能提升。

從圖 7-13 和圖 7-14 中可以看出，進行 NUMA 綁定之後，本地 NUMA
節點記憶體的讀取比例接近 100%，絕大多數遠端 NUMA 節點記憶體的
讀取比例都在 10% 以下，可見進行 NUMA 綁定之後，成功地將大多數
存取限制在了本地。另外，比較持久記憶體的寫入頻寬也可以看出，未
進行 NUMA 綁定時，如果有較多遠端資料存取，寫入頻寬較低（2Gbit/
s）；進行 NUMA 綁定後，遠端資料存取減少，寫入頻寬提升明顯（約
提升 5Gbit/s）。因此建議在使用持久記憶體時進行 NUMA 綁定，以獲
得更好的性能。

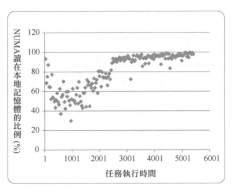
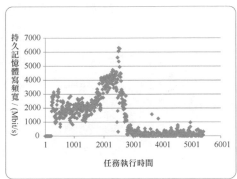

圖 7-13 未進行 NUMA 綁定

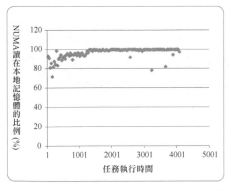
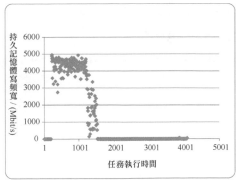

圖 7-14 進行 NUMA 綁定

7.2.3　Spark PMoF：基於持久記憶體和 DRAM 記憶體網路的高性能 Spark Shuffle 方案

1. Spark Shuffle 概述

Spark 的不同 RDD 之間的依賴關係分為窄依賴和寬依賴。窄依賴指父 RDD 分區和子 RDD 分區是一對一的關係；寬依賴是指父 RDD 分區和子 RDD 分區是一對多的關係。子 RDD 分區從父 RDD 分區拉取資料的過程稱為 Shuffle。Shuffle 的概念最早在 Google 的 MapReduce 框架中被提出。為了方便理解，本書沿用了 MapReduce 框架中的一些概念。在 Spark Shuffle 中，父 RDD 進行資料處理的過程為 map，子 RDD 進行資料處理的過程為 reduce，父 RDD 進行資料處理的節點為 mapper 節點，子 RDD 進行資料處理的節點為 reducer 節點。因為父 RDD 分區和子 RDD 分區是一對多的關係，所以 Spark 需要在 map 階段計算出每個父 RDD 的資料區塊對應哪個子 RDD 分區。子 RDD 分區可能依賴不同節點的父 RDD 分區，所以 reducer 節點從 mapper 節點拉取資料可能會造成網路 I/O 和磁碟 I/O。

Spark 2.3 支援 3 種 Shuffle 策略，分別是基於雜湊的 BypassMergeSort Shuffle、基於 sort 的 SortShuffle、基於位元組 sort 的 UnsafeShuffle。Spark shuffle 包括 map 和 reduce 過程，這 3 種 Shuffle 策略的不同表現在 map 階段。對於 reduce 過程，每個執行器（executor）處理對應子 RDD 分區的資料。如果對應分區的資料在本節點，則直接透過檔案系統讀取；如果對應分區的資料在其他節點，則需要透過網路拉取對應的資料，一旦拉取到資料，再根據使用者定義的運算元處理資料。如果該 RDD 和它的子 RDD 是窄依賴關係，那麼在節點處理資料；如果它們是寬依賴關係，則進入下一輪的 Shuffle。

BypassMergeSortShuffle 由 Spark 較早版本的 HashShuffle 演進而來。假如父 RDD 有 N 個分區（分區數量等於任務數量），子 RDD 有 M 個分區，mapper 節點的數量為 K，對於 BypassMergeSortShuffle 的 map 過程，每個執行器對每個 RDD 分區都會在本地檔案系統創建 M 個檔案用於儲存父 RDD 對應的子 RDD 分區的資料。每筆記錄（record）都會對 key 值進行雜湊計算，然後根據雜湊值儲存到 M 個檔案中的。可以計算出檔案的總數量為 $N \times M$，單一 mapper 節點中用於 Shuffle 的檔案數量為 $N \times M/K$。HashShuffle 是最容易理解的 Shuffle 方式，它的性能取決於 Shuffle 的子 RDD 分區的數量和父 RDD 分區的數量。根據前面的分析可知，大量分區數量會導致產生大量小檔案，而大量小檔案又會影響檔案系統的性能。同時，在傳統架構中，Shuffle 資料往往儲存在 HDD 盤中，大量小檔案會導致大量隨機 I/O，而大量隨機 I/O 在 map 和 reduce 過程中會降低 Shuffle 磁碟 I/O 的性能。

Spark 1.2.0 版本加入了 SortShuffle 就是為了解決大量小檔案的問題，在 map 過程中引入了 merge-sort。資料不是直接寫入子 RDD 分區對應的檔案中，而是讀取每筆記錄到記憶體中，然後在記憶體中根據子 RDD 分區對每筆記錄進行排序，最後將其儲存到一個大檔案中。通常記憶體不可能存放所有的父 RDD 資料，一旦記憶體超過閾值，就會觸發 spill 操作，把記憶體中的 RDD 資料更新到非揮發性磁碟中，然後釋放記憶體，用於存放之後的記錄。最後對 spill 檔案中的記錄和記憶體中的記錄進行 merge-sort，並將其寫入一個大檔案，儲存在本地磁碟中。最終每子 RDD 只會產生一個大檔案，在 Shuffle 過程中，總的檔案數量為 N（小於 HashShuffle 中的 $N \times M$），每個 mapper 節點中用於 Shuffle 的檔案數量為 N/K（小於 HashShuffle 中的 $N \times M/K$）。Spark 中的每筆記錄都是一對鍵值對，為了進一步最佳化 Shuffle 的性能，在 SortShuffle 的 map 過程中引入對相同 key 的記錄的聚合和針對每筆記錄 key 的排序，這樣可以進一步減少 Shuffle 的資料量，進而減少磁碟 I/O 和網路 I/

O。SortShuffle 適合 RDD 分區較多的工作負載，相比於 HashShuffle，SortShuffle 產生更少的 Shuffle 檔案，在一定程度上避免了小檔案過多的問題。同時在 reduce 階段，順序讀取排好序的子 RDD 分區記錄對 HDD 磁碟更加友善，並引入了記憶體排序操作：spill 和 merge-sort，但是記憶體排序會額外佔用 CPU，並增大 JVM GC 頻率，這會影響到 Spark Shuffle 的性能。而 spill 和 merge-sort 操作最多會導致 Shuffle 資料一倍的寫入放大，帶來更多的磁碟 I/O。

Spark 1.4.0 版本加入 UnsafeShuffle 最佳化了 SortShuffle。UnsafeShuffle 也是讀取每筆記錄到記憶體中，然後在記憶體中根據子 RDD 分區對每筆記錄進行排序，只不過這裡的記憶體是 JVM off-heap 記憶體，減少了 JVM GC 的壓力。另外，在排序過程中，也對 CPU 快取進行了最佳化，透過編碼技術把分區號和每筆記錄的記憶體位址存放在 8 bytes 的空間中。如果有 spill 操作，UnsafeShuffle 還可以避免 spill 過程中的序列化和反序列化操作。但是 UnsafeShuffle 在使用上也有一定的限制，因為 UnsafeShuffle 對序列化的記錄根據子 RDD 分區 ID 進行排序，所以不支持在 map 過程中對相同 key 的記錄的聚合和對每筆記錄 key 進行排序。

不同的 Shuffle 方式適合不同的場景，具體使用哪種 Shuffle 方式由 Spark Shuffle Manager 統一分配，Spark Shuffle Manager 首先判斷是否滿足使用 BypassMergeSortShuffle 的兩個條件。

（1）使用者沒有定義 map 過程中的聚合操作。
（2）子 RDD 分區的數量不超過分區數量閾值（BypassMergeThreshold）。

對於子 RDD 分區數較少的場景，HashShuffle 並不會帶來大量小檔案的問題，使用者可以根據自己的應用需求設定 BypassMergeThreshold。此外，如果 Shuffle 磁碟對隨機讀寫比較友善，也可以考慮使用 HashShuffle，這樣可以避免 spill 引起的寫入放大，其前提是小檔案數量不能過多，否則也會影響檔案系統的性能。滿足以上條件則可以使用 BypassMergeSortShuffle，如果不滿足上述條件，則再判斷是否滿足使用 UnsafeShuffle 的 3 個條件，具體如下。

（1）序列化函數庫支持在反序列化時重定位，因為 UnsafeShuffle 對序列化的資料排序會造成在反序列化時記錄順序發生變化。

（2）使用者沒有定義 map 過程中的聚合操作。

（3）子 RDD 分區的數量不超過 16777215。

滿足以上條件，則可以使用 UnsafeShuffle，如果不滿足，則使用 SortShuffle。

2. PMoF 概述

持久記憶體的應用領域非常廣泛，如可以應用在大規模分散式系統中實現資料複製，可以採用計算和儲存分離的框架擴充計算節點的記憶體，還可以建構一個統一的大容量記憶體池共用給不同的應用程式使用，這些使用場景都會涉及如何高效率地存取遠端持久記憶體這一問題。PMoF（Persistent Memory over Fabric）是一種高效利用遠端持久記憶體（Remote Persistent Memory）的手段，它的出現有以下幾點考量。

- 持久記憶體速度（尤其是讀取速度）非常快，而遠端存取只需要低延遲時間的網路。
- 持久記憶體頻寬很大，需要高效的存取協定。
- 遠端存取不能帶來很大的額外負擔，否則會喪失持久記憶體帶來的速度和延遲時間優勢。

由於基於 RDMA（Remote Direct Memory Access）技術的高性能網路有高頻寬、低延遲時間、有穩定的流量控制等優點，採用 PMoF 技術可以更好地發揮持久記憶體在遠端存取場景下的性能優勢。

3. Spark PMoF 的設計與實現

Spark 的 Shuffle 過程是一個 CPU 和 I/O 密集的過程。測試結果表明，在 Shuffle 過程中，CPU 和磁碟 I/O 非常容易成為瓶頸。現在，英特爾傲騰持久記憶體提供了基於 HDD 的 Spark Shuffle 的替代解決方案。當 Spark 中的記憶體不足並且需要溢位資料時，可以使用持久性記憶體來保存溢位的資料。這樣，與溢位磁碟相比，它將減少等待的時間成本，與增加 Spark Executor 的可用記憶體容量相比，它可以提供更加節省成本的解決方案。此外，在 Shuffle 期間，還可以採用 RDMA 技術直接從遠端持久性記憶體中讀取 Shuffle 資料，與傳統的 Shuffle 方案相比，其遠端隨機讀取延遲時間將大大降低，以上方案都可以消除在某些 CPU 和 I/O 密集的工作負載下 Spark Shuffle 的性能瓶頸。

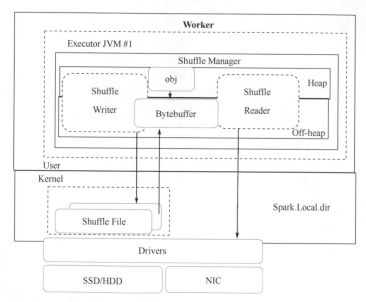

圖 7-15　傳統的 Spark Shuffle 過程

傳統的 Spark Shuffle 過程如圖 7-15 所示。記憶體中的物件被序列化到 Bytebuffer 中，然後以檔案的形式被存放到本地磁碟上，然後將本地磁碟上的檔案透過 TCP/IP 網路傳送給 Shuffle Reader。在這個過程中,需要涉及檔案系統的讀寫、多次從使用者態到核心態的切換,同時,TCP/IP 協定堆疊的負擔也比較大,因此帶來了諸多性能問題。

Spark PMoF 由英特爾開放原始碼的基於持久記憶體和 RDMA 網路的高性能 Shuffle 來提供解決方案。Spark PMoF 的 Shuffle 過程如圖 7-16 所示。它採用英特爾傲騰持久記憶體作為儲存媒體,透過 PMDK 函數庫中的 libpmemobj 將記憶體中的物件直接序列化到持久記憶體中。同時,持久記憶體的位址還被註冊為 RDMA 記憶體區域,Remote Shuffle 的節點可以直接從持久記憶體讀取資料。Spark PMoF 減少了從使用者態到核心態的切換,不需要本地檔案系統,透過將持久記憶體和 RDMA 記憶體空間結合減少了記憶體複製,並借助 RDMA 技術降低了網路通訊的負擔,降低了 CPU 的使用率,從而顯著提高了 Spark Shuffle 的性能,Spark PMoF 框架如圖 7-17 所示。

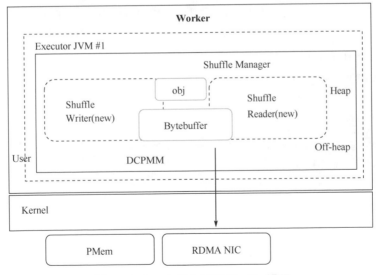

圖 7-16 Spark PMoF 的 Shuffle 過程

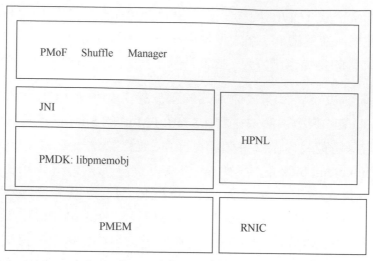

圖 7-17　Spark PMoF 框架

4. Spark PMoF 的性能

採用巨量資料生態系統中常見的測試工具 Terasort 對 Spark PMoF 進行
性能測試，測試結果表明，相對於傳統的基於 HDD 的 Shuffle 解決方
案，Spark PMoF 的性能提高了 22.7 倍。如果單純看 Shuffle 的讀取資
料阻塞時間（read block time），其性能則提高了 9900 倍。

同時，由於採用了 RDMA 網路，系統 CPU 的使用率從 11% 下降到
3%，節省了更多資源給應用程式使用，提高了整個 Spark 叢集的性能，
如圖 7-18 ～ 7-20 所示。

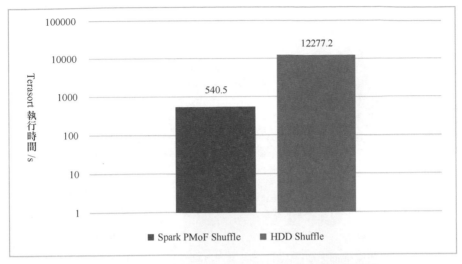

圖 7-18 Spark PMoF Terasort 550GB 資料集性能對比

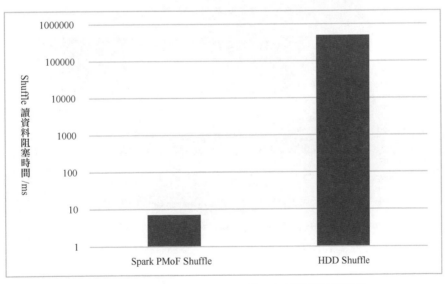

圖 7-19 Spark PMoF Terasort 讀取資料阻塞時間對比

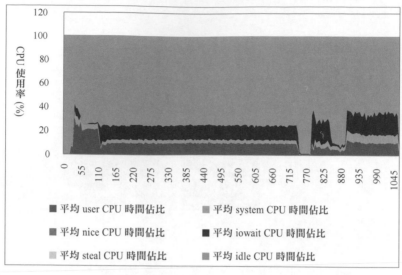

（a）傳統Spark Shuffle CPU使用率

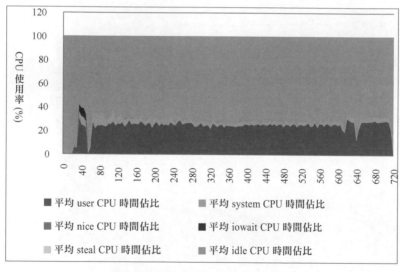

（b）Spark PMoF Shuffle CPU使用率

圖 7-20 Spark PMoF 與傳統 Spark Shuffle 的 CPU 使用率的對比

▶ **7.3** 持久記憶體在巨量資料儲存中的應用

7.3.1 持久記憶體在 HDFS 快取中的應用

1. HDFS 及 HDFS 快取

1）HDFS

HDFS 是 Hadoop 分散式檔案系統的簡稱，它是 Hadoop 的核心專案，
是整個 Hadoop 生態系統中的事實標準儲存，主要負責資料儲存和管
理。HDFS 基於通用硬體的分散式檔案系統，具有高容錯、高可靠性、
高可擴展性、高獲得性、高輸送量等特點。

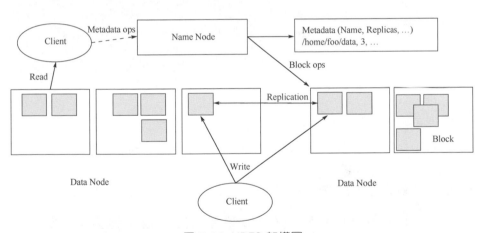

圖 7-21　HDFS 架構圖

一個典型的 HDFS 叢集採用主從結構，由一個名字節點（Name Node）
和多個資料節點（Data Node）組成，如圖 7-21 所示。Name Node 負責
管理 HDFS 的中繼資料，包括檔案名稱空間（Name Space）和目錄的
操作；Data Node 負責資料的儲存，包括具體的讀寫請求、資料區塊的
創建、刪除等。HDFS 上的邏輯檔案會被分割成一個或多個固定大小的

資料區塊，以多副本的方式儲存在不同 Data Node 的不同儲存媒體上。用戶端對 HDFS 進行資料存取時，要先向 Name Node 發送請求，Name Node 會提供存取檔案的資料區塊位置資訊，然後用戶端就可以直接和 Data Node 通訊，進行資料的讀寫。

2）HDFS 快取

HDFS 快取提供了一個中心化的快取管理（Centralized Cache Management）機制，使用者可以透過制定具體的需要被快取的 HDFS 檔案的路徑名稱來快取某個檔案或某個資料夾下的所有檔案。當資料發生修改後，HDFS 負責將快取更新。使用者也可以指定快取資料的副本數，HDFS 快取的指令如下所示：

```
hdfs cacheadmin -addPool test
hdfs cacheadmin -addDirective -path /a.txt -pool test -replication 3
```

第一筆指令添加一個名為 test 的快取池（cache pool），第二筆指令將檔案 a.txt 的 3 個副本區塊快取。

另外，使用者需要配置記憶體最大快設定值，由於 HDFS 讀取快取沒有驅逐機制，所以如果沒有足夠的快取空間，將不會再快取資料。

2. HDFS 快取面臨的挑戰

使用者將越來越多的資料放在 HDFS 中，越來越多的資料也需要被 HDFS 快取，以提高計算任務的性能。然而，記憶體資源是相對缺乏的，幫助 HDFS 快取資料的能力也很有限。同時，HDFS 快取是一個非持久化快取，一旦 Data Node 節點當機重新啟動，則需要重新耗費時間快取資料。對一個生產系統而言，被快取的資料量可能非常大，有時單表可以高達數百 TB，這對很多實際應用來說是難以接受的。

3. 採用持久記憶體最佳化 HDFS 快取的設計方案

持久記憶體作為新興的持久記憶體裝置，與 DRAM 相比，具有更大的儲存空間來快取資料，且單位容量成本更低。持久記憶體能夠在 HDFS 快取中幫助使用者快取更多的資料，從而提高計算性能。另外，由於持久記憶體的持久化儲存的特性，即使節點機器重新啟動，快取資料也不會遺失。HDFS 快取還能提供快取恢復功能，減少資料預熱（warm-up）的時間。在一個 Data Node 上，使用者只能配置使用 DRAM 快取或持久記憶體快取，但並不限制 HDFS 叢集配置使用 DRAM 快取或持久記憶體快取。

使用持久記憶體（PMEM）代替 DRAM 來快取資料，如圖 7-22 所示。叢集的管理者給 Name Node 發送一個快取資料請求，Name Node 通知相關的 Data Node 來快取資料。快取完成後，再透過 HDFS 的心跳機制將快取的統計資訊發送給 Name Node。用戶端讀取資料時，可以直接從持久記憶體上讀取快取資料。

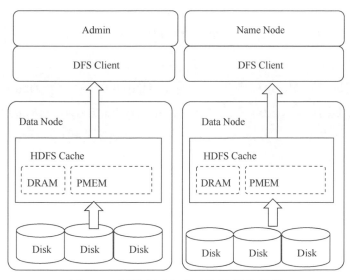

圖 7-22 基於 PMEM 的 HDFS 快取架構

圖 7-23 所示為基於持久記憶體（PMEM）的 HDFS 快取的兩種實現
方式，一種是預設的 Java 程式實現方式，使用通用的 File API 在持久
記憶體上讀寫資料；另一種是基於 PMDK 函數庫的實現方式，使用了
PMDK libs 來提升快取寫入的性能。以上兩種快取的兩種實現方式已經
包括在 Hadoop3.3.0 中。

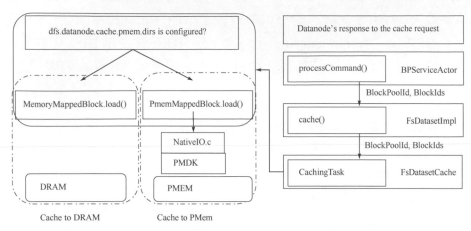

圖 7-23　基於持久記憶體的 HDFS 快取的兩種實現方式

可按照以下步驟來啟用基於 native PMDK libs 的實現。

- 安裝 PMDK。
- 增加有關 PMDK 的編譯選項來編譯 Hadoop，可參考 Hadoop 原始程
  式檔案 BUILDING.txt 中的 "PMDK library build options" 部分。
- 編譯過後，用 "hadoop checknative" 命令確認已經成功載入了 PMKD
  函數庫。
- 在 hdfs-site.xml 中添加 "dfs.datanode.cache.pmem.dirs" 屬性，配置持
  久記憶體在檔案系統中的路徑。

如果配置了多個持久記憶體裝置，HDFS 將在每次迴圈時選擇一個持久
記憶體裝置來快取一個副本（replica），持久記憶體的可用空間被用於
HDFS 快取，因此不需要配置最大快設定值。

如果使用者配置了 "dfs.datanode.cache.pmem.dirs"，DRAM 快取將被禁用，也就是說，在一個 Data Node 上，使用者不能同時開啟 DRAM 快取和 PMEM 快取，但可以讓某些 Data Nodes 開啟 DRAM 快取，讓其他 Data Nodes 開啟 PMEM 快取。

4. HDFS 快取性能

為了評估 HDFS PMEM 快取的性能，測試人員採用了兩種不同的測試工具，並設計了多種不同的測試用例。整個測試分為以下 3 種不同的場景：無快取、基於記憶體的快取和基於 PMEM 的快取。分別用 DFSIO 基準測試工具和決策支持（Decision Support）SQL 標準測試工具進行測試。

用 DFSIO 基準測試工具測試了 1TB 資料的順序讀取和隨機讀取兩種不同的場景，測試結果顯示，基於 PMEM 的 HDFS 快取與同等價格的 DRAM 快取方案對比，隨機讀取性能有 3.16 倍的提升，順序讀取性能有 6.09 倍的提升；與無快取場景相比，隨機讀取和順序讀取的性能分別有 11.02 倍和 16.64 倍的提升，如圖 7-24 所示。

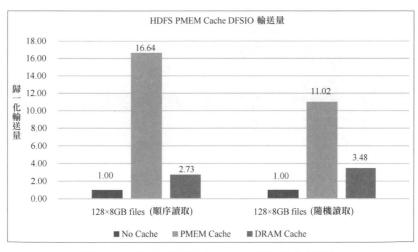

圖 7-24 HDFS PMEM Cache DFSIO 的性能對比

對決策支援 SQL 標準測試工具，選取 54 個典型的 SQL 查詢敘述來模擬資料中心常見的操作，以評估基於 PMEM 的 HDFS 快取性能。如圖 7-25 所示，基於 PMEM 的 HDFS 快取在 ORC 和 Parquet 格式下，與沒有快取的方案相比，有 2.44 倍的性能提升，與同價格的記憶體快取方案相比，有 23% 的性能提升。

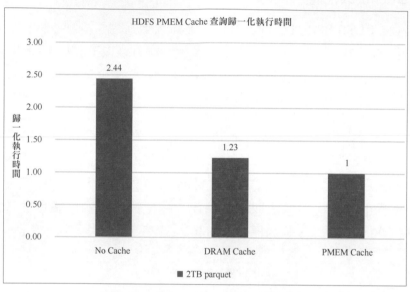

圖 7-25　HDFS PMEM Cache 查詢性能

7.3.2　持久記憶體在 Alluxio 快取中的應用

1. Alluxio 概述

隨著資料量的快速增長，許多大型企業的資料通常需要多種儲存技術來存放在多個資料倉庫中，如 HDFS、S3 物件儲存、NFS 等，還可能採用公有雲端儲存技術。因此，如何對不同的資料倉庫中的巨量資料進行分析，成為這些企業面臨的一大挑戰。傳統的方式可以建構一個單一系統的資料湖，但在資料湖中複製資料的代價比較高，分析資料的延遲時間也比較大。Alluxio 就是為解決這些問題而誕生的，它的前身是 Tachyon，源自 UC Berkeley 的 AMPLab。Alluxio 是基於記憶體的虛擬的分散式儲存系統，是基於雲端導向的資料分析和人工智慧的開放原始碼資料編排技術，它有以下特點。

（1）資料本地性。透過將資料快取在計算節點上，Alluxio 可以為 Spark、Presto、Hive 提供快取，避免頻繁地從遠端儲存系統拉取資料。Alluxio 快取的是資料區塊，而非整個檔案，可以實現隨選快速進行本地存取。另外，Alluxio 支援智慧多層快取，可以建構基於記憶體、SSD、HDD 等多種不同速度的快取層。

（2）簡化資料管理。Alluxio 可以提供多種介面，無論資料是在 on-prem 的環境下，還是在公有雲上，還是在 HDFS 上，還是在 S3 中，應用程式都可以透過 Alluxio 對資料進行透明存取，它提供了對多資料來源的單點存取。該特性使得它不需要 ETL 應用程式就可以實現對底層資料的存取，有效地消除了資料過時和 ETL 負擔大的問題。

（3）隨選資料。作為一個虛擬的儲存系統，Alluxio 可以為應用程式提供全域命名空間，對應用程式進行統一儲存，不需要考慮儲存的物理位置和介面。

圖 7-26 所示為 Alluxio 架構圖，它處於計算框架（Spark、Presto、TensorFlow、Hbase、Hive、Flink 等）和儲存系統（AWS S3、GC Storage、Minio、IBM、HDFS、Ceph 等）中間，為計算框架和儲存系統建構了橋樑。Alluxio 統一了儲存在不同儲存系統中的資料，並為其上層資料驅動應用提供了統一的用戶端 API 和全域命名空間。目前，Alluxio 是發展較快的開放原始碼巨量資料專案之一，已有超過 200 個組織機構的 900 多名貢獻者參與了 Alluxio 的開發。

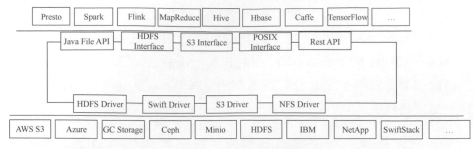

圖 7-26 Alluxio 架構圖

2. 基於持久記憶體的 Alluxio 快取層的設計

Alluxio 提供了智慧分層快取的功能，Alluxio 的快取可以設定為 RAM、SSD 和 HDD，透過配置為其預留空間來建構一個分散式快取層。同時，使用者可以定義儲存的層數、每層儲存媒體的數目、具體儲存配額、回收（evict）策略等。Alluxio 支援單層模式和多層模式兩種快取模式，最簡單的方式是使用預設的單層模式。針對多層快取，一種常見的分層方法是基於記憶體、SSD 和硬碟的方案，記憶體作為 level 0，SSD 作為 level 1，硬碟作為 level 2。每層快取裡的儲存媒體數目、具體儲存配額及回收策略都可以透過參數來進行配置，Alluxio 使用回收策略決定當空間需要釋放時，哪些資料區塊將被移動到低儲存層，它還支持自訂回收策略，目前已實現的回收策略如下。

- 貪心回收策略：回收任意的資料區塊，直到釋放出所需大小的空間。
- LRU 回收策略：回收近期最少使用的資料區塊，直到釋放出所需大小的空間。
- LRFU 回收策略：基於權重分配的近期最少使用和最不經常使用的策略回收資料區塊。如果權重完全偏向近期最少使用，LRFU 回收策略就會退化為 LRU 回收策略。
- 部分 LRU 回收策略：基於近期最少使用回收，但是選擇有最大剩餘空間的儲存目錄，只從該目錄中回收資料區塊。

在智慧分層快取中，預設將新資料區塊寫在頂層儲存，如果頂層儲存沒有足夠的空間，Alluxio 將按照指定回收策略釋放儲存空間。基於這樣的工作原理和架構，在 Alluxio 裡面添加一層新的持久記憶體層非常方便。如圖 7-27 所示，PMEM 建構的快取層位於 DRAM 和 SSD 儲存之間，可以非常好地借助 PMEM 的價格性能優勢建構高性價比的儲存快取層。

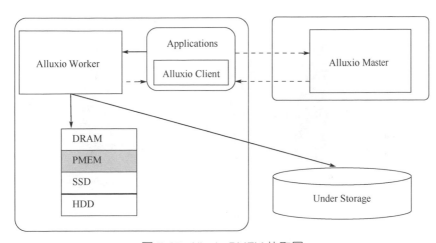

圖 7-27　Alluxio PMEM 快取層

3. Alluxio 持久記憶體快取層的性能

Alluxio PMEM 快取層實現起來比較容易，在 SoAD 模式下，可以借助現有的 SSD medium type 來實現，只需要將對應儲存層的目錄指定到 PMEM 的掛裝點即可。為了評估 Alluxio PMEM 快取層的性能，建構了一個 5 節點叢集，其中，計算節點 2 台，每台有 1TB 的 DCPMM 儲存層；儲存節點 3 台，用 Ceph 物件儲存來模擬遠端儲存。測試採用決策支持 SQL 標準測試工具場景下的 54 個典型 SQL 查詢敘述進行。測試結果表明，基於持久記憶體的 Alluxio 快取方案可以極大地提高計算與儲存分離的場景下的 SQL 查詢性能。如圖 7-28 所示，與沒有快取相比，Alluxio PMEM 快取層將 query 的性能提高了 2.12 倍，與同價格的記憶體快取相比，PMEM 快取層的性能提高了 1.11 倍。PMEM 快取層對不同的 query 的加速效果不同，如圖 7-29 所示，針對某些 I/O 密集型查詢，PMEM 快取層最多可以帶來 4.17 倍的性能提升。

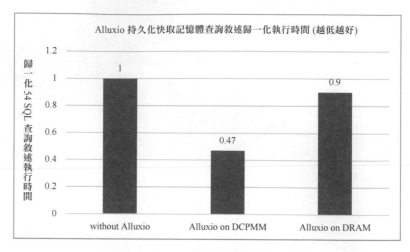

圖 7-28 Alluxio 持久記憶體的快取性能

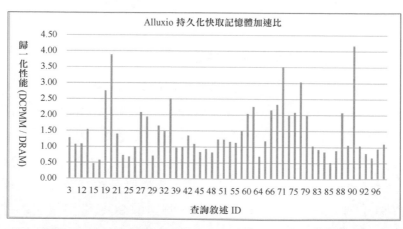

圖 7-29 Alluxio 持久記憶體快取對不同查詢敘述的提升效果

7.4 持久記憶體在 Analytics Zoo 中的應用

7.4.1 Analytics Zoo 簡介

如圖 7-30 所示，英特爾為分散式 TensorFlow、Keras、PyTorch、Apache Spark、Flink 和 Ray 建構了一個統一的資料分析與人工智慧平台 Analytics Zoo。Analytics Zoo 可以將 TensorFlow、Keras、PyTorch、Apache Spark、Flink 和 Ray 等程式無縫整合到一個整合管線中，這個整合管線可透明地從筆記型電腦環境擴展到大型 Apache Hadoop YARN、Spark、Kubernetes 叢集中，以進行分散式訓練或推理。

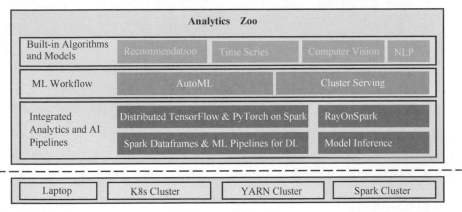

圖 7-30 Analytics Zoo

7.4.2 持久記憶體在 Analytics Zoo 中的具體應用

在 Analytics Zoo 的深度學習方案中，使用 Spark RDD 來快取訓練資料集。當訓練資料集較大時，對記憶體容量的需求也會隨之增長。而隨著智慧裝置、物聯網、雲端運算等技術的興起和日益成熟，資料的累積和膨脹正在以前所未有的速度增長，可供深度學習使用的巨量資料集也日益增加。大規模資料模型的訓練時間通常長達數小時甚至數十小時,當系統記憶體配置不足時,大規模資料訓練就會非常緩慢甚至失敗。在這種情況下,使用持久記憶體代替部分 DRAM,為解決大規模資料集模型的訓練問題提供了一條性能有保障且經濟可行的途徑。

Analytics Zoo 從 0.5 版本就開始支援使用持久記憶體進行 Spark RDD 快取的設計。透過簡單地更改配置,把 DRAM 修改為 PMEM,Analytics Zoo 允許 Spark RDD 使用持久記憶體進行訓練資料集的快取。

```
val rawData = {…}
val featureSet = FeatureSet.rdd(rawData,memoryType = DRAM)

val rawData = {…}
val featureSet = FeatureSet.rdd(rawData,memoryType = PMEM)
```

透過使用 Places 資料集訓練模型 Inception v1 為例,驗證了 Analytics Zoo 使用 PMEM 替代 DRAM 的可行性和經濟性。

Places 資料集是根據人類視覺認知的原理設計的,其目標是創建一套視覺知識,用來訓練可用於視覺理解任務的人工智慧系統,如物件偵測、事件預測等。Places 資料集包含 400 多個不同種類的超過 100 萬張的圖片,每個種類包含 5000 ～ 30000 張數量不等的圖片,其分佈基本符合真實世界的出現頻率。

Inception 又叫 Googlenet,是 Google 於 2014 年為參加 ILSVRC 大賽而提出的 CNN 分類模型。Googlenet 團隊在考慮網路設計時不僅注重增加模型的分類精度,也考慮了其可能的計算與記憶體使用負擔。他們借鏡了諸多前人的觀點與經驗,最終形成了 Inception v1 分類模型。

在使用 Places 資料集進行 Inception v1 模型訓練時,系統記憶體的容量非常重要。試驗證明,在 4 節點的叢集中進行訓練任務時,小於每節點

500GB 的 DRAM 會導致訓練非常緩慢甚至失敗。在測試中，使用持久記憶體來取代部分 DRAM，既保持了與 DRAM 相同甚至更好的性能，也降低了系統成本。

如圖 7-31 所示，使用 Spark 預設的堆積內記憶體來快取資料，JVM 的垃圾回收機制會管理整個堆積內記憶體，每一次的垃圾回收都會打斷正在進行的訓練處理程序，使其性能受到一定影響。

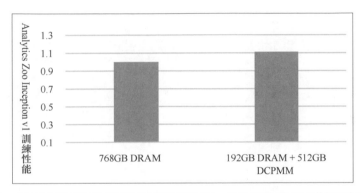

圖 7-31　DRAM 預設為堆積內記憶體的情況下，持久記憶體可以獲得更好的性能

而使用持久記憶體來快取 Spark RDD 時，由於使用了 AD 模式，從而避免了 JVM 的垃圾回收機制影響訓練資料的快取，減少了對訓練過程的影響。在這種預設配置下，可以看到使用持久記憶體取代 DRAM 能獲得更好的性能。

如圖 7-32 所示，在進一步的測試中，配置 DRAM 為 temfs 形式，從而使 Spark RDD 快取在 off-heap memory 中，模仿了持久記憶體的程式路徑，為 DRAM 進行了更為準確的測試。在這種配置下，可以看到使用持久記憶體和 DRAM 在性能上沒有明顯差異，而使用 PMEM 之後，整體系統擁有成本（TCO）獲得了顯著降低。

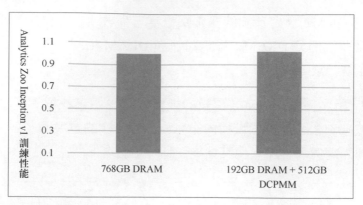

圖 7-32 DRAM 配置為 off-heap memory 的情況下,持久記憶體與 DRAM 的性能比較

持久記憶體在其他領域中的應用

除了第 6 章和第 7 章所介紹的資料庫和巨量資料領域，持久記憶體在其他場合也有著廣泛的應用，本章將分別介紹。

8.1 持久記憶體的應用方式及可解決的問題

8.1.1 持久記憶體的應用方式

以英特爾傲騰持久記憶體為例，持久記憶體的應用方式如表 8-1 所示。

表 8-1 持久記憶體的應用方式

應用方式	系統記憶體	區塊存取	DAX	擴展記憶體
工作模式	記憶體模式	AD 模式	AD 模式	AD 模式
裝置抽象	記憶體	區塊裝置	記憶體	記憶體
作業系統感知	否	是	是	是
應用程式感知	否	否	是	可選
持久化特性	無	有	可選	無
冷熱分層能力	有，硬體控制	不適用	有，軟體控制	有，軟體控制

引入持久記憶體時，要明確業務的需求、使用場景，以及不同存取方式的特性如何與之匹配。

- 裝置抽象。持久記憶體是作為記憶體的替代品還是作為類似 SSD 的替代品。若持久記憶體作為記憶體的替代品，則優勢是容量、成本及持久化特性帶來的性能。若持久記憶體作為 SSD 的替代品，則優勢不是容量，而是延遲時間、IOPS、輸送量、存取顆粒度和抹寫次數。

- 作業系統感知。作業系統是否會因為匯入持久記憶體而需要升級或安裝新的驅動。對執行複雜軟體系統的廠商來說，軟體和作業系統的聯合驗證是非常重要的工作，如果系統上線後需要匯入新的作業系統版本或大的驅動或更新程式，那麼必須進行回歸測試。

- 應用程式感知。應用程式本身為持久記憶體是否需要進行修改。開放原始碼軟體使用者通常不介意透過修改軟體的方式來提高新硬體的性能，但公用雲端服務的提供商無法控制什麼樣的程式執行在他們的系統上，因此，需要一套對應用程式無感知的方案。

系統記憶體和區塊存取是常見的應用程式無感知存取方式；擴充記憶體透過對作業系統層進行抽象也能達到這個目的。

■ 持久化特性。討論是否使用持久記憶體的持久化特性似乎有些奇怪，實際上採用類似 3D-Xpoint 的持久記憶體僅依靠其容量和成本的特性也能發揮競爭優勢。不採用持久化特性雖然會減少潛在的性能收益，但會大大降低對軟體調配的要求。

■ 冷熱分層能力。持久記憶體作為記憶體使用時，軟體是否會根據資料的熱度，對資料進行合理放置，把熱資料放在性能更好的普通記憶體上，把溫資料或者需要持久化的資料放在持久記憶體上。採用模式的系統記憶體應用方式由微處理器的硬體實現熱資料到記憶體的載入；DAX 通常由應用軟體的資料結構設計和架構調整來分離冷熱資料；擴充記憶體則可以透過作業系統和應用來實現冷熱資料的靜態或動態放置及遷移。

8.1.2 持久記憶體可解決的問題

持久記憶體能夠解決應用中遇到的許多問題，其優勢如圖 8-1 所示。

■ 記憶體空間不足。
單條記憶體容量受限，會造成以下後果。

• 計算和記憶體配比失衡，系統微處理器資源使用率不夠高；
• 當單機業務由於記憶體不夠而被迫採用叢集時，通訊負擔會降低系統性能，同時成本也會快速上升；
• 工作資料集無法全部保存在記憶體中，需要被臨時儲存到外部存放裝置中，系統性能顯著降低。

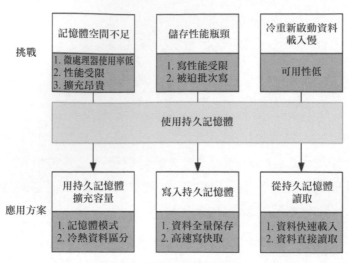

圖 8-1 持久記憶體的優勢

針對這種情況,可以選用表 8-1 中的系統記憶體、DAX、擴充記憶體應用方式。另外,由於持久記憶體的性能和普通記憶體的性能存在差異,所以通常需要軟體進行冷熱資料區分。

■ 儲存性能瓶頸。

應用將資料保存到寫入速度較慢的磁碟系統中時,持久化的性能往往較差。如果軟體為了最佳化寫入操作採用批次寫入,則可能犧牲延遲時間特性。持久記憶體既可以用來保存全量資料,也可以作為寫入快取進行加速。其對應的應用方式是表 8-1 中的區塊存取或 DAX。

■ 冷重新啟動資料載入慢。

當系統重新啟動時磁碟需要恢復大量的資料,耗時長,影響系統的可用性。把資料直接保存在持久記憶體中,可以在重新啟動後把資料迅速複製到 DRAM,或者不進行複製,直接從持久記憶體中讀取資料。

第 6 章和第 7 章分別對資料庫和巨量資料的場景進行了深入說明,本章將具體介紹如何利用持久記憶體解決其他類型應用的問題。

▶ **8.2 持久記憶體在推薦系統中的應用**

在網際網路處於資訊匱乏狀態時，雅虎公司依靠對資訊進行分類檢索獲得了巨大的成功。隨著時間的演進，分類檢索已經無法滿足呈爆炸性增長的資訊，搜尋引擎成為人們獲取資訊的主要方式。目前，人們從資訊匱乏的時代步入了資訊超載的時代，無論資訊消費者還是資訊生產者都遇到了很大的挑戰。由於資訊消費者從大量資訊中找到自己感興趣的資訊變得非常困難，所以他們漸漸從主動檢索資訊轉向被動接收資訊。資訊生產者為了讓自己生產的資訊脫穎而出，受到廣大使用者的關注，需要找到新的解決方案。推薦系統就是解決這一矛盾的重要工具。推薦系統的任務就是連接使用者和資訊，一方面幫助使用者發現對自己有價值的資訊；另一方面將資訊展現在對它感興趣的使用者面前，從而實現資訊消費者和資訊生產者的雙贏。

目前，很多網際網路業務（如從事電子商務的淘寶、提供新聞資訊的今日頭條、提供短視訊的抖音），為更好地服務使用者都採用了推薦系統。

8.2.1 推薦系統的主要組成

推薦系統架構如圖 8-2 所示。推薦系統可以分為近線任務、線上任務、離線任務。

近線任務負責記錄最近的使用者行為、以合適的頻率更新使用者屬性資料庫，並觸發模型參數的更新。

線上任務根據使用者的屬性先從內容索引資料庫中獲得初步推薦結果；然後根據機器學習演算法進行推理運算，得出適合使用者的排序結果；最後經過過濾，把結果展示給使用者。

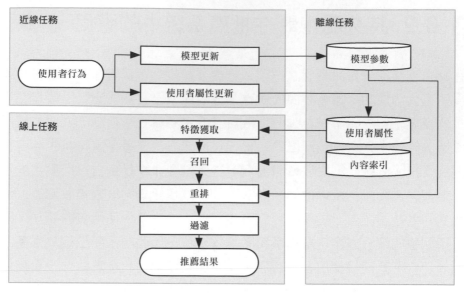

圖 8-2 推薦系統架構

離線任務負責生成線上任務所需要的資料，包含反覆訓練得到的機器學習模型參數、使用者屬性、使用歷史，以及把使用者特徵和推薦內容相連結的內容索引。

推薦系統的線上任務有很強的即時性要求，所依賴的資料需要常駐在記憶體裡。對網際網路服務商來說，上述使用者屬性資料庫及內容索引資料庫需儲存的資料量都是巨大的。

在內容服務領域，以今日頭條為例，截至 2019 年 8 月，日活動使用者為 1.2 億人，頭條號文章為 1.6 億筆，視訊發佈為 1.5 億個。在電子商務領域，極光巨量資料的《2018 年電子商務行業研究報告》中顯示，排名前 5 的電子商務的日活動使用者都在 1000 萬人以上。截至 2019 年年底，淘寶網的店鋪數量超過 1000 萬家，線上商品數超過 8 億件。

隨著推薦個性化要求的不斷提升，模型的維度和參數的數量呈指數級增長，所以模型參數資料庫需要保存大量可即時存取的資料。

8.2.2 推薦系統的持久記憶體應用方法

在本質上，推薦系統的模型參數、使用者屬性和內容索引都屬於鍵值資料庫。巨量的資料資訊可以保存在 HDFS 或遠端的儲存伺服器上，但這些鍵值資料需要被應用即時地存取，因此常用的工作資料必須常駐記憶體。這些資料的特點是資料量大、讀多寫少，SSD 無法滿足存取延遲時間要求。可採用的技術方案有以下幾種。

- 直接採用全記憶體中資料庫，如 Redis；
- 對磁碟資料庫增加一個大的快取；
- 把磁碟資料庫的鍵和資料索引放在快速的記憶體裝置中，把值放在慢速的存放裝置中；
- 自研的分層鍵值儲存方案。

如果完全採用普通記憶體來實現上述方案，那麼容量可能無法滿足要求，且成本會非常高昂。而持久記憶體非常適用於這種低成本、大容量的應用場合，同時記憶體的持久性可以使系統在意外當機後快速恢復資料，提高系統的可用性。

8.2.3 推薦系統應用案例

下面將列舉兩個實際案例說明持久記憶體在推薦系統中的應用。

1. 百度資訊流業務（Feed）

行動網際網路已成為人們常用的聯網方式之一，智慧手機的操作模式讓使用者更傾向於透過簡單的「滑手機」動作而非傳統的文字對話模式來獲取資訊，因此 Feed 流服務越來越受使用者青睞。

Feed 流是一種聚合內容並將內容持續呈現給使用者的網際網路服務方式，透過時間流（Timeline）、頁面權重（Pagerank）或特定的人工智慧演算法來實施,可提供給使用者更為個性化的資訊,避免無效資訊的侵擾,同時在平台投放廣告的商戶也能從中獲得更佳的行銷效果。

數以億計的使用者,促使百度在建構 Feed 流服務系統時,必須考慮千萬量級的併發服務,以及更低延遲時間的資料處理能力,其中的關鍵就是儲存和資訊查詢能力的建設。為此,百度使用了先進的核心記憶體中資料庫 Feed-Cube,其為 Feed 流服務的資料儲存和資訊查詢提供了核心支撐能力。

Feed-Cube 基於記憶體建構,採用了「鍵值對」(key-value)的儲存結構。百度 Feed-Cube 工作流程如圖 8-3 所示,其中 key 值及 value 值所在資料檔案儲存偏移值(key value offset)存放在雜湊表中,而 value 值則單獨存放在不同的資料檔案中。雜湊表和資料檔案均存放在記憶體中,借助記憶體的高速 I/O 能力,Feed-Cube 可以提供非常出色的讀寫性能及超低的延遲時間。

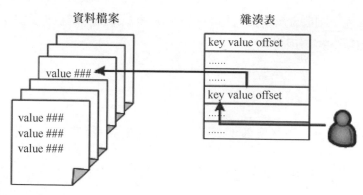

圖 8-3 百度 Feed-Cube 工作流程

當前端應用需要查詢某個資料時,可以透過查詢 key 值來一次或多次存取雜湊表,以獲得 value 值所在資料檔案儲存偏移值,並據此最終存取資料檔案,獲得所需的 value 值。

基於 DRAM 建構的 Feed-Cube 雖然在高併發（每秒千萬次查詢）、巨量資料儲存（PB 級）的環境下有著優異的性能表現，但隨著 Feed 流服務規模的不斷擴大，也在面臨新的挑戰。一方面，使用價格較為昂貴的 DRAM 來建構大記憶體池，使得百度的業務總成本不斷增加；另一方面，單位 DRAM 的容量有限，限制了 Feed-Cube 流處理能力的進一步提升。

為應對上述挑戰，百度開始嘗試使用性能不斷提升的、基於非揮發性記憶體（Non-Volatile Memory，NVM）技術的存放裝置，如使用 NVMe 固態硬碟來儲存 Feed-Cube 中的資料檔案和雜湊表。為驗證使用 NVMe 固態硬碟後的系統性能，百度基於記憶體和 NVMe 固態硬碟分別建構了兩個 Feed-Cube 叢集來進行對比測試。

測試結果表明，與 DRAM 相比，下沉到 NVMe 固態硬碟的 Feed-Cube 出現了長尾延遲時間和磁碟空間使用率不足的問題。同時，NVMe 固態硬碟的 I/O 讀寫速度與 DRAM 的 I/O 讀寫速度相比仍有較大差距，因此需要在系統中部署大量的 DRAM 作為快取，以保證系統性能。

持久記憶體為解決這些問題提供了全新的路徑。百度引入了英特爾傲騰資料中心級的持久記憶體來儲存 Feed-Cube 中的資料檔案，雜湊表仍儲存在 DRAM 中。其採用這一混合配置，一方面是為了驗證持久記憶體在 Feed-Cube 中的性能表現；另一方面 Feed-Cube 在查詢 value 值的過程中，讀取雜湊表的次數遠大於讀取資料檔案的次數，因此先在資料檔案部分進行替換，可以盡可能降低對 Feed-Cube 性能的影響。

隨後百度在對比純 DRAM 模式與混合配置模式的測試中，模擬了實際場景中可能出現的高併發存取壓力，將 QPS（Query Per Second，每秒查詢次數）設為 20 萬，每次存取需要查詢 100 組 key-value 值，因此存取壓力為 2000 萬級。Feed-Cube 在純 DRAM 和混合模式下測試結果對比如表 8-2 所示。

表 8-2 Feed-Cube 在純 DRAM 和混合模式下測試結果對比

	純 DRAM 模式	混合配置模式
性能表現	平均延遲時間 124 μs 99 分位延遲時間 314 μs	平均延遲時間 154 μs 99 分位延遲時間 304 μs
資源消耗	處理器消耗 40.2% DRAM 消耗 13GB	處理器消耗 47.2% DRAM 消耗 6.3GB

採用混合配置模式後，Feed-Cube 在 2000 萬級高併發存取壓力下平均存取耗時約上升 24%（30μs），處理器消耗上升 7%，性能波動均在百度可接受的範圍內。與此同時，單伺服器的 DRAM 使用量下降過半，對於 Feed-Cube PB 級的儲存容量而言，可大大降低成本。

上述混合配置模式的成功，促使百度進一步嘗試在 Feed-Cube 中採用全部配置持久記憶體的模式。這樣做將面臨一個新的問題，即部署在 DRAM 中的雜湊表通常會使用 malloc/free 等記憶體空間分配命令，而在引入持久記憶體後需要用新的命令予以替代。為此百度使用了基於 libmemkind 函數庫的自研空間分配函數庫，其在提供空間分配操作能力的同時改善了空間使用率。

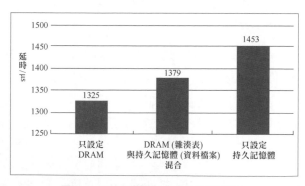

圖 8-4 不同配置下的延遲時間對比

在全部採用持久記憶體建構 Feed-Cube 後，百度對其性能表現和資源消耗情況進行了測試。不同配置下的延遲時間對比如圖 8-4 所示，以 QPS

為 50 萬的存取壓力為例，測試結果顯示：與只配置 DRAM 的方案相比，只配置持久記憶體的平均延遲時間約上升 9.66%，其性能波動在百度可接受的範圍內。

2. 快手的推薦系統

快手作為日活使用者 2 億人、日均上傳短視訊千萬級的短視訊應用，其推薦系統所需解決的技術挑戰是極大的。快手重新設計了基於異質儲存結構的推薦系統，採用了英特爾傲騰資料中心級持久記憶體。在快手推薦系統高輸送量、巨量資料量請求的場景下，使用持久記憶體可以降低儲存成本，減少故障恢復時間，提高系統可靠性。持久記憶體使快手的故障恢復時間從小時級降到了分鐘級，為改善大規模深度機器學習系統對千億等級資料量的處理能力開闢了新的探索方向。

快手推薦系統採用的是計算和儲存分離的架構如圖 8-5 所示。推薦系統中的儲存型服務主要用來儲存和即時更新上億規模的人物誌、數十億規模的短視訊特徵及千億規模的排序模型參數；計算型服務主要用來進行推薦服務、預估服務、召回服務。

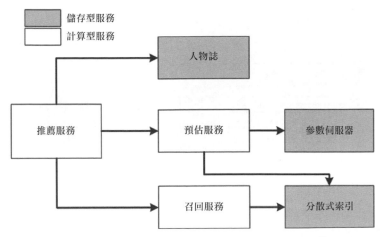

圖 8-5 快手推薦系統採用的計算和儲存分離的架構

持久記憶體是介於普通記憶體和 SSD 間的新儲存層級，不僅能提供接近記憶體的延遲時間，還能提供持久化和更大容量的儲存空間，這為推薦系統中不同場景的可行性分析和架構設計提供了思路。

與傳統的記憶體加硬碟的兩級儲存相比，新存放裝置使得現代伺服器可以利用的儲存層級越來越多，利用多層級儲存的軟體系統設計也變得越來越複雜。每種存放裝置都有不同的性能特性和容量大小限制，讀寫速度越快的裝置單位容量成本越高。舉例來說，使用記憶體插槽的英特爾傲騰資料中心級持久記憶體，依據讀寫顆粒的不同，讀寫頻寬雖小於傳統記憶體，但寫入資料具有持久性，且容量遠大於傳統記憶體。如何結合不同層級的儲存，在大規模推薦場景下設計性價比最優的儲存系統成為一個巨大機遇和挑戰。

基於多層級異質存放裝置，快手推薦系統團隊聯合系統營運部硬體選型研發團隊，針對推薦系統中的不同場景進行了可行性分析和架構設計的調研，並針對持久記憶體的特性，對分散式索引和參數伺服器中的 key-value 儲存進行了重新設計。基於持久記憶體的 key-value 系統設計示意圖如圖 8-6 所示。

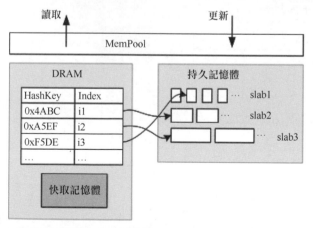

圖 8-6 基於持久記憶體的 key-value 系統設計示意圖

該設計為 key-value 儲存增加了 MemPool 元件，MemPool 元件根據不同的存取類型，決定系統是存取 DRAM，還是直接讀取持久記憶體。舉例來說，在推薦模型預估的參數伺服器場景中，由於模型中神經網路與 Embedding Table 相比很小，所以神經網路也會被 MemPool 直接分配至 DRAM，以提高預估的性能。

除此之外，快手推薦系統團隊還對 key-value 系統進行了最佳化調整。

- NUMA 節點綁定的方式使得持久記憶體存取不跨 NUMA 節點，從而獲得更好的讀寫性能。
- 採用 ZeroCopy 技術，對 DRAM 和持久記憶體進行存取。
- 使用無鎖技術，減少臨界區中的對持久記憶體的存取，來提高性能。

經過上述技術改進，快手將基於持久記憶體的索引系統用真實的線上請求資料進行模擬壓測。

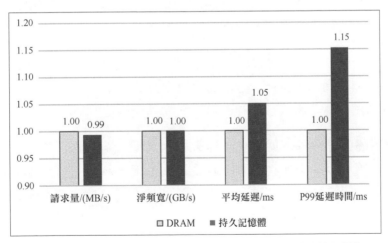

圖 8-7 基於持久記憶體與基於 DRAM 索引系統的測試結果對比

基於持久記憶體與基於 DRAM 索引系統的測試結果對比如圖 8-7 所示。基於異質儲存的索引系統幾乎可以達到與基於 DRAM 索引系統相同的性能指標，但其整體擁有成本降低了 30%。同時，異質儲存的索引系統能夠提供分鐘級的故障恢復速度，與之前小時級的恢復速度相比提升了百倍。

8.3 持久記憶體在快取系統中的應用

8.3.1 快取系統的分類和特點

傳統的伺服器後端業務場景造訪量低，對回應時間的要求均不高，通常只需要使用常規資料庫即可滿足要求。由於這種架構簡單、便於快速部署，所以很多網站在發展初期均考慮使用這種架構。但是隨著存取量的上升，以及對回應時間的要求的提升，原伺服器無法再滿足使用要求。這時通常會考慮採取資料分片、讀寫分離，甚至硬體升級等措施，但這些措施無法徹底解決問題，還會面臨以下幾方面的問題。

- 性能提升有限，很難達到數量級上的提升，尤其是在網際網路業務場景下，隨著網站的發展，存取量經常會面臨十倍、百倍的增長。
- 成本高昂，為了承載數倍存取量，通常需要數倍的機器。

由於記憶體的存取性能明顯優於磁碟，因此把資料放入記憶體中可以得到更快的讀取效率。但在網際網路業務場景下，將所有資料都放入記憶體顯然是不明智的。從硬碟到 SSD，再到記憶體，讀寫速度越來越快，價格越來越貴，單位容量的價格也越來越高。同時，在大部分業務場景下，80% 的存取量集中在 20% 的熱資料上（二八原則）。因此，透過引入快取元件，將高頻存取的資料放入快取中，可以大大提高系統整體的承載能力，原有的單層資料存取儲存結構將變為「快取 + 資料」的兩層結構。

在分散式系統中，快取的應用非常廣泛，如圖 8-8 所示，從部署角度有以下幾方面的快取應用。需要注意的是，實際應用中可能只包含部分元件。

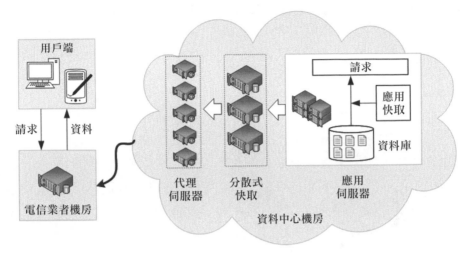

圖 8-8 快取的應用場合

1. CDN 快取

內容交付網路（CDN）快取的基本原理是廣泛採用各種快取伺服器，將這些快取伺服器分佈到使用者存取相對集中的地區或網路中。在使用者存取網站時，利用全域負載技術，將使用者的存取指向距離最近的正常執行的快取伺服器，由快取伺服器直接回應使用者請求。CDN 通常部署在圖 8-8 中的營運商機房內。

未部署 CDN 的網路請求路徑。

- 請求：本機網路（區域網）→營運商網路→應用伺服器所在機房。
- 回應：應用伺服器所在機房→營運商網路→本機網路（區域網）。

部署 CDN 後的網路路徑。

- 請求：本機網路（區域網）→營運商網路。
- 回應：營運商網路→本機網路（區域網）。

與未部署 CDN 的網路請求路徑相比，部署 CDN 的網路路徑減少了 1 個節點、2 個步驟的存取，極大地提高了系統的回應速度。

2. 反向代理快取

反向代理快取位於資料中心機房內，用於處理所有來自網路的前端請求，採用了 Varnish、Ngnix、Squid 等中介軟體，即圖 8-8 中的代理伺服器。當代理伺服器收到使用者的頁面請求時，會檢查自身是否存在該頁面的快取。如果存在該頁面的快取，那麼代理伺服器直接將快取頁面發送給使用者；如果不存在該頁面的快取，那麼代理伺服器先向後端應用伺服器請求資料回應使用者，並將資料在本地快取。代理伺服器的本地快取可以有效減少向應用伺服器的請求數量、降低負載壓力。

3. 分散式快取

分散式快取處於外部請求和應用伺服器間，採用 MemCache、Redis 等應用提供 key-value 值等服務。分散式快取和反向代理快取不需要同時存在，分散式快取更靠近應用伺服器，可以快取更細顆粒的資料。在第 6 章中有針對 Redis 場景的介紹。

4. 本地應用快取

本地應用快取指的是應用中的快取元件，其最大的優點是應用和快取在同一個處理程序內部、請求快取非常快速、沒有過多網路負擔等。當資料不需要跨應用共用時，使用本地快取較合適。本地應用快取的缺點是由於快取與應用程式耦合，所以多個應用程式無法直接共用快取，各應用或叢集的各節點都需要維護自己的單獨快取，從而造成記憶體的浪費。

本地應用快取有兩種主要應用場景：一種是快取網路資料，減少網路存取的延遲時間；另一種是用快速儲存媒體快取慢速儲存媒體中的資料，如用記憶體快取 SSD 的資料或用 SSD 快取硬碟的資料。

8.3.2 快取系統應用案例

1. 持久記憶體在 CDN 中的應用

雲端遊戲和虛擬實境等存在大量即時線性內容，雖然這些內容會被立即分發給最終使用者並不需要儲存，但是也需要較大的記憶體容量來緩衝伺服器需要處理的許多獨立流。

採用持久記憶體可以獲得更大的儲存容量，擴展 CDN 應用的處理能力，並獲得更好的成本效益。英特爾評測了兩種不同配置下的伺服器的性能差異。

第一種配置使用了 24 條 64GB 共計 1.5TB 的 DRAM；第二種配置採用了持久記憶體的記憶體模式，使用 12 條 16GB 的 DRAM 和 12 條 128GB 的持久記憶體。測試評估了用戶端視訊內容的首幀到達時間（Time To First Frame，TTFF）和伺服器可以支援的輸送量。

性能資料顯示，在請求數相近的情況下，兩種配置的伺服器提供的 TTTF 和輸送量相似，並且可以滿足 SLA 條件，即 2s 長度的 4MB/s 高畫質內容資料區塊的 99 分位回應時間小於 1.5s。如果採用更大容量的持久記憶體，在不改變原來軟體、不影響性能的情況下，能夠獲得更高的容量擴展能力。

2. 持久記憶體在阿里巴巴 Tair MDB 中的應用

Tair MDB 是阿里巴巴生態系統內廣泛使用的快取服務，它採用持久記憶體作為普通記憶體的補充，經歷了兩次全鏈路壓測，執行穩定，並經過了「雙 11」的考驗。在使用持久記憶體的過程中，Tair MDB 遇到了寫入不均衡、鎖負擔等問題，但經過最佳化之後獲得了非常顯著的效果。

Tair MDB 主要服務於快取場景，阿里巴巴集團內部有大量的部署和使用。隨著使用者態網路通訊協定堆疊、無鎖資料結構等特性的引入，單機 QPS 的極限能力已經達到了千萬級。Tair MDB 所有資料都儲存在記憶體中，隨著單機 QPS 極限能力的上升，記憶體容量逐漸成為限制叢集規模的主要因素。持久記憶體產品單條記憶體的容量相對於普通記憶體要大很多，將資料存放在持久記憶體上是突破單機記憶體容量限制的方向。

Tair MDB 在使用持久記憶體裝置時，將它以區塊裝置的形式使用 DAX 的方式掛載，然後在對應檔案系統路徑上創建並打開檔案，使用 posix_fallocate 分配空間。由於快取服務把持久記憶體當作揮發性裝置使用，因此不需要考慮操作的原子性和故障之後的恢復操作，也不需要顯式地呼叫 clflush、clwb 等命令將微處理器快取中的內容強制刷回儲存媒體。

DRAM 的記憶體分配器有 tcmalloc、jemalloc 等，持久記憶體的記憶體分配器是使用前需要考慮的因素。開放原始碼專案 PMDK 中維護了揮發性的記憶體管理函數庫 libmemkind，大部分應用連線時可以考慮這種方式，而 Tair MDB 在實現時並沒有選擇 libmemkind。下面透過介紹 Tair MDB 的記憶體分配，來說明其做出這種選擇的原因。

Tair MDB 的記憶體管理使用了分片（slab）機制，該機制不是在使用時動態地分配匿名記憶體，而是在系統啟動時先分配一大塊記憶體，內建的記憶體管理模組會把中繼資料、資料分頁等連續分佈在這一大塊記憶體上。Tair MDB 記憶體資料結構如圖 8-9 所示。

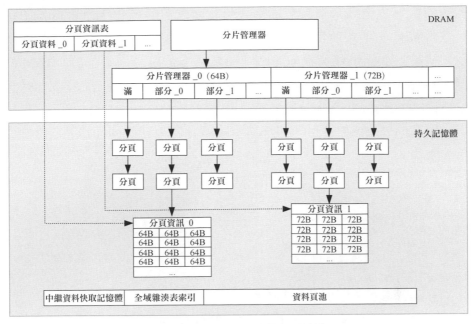

圖 8-9 Tair MDB 記憶體資料結構

Tair MDB 使用的記憶體主要分為以下幾部分。

- 分片管理器：管理固定大小的分片。
- 中繼資料快取：存放最大分片數等分頁資訊和分片管理器的索引資訊。
- 全域雜湊表索引：控制所有對鍵的存取，使用線性衝突鏈的方式處理雜湊衝突。
- 資料分頁池：將記憶體劃分成以 1MB 為單位的分頁，分片管理器將分頁格式化成指定的分片大小。

Tair MDB 在啟動時，會對所有可用的記憶體進行初始化，後續資料儲存部分不需要動態地從作業系統分配記憶體。在使用持久記憶體時，先把對應的檔案採用 mmap 的方式映射到記憶體，獲取虛擬位址空間，內建的記憶體管理模組就可以透明地使用這塊空間了。在這個過程中，並不需要再呼叫 malloc/free 來管理持久記憶體裝置上的空間。

透過均衡寫入負載、鎖顆粒細化等一系列軟體最佳化手段，Tair MDB 有效地降低了延遲時間，提升了每秒交易次數，測試結果如表 8-3 所示。基於持久記憶體的讀取 QPS、引擎讀取延遲時間和基於 DRAM 的讀取 QPS、引擎讀取延遲時間的測試結果相當。由於媒體的差異，持久記憶體的寫入性能和 DRAM 的寫入性能相比有 30% 左右的差距，但是對於快取服務讀多寫少的場景而言，這個差距對整體的性能並不會造成太大影響。

表 8-3 Tair MDB 測試結果

	DRAM	持久記憶體
讀取 QPS	448 萬次 /s	442 萬次 /s
寫入 TPS	250 萬次 /s	170 萬次 /s
引擎讀取延遲時間	3μs	5μs
引擎寫入延遲時間	5μs	9μs

以下為在實現中複習的設計準則。

（1）準則 A：避免寫入熱點。

Tair MDB 在使用持久記憶體的過程中曾遇到寫入熱點的問題，寫入熱點會加大媒體的磨損，還會導致負載不均衡（寫入壓力集中在某一條記憶體上，不能充分利用所有記憶體的頻寬）。除了記憶體分配（中繼資料和資料混合存放）會導致寫入熱點，業務的存取行為也會導致寫入熱點。

以下是幾種避免寫入熱點的方法。

■ 分離中繼資料和資料，將中繼資料移到記憶體中。相對於資料，中繼資料的存取頻率更高，前面提到的 Tair MDB 中的分頁資訊就屬於中繼資料。這樣可以從上層緩解持久記憶體的寫入延遲時間相較於 DRAM 較高的劣勢。

- 上層實現 Copy-On-Write（寫入時複製）邏輯。這樣會減少一些場景對特定區域硬體的磨損。Tair MDB 在更新一筆資料時，並不會原地更新之前的項目，而是會將新增項目添加到雜湊表衝突鏈的頭部，再非同步刪除之前的項目。

- 常態檢測熱點寫入，並將其動態遷移到記憶體，執行寫入合併。對於上面提到的業務存取行為所導致的熱點寫入，Tair MDB 會常態化檢測熱點寫入，並把熱點寫入合併，減少對下層媒體的存取。

（2）準則 B：減少臨界區存取。
由於持久記憶體的寫入延遲時間相較於 DRAM 高，所以當臨界區中包含了對持久記憶體的操作時，臨界區的影響就會放大，從而導致上層的併發度降低。

Tair MDB 在 DRAM 上執行時期並沒有觀測到鎖負擔的問題，原因是此時臨界區的負擔比較小。但是在使用持久記憶體時，這個假設就不成立了。這也是在使用新媒體時常遇到的問題。以往軟體流程中的一些假設在新媒體上不成立，這時候就需要對原有的流程進行調整。

鑑於上面的原因，建議快取服務在使用持久記憶體時，儘量地結合資料儲存進行無鎖化的設計，以減少臨界區的存取，避免延遲時間升高帶來的串聯影響。

Tair MDB 引入了使用者態讀取 - 複製修改（Read-Copy Update，RCU）機制，對大部分存取路徑上的操作進行了無鎖化改造，極大地降低了持久記憶體延遲時間對上層的影響。

（3）準則 C：實現合適的分配器。
分配器是業務使用持久記憶體的基礎元件，分配器的併發度直接影響軟體的效率，分配器的空間管理決定空間使用率。設計實現或選擇適合軟體特性的分配器是快取服務成功使用持久記憶體的關鍵。

從 Tair MDB 的實踐上來看，適用於持久記憶體的分配器應該具備以下功能和特性。

- 磁碟重組：由於持久記憶體密度更高、容量更大，所以在相同碎片率下，相較於 DRAM，持久記憶體會浪費更多空間。磁碟重組機制的存在使得上層應用需要避免原地更新，而且要儘量保證分配器分配的空間大小是固定的。
- 需要對執行緒本地變數（ThreadLocal）進行限額：與上文講的減小臨界區存取類似，如果不加限定，那麼從全域的資源池中分配資源的延遲時間會降低分配操作的併發度。
- 容量感知：分配器需要感知所能管理的空間。快取服務需要對管理的空間進行擴充或縮容，分配器需要提供相應的功能以調配此需求。

▶ 8.4 持久記憶體在高性能計算中的應用

1. 用於高速資料獲取的鍵值儲存系統

來自歐洲核子中心（CERN）的大型強子對撞機（Large Hadron Collider，LHC）計畫採用持久記憶體實現高速資料獲取。LHC 的實驗每日產生的資料量高達上百 PB，資料率高達 6Tbit/s。CERN 設計了包括 500 個資料獲取節點和 2000 個計算節點的專門叢集系統來獲得和處理這些資料，同時資料獲取節點上部署了名為 DAQDB 的鍵值儲存系統（原名 FogKV）。

DAQDB 評估了普通記憶體、持久記憶體、SATA 和 NVMe 等儲存媒體。結果表明，只採用 SATA 及 NVMe，無法滿足頻寬和寫入壽命的要求；採用普通記憶體和 SSD 的組合，主鍵和索引無法完全保存在普通記憶體裡，且 SSD 的寫入壽命是遠遠不夠的；只採用持久記憶體，其容量只能保存分鐘級的資料。最終方案是採用持久記憶體和 NVMe 的組合，資料先保存在持久記憶體上，經過過濾和處理後的資料再保存到 NVMe 上。DAQDB 的架構如圖 8-10 所示。

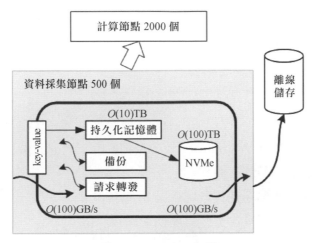

圖 8-10　DAQDB 架構

2. 保存超級計算叢集的計算狀態

來自德克薩斯高級計算中心（TACC）的 Frontera 超級電腦，在高性能 LINPACK 基準測試中實現了 23.5 PetaFLOPS 的浮點運算能力。Frontera 一秒內的計算量相當於一個人必須每秒執行一次並執行 10 億年的計算量，主系統的理論峰值性能為 38.7 PetaFLOPS。

Frontera 在 2019 年開始全面執行，支持數十個研究團隊，旨在解決其領域中最大規模的計算問題，包括高解析度氣候模擬、具有數百萬個原子的分子動力學模型，以及機器學習能力的癌症學習。

Frontera 採用了持久記憶體建構新型的應用場景，增強了容錯能力。持久記憶體可以保存叢集的計算狀態，這樣當單一計算節點故障後，其他節點就可以獲得中間結果繼續計算，而不必啟動服務器重新開始計算。

▶ 8.5 持久記憶體在虛擬雲端主機中的應用

虛擬雲端主機是基礎架構即服務（Infrastructure as a Service，IaaS）最重要的形式，它以虛擬機器為形態，提供給使用者了彈性的計算儲存資源。與預購伺服器的部署相比，使用雲端運算服務，可以幫助使用者降低前期的資金投入，快速回應業務變化，改進業務連續性和災難恢復，專注核心業務，提高穩定性、可靠性和可支援性。

虛擬雲端主機是雲端運算公司重要的外部業務，如中國的阿里雲、騰訊雲、華為雲，美國的 AWS、微軟、Google 等。虛擬雲端主機也是內部業務重要的容器和載體。阿里巴巴和騰訊都啟動了一個把內部業務雲端化的計畫，這一方面可以提升雲端運算服務的水準；另一方面可以和外部業務共用伺服器資源，提升資產使用率。

在各大公司的伺服器採購中，記憶體的採購費用佔 20% ～ 35%。很多業務都受限於記憶體容量，導致微處理器使用率低，但記憶體高昂的價格限制了記憶體容量的提升。

持久記憶體的出現給了虛擬雲端主機新的發展機會，主要有以下幾種應用方式。

（1）大記憶體擴展：宿主機採用記憶體模式擴展系統記憶體，並將記憶體透明地分配給虛擬機器。

（2）透明混合記憶體：透過虛擬化軟體把普通記憶體和持久記憶體組成一個混合記憶體池，並對虛擬機器進行排程。

（3）異質記憶體結點：把持久記憶體映射成存取速度有差異的非持久記憶體，在虛擬機器內進行管理。

（4）區塊裝置：主機端把持久記憶體配置為區塊裝置，提供給虛擬機器作為高速本機存放區裝置。

（5）裝置透傳：利用虛擬化層把主機端的持久記憶體裝置直接暴露虛擬
　　機器。

目前在虛擬化雲端主機中應用持久記憶體是業界關注的熱點。

▶ **8.6 持久記憶體的應用展望**

隨著持久記憶體走向大規模產品化，學術界和產業界對它的研究和應用
日漸深入和廣泛。從 2010 年起加州大學聖地牙哥分校的非易失系統實
驗室每年都會舉辦非易失記憶體交流會，該實驗室在英特爾產品發佈 4
個月後發佈了一份詳細的評測報告，從微觀指標、基準測試到實際業務
應用，綜合評估了持久記憶體的性能狀況。SNIA 每年舉辦的儲存開發
者會議也有針對持久記憶體的分討論區。

持久記憶體的軟體生態建設從最初的程式設計模型、作業系統、開發函
數庫，到 2019 年逐漸轉向了實際應用場景。持久記憶體的早期使用者
是獨立軟體廠商、開放原始碼社區和具有開發能力的網際網路公司，以
及它們服務的下游廠商，多數案例需要對軟體程式進行修改，場景相關
性較強。然而，要求所有持久記憶體使用者都進行軟體開發和最佳化調
整是不現實的，所以業界在探索更通用的方案，以相容所有軟體，透明
混合記憶體就是其中重要的研究熱點。

作業系統的記憶體管理和實現資料持久化的檔案系統通常是分立的，而
持久記憶體則需要同時具備兩種特性。目前主流採納的檔案系統方案是
基於 EXT4 或 XFS 的 DAX 方案，英特爾的研究性專案 PMFS 進行了創
新嘗試，NOVA 聲稱自己是速度最快的 NVDIMM 檔案系統，該領域方
興未艾。

軟體資料結構和硬體特性密不可分，如 B+ 樹對記憶體友善，LSM 樹對 NVMe 有良好的存取特性。資料結構和媒體錯配會引起不必要的軟體負擔或導致性能不佳。相信未來一定會演進出針對持久記憶體最佳化的資料結構和軟體架構。

Note

Note